科普人才培养丛书

庞晓东 王 挺 郑永和 主编

科普活动探究

主 编 王小明

副主编 傅 骞 胡富梅

科学出版社

北 京

内 容 简 介

科技创新活动本身就是科学文化和科学家精神传递的过程，科普活动是一种以参与者为主体、以体验为学习方式、辅以实物为学习内容的非正式学习，其特点在于互动性、探究性、情境性、开放性和广泛性，能帮助参加者获得新知和新技能，认识科技和社会的新变化，更有效地满足和适应未来发展的需要，并在科普活动过程中彰显科技文化传播效果和教育育人的价值功能。本书从学理性和实践性融合的视角出发，通过案例梳理和研究，在分析不同类型科普活动的特点、关键要素和成功经验的基础上，依据相关的研究理论，提出了有一定参考价值，以及能够适应不同认知水平、不同类型、不同规模的科普活动设计与实施流程和评价方法。本书的主要内容包括科普活动概述、科普活动设计的一般流程、展示类科普活动的设计与实施、宣讲类科普活动的设计与实施、体验类科普活动的设计与实施、探究类科普活动的设计与实施、大中型科普活动的设计与实施、我国未来科普活动的发展趋势与设计实施等。

本书可供专兼职科普工作者、高校科普专业或科学传播等相关专业教师和学生阅读和参考。

图书在版编目（CIP）数据

科普活动探究 / 王小明主编. -- 北京 : 科学出版社, 2025. 7. -- ISBN 978-7-03-082204-8

Ⅰ. G322

中国国家版本馆 CIP 数据核字第 2025T2K500 号

责任编辑：张　莉　陈晶晶 / 责任校对：邹慧卿
责任印制：赵　博 / 封面设计：有道文化

科学出版社出版
北京东黄城根北街 16 号
邮政编码：100717
http:// www.sciencep.com
天津市新科印刷有限公司印刷
科学出版社发行　各地新华书店经销
*
2025 年 7 月第　一　版　开本：720×1000　1/16
2026 年 1 月第二次印刷　印张：18 3/4
字数：330 000

定价：98.00 元

（如有印装质量问题，我社负责调换）

本书编委会

主　　编： 王小明

副 主 编： 傅　骞　胡富梅

编　　委（按姓氏拼音排序）：

李梦石　李无言　李志忠　路建宏

宋　娴　孙　华

总　　序

科学技术普及（简称科普）是国家和社会普及科学技术知识、倡导科学方法、传播科学思想、弘扬科学精神的活动。科普伴随着科学技术的传播而产生，并随着不断适应时代进步的要求而发展。中华文明作为世界四大古文明之一，自诞生以来，就以其独特而持续的发展轨迹熠熠生辉。中华文明涵盖了中国传统科技文明，这体现在中华民族与自然互动的过程中，形成了一套独特的认知自然和变革自然的技术体系。中华民族还开创了传播自然知识和扩散技术的路径，造纸术、指南针、火药、印刷术就是其中的杰出代表，这些不仅为中国人民带来了福祉，更传遍了世界各地，成为全人类共享的宝贵财富。然而，近代西方现代科学技术最初传入中国时，曾被视为“奇技淫巧”而未受到足够重视，致使中国错失了把握工业革命、工业文明带来的先进生产力的良机，错失了通过科技实现自强自立的历史机遇。

在认识理解科学技术的作用后，近代中国涌现出无数仁人志士，不断探索强国振兴之道。五四运动高举“民主”和“科学”两大旗帜，积极传播科学精神，推动科学启蒙和思想解放。新民主主义革命时期，中国共产党秉持着科普为民的理念情怀，致力于扫除文盲，大力推广医药卫生、军事、农业及工业等领域的科普活动，以提升根据地军民的科学素质，提高生产力水平。中华人民共和国成立之际，将“普及科学知识”作为基本国策写入《中国人民政治协商会议共同纲领》，并在文化部下设专门的科普行政机构——科学普及局；1950 年 8 月，又成立中华全国科学技术普及协会（简称“全国科普”），以积极开展广泛而深入的群众性科学普及活动。1978 年，党中央召开了具有深远历史意义的全国科学大会，中华大地迎来了“科学的春天”，也迎来了“科普的春天”。《中华人民共和国宪法》规定“国家发展自然科学和社会科学事业，普及科学和技术知识，奖励科学研究成果和技术发明创造”。科普工作在激发群众的创造活力、树立新风、破除迷信、提高全民族的科学文化素质、推动经济社会全面发展和持续进步等方面发挥了积极作用。

进入21世纪以来，在党和国家的重视与推动下，我国科普事业呈现新的发展态势。2002年颁布《中华人民共和国科学技术普及法》(简称《科普法》)，不仅在我国科普事业发展史上树立了一座丰碑，更是全球范围内首部专门的科普法律，为科普工作走上法治化轨道开创了世界先河。2006年国务院颁布实施《全民科学素质行动计划纲要(2006—2010—2020年)》，是我国首次以国家战略高度系统规划公民科学素质建设的纲领性文件，其颁布实施对科普事业的建制化、体系化发展具有里程碑意义。

党的十八大以来，中国特色社会主义进入新时代。习近平总书记创造性地提出“科技创新、科学普及是实现创新发展的两翼，要把科学普及放在与科技创新同等重要的位置”①的重要论断，为新时代科普工作指明了方向，提供了根本遵循。

“两翼理论”②以长远的战略眼光完善了当今中国创新发展的基本逻辑，提出了突破传统理论框架的创新发展观。它创造性地把科普作为创新发展的“一翼”，进一步强调中国的科技发展以人民为中心，现代化进程需要更高的公民科学素质、更崇尚创新的社会氛围、更高水平的科技文明程度。科普以促进知识扩散、提高公众科学素质、营造文化氛围的方式，推动创新发展不断向前迈进。

在“两翼理论”引领下，我国科普事业取得了前所未有的历史性成就，谱写了壮丽的史诗篇章。2022年中共中央办公厅、国务院办公厅印发《关于新时代进一步加强科学技术普及工作的意见》，2024年新修订的《科普法》颁布实施。通过“一法、一纲要、一意见”③的颁布实施，我国构建了科普事业的顶层设计规划。截至2022年底，全国共有29个省(自治区、直辖市)据此制定了科普条例或科普法的实施办法。同时，相关部委、行业也出台了一系列科普法规和制度，已经形成了从中央到地方、从专业机构到职能部门的较为完善的科普政策法

① 习近平. 为建设世界科技强国而奋斗——在全国科技创新大会、两院院士大会、中国科协第九次全国代表大会上的讲话. 北京：人民出版社，2016.

② 全国政协科普课题组. 2021. 深刻认识习近平总书记关于科技创新与科学普及“两翼理论”的重大意义 建议实施“大科普战略”的研究报告(系列一). http://www.cppcc.gov.cn/zxww/2021/12/15/ARTI1639547625864246.shtml[2023-11-12].

③ “一法、一纲要、一意见”指《中华人民共和国科学技术普及法》《全民科学素质行动计划纲要(2006—2010—2020年)》及随后的《全民科学素质行动规划纲要(2021—2035年)》《关于新时代进一步加强科学技术普及工作的意见》。

规体系，为我国科普工作和公众科学素质建设提供了政策法规保障，使其成为一项系统性的国家工程。

在政策法规的有力保障下，我国的科普工作体系逐步建立健全，自中央部门到地方基层形成了全覆盖的社会动员网络。政府、社会、市场等协同配合，构建了社会化科普发展格局，在各级财政预算中设有专门的科普经费，积极引导社会资金和社会资源投入科普事业。科学教育与培训体系持续完善，科学教育纳入基础教育；大众传媒的科技传播能力大幅提高，科普信息化水平显著提升；科普基础设施迅速发展，现代科技馆体系初步建成；科普人才队伍不断壮大；科普监测评估体系不断完善，定期开展全国科普统计和公民科学素质调查；科学素质国际交流实现新突破。经过长期不懈努力，我国公民具备科学素质的比例从 2001 年的 1.44%提升到 2024 年的 15.37%①，为中国创造经济社会发展奇迹提供了坚实支撑。

当前，世界之变、时代之变、历史之变正以前所未有的方式展开。世界百年未有之大变局正在加速演进，国际科技竞争更加激烈，大国战略博弈日趋白热化。在党的坚强领导下，广大人民群众团结一心，全力推进强国建设和民族复兴。实现这一宏伟目标，需要大力加强国家科普能力建设，充分发挥科普服务创新功能，提升国家创新体系整体效能，推动形成全社会理解、支持和参与创新的良好社会氛围，孕育科技创新突破潜能，确保以科技现代化支撑中国式现代化行稳致远。

人才是第一资源。为推动新时代科普工作高质量发展，指导和服务高等学校、科研院所、科普场馆、媒体等各类机构加强对高层次科普专业人才的培养和科普专兼职人员的能力培训，促进培育专兼结合、素质优良、覆盖广泛的科普工作队伍，中国科普研究所联合北京师范大学共同启动“科普人才培养丛书”编写工作，邀请全国高层次科普专门人才培养试点高校教师和一线科普专家共同参与，总结科普理论和实践经验，探索科普创新发展的方向和路径，为科普人才培养课程建设和科普人员继续教育提供参考。

“科普人才培养丛书”由庞晓东、王挺、郑永和担任主编，首批包括《新时代中国科普理论与实践》《科普活动探究》《科普资源的开发与传播》《科普研究导论》《科学课程标准与教材研究》5 个分册。其中，《新时代中国科普理

① 国家统计局. 中华人民共和国 2024 年国民经济和社会发展统计公报. https://www.stats.gov.cn/sj/zxfb/202502/t20250228_1958817.html[2025-04-19].

论与实践》由王挺、任定成担任主编，郑念、谢小军担任副主编，全面总结了新时代科普工作的主要成就，深入探讨了中国科普事业的历史演进、当下现状、行动纲要及未来发展趋势，该册已由中国科学技术出版社出版。《科普活动探究》由王小明担任主编，傅骞、胡富梅担任副主编，跨越传统学科界限，从深度学习的视角出发，以参与者为主体设计具有亲和力、沉浸式和场景化的科普活动，在案例梳理和研究的基础上，提出了适应不同认知水平和规模的科普活动实施流程与评价原则。《科普资源的开发与传播》由周忠和担任主编，陈玲、李红林担任副主编，系统阐述了科普资源的概念、分类、发展脉络及应用场景，深入分析了科普资源开发与传播的现状与问题，并探讨了有效的推广策略与效果评估。《科普研究导论》由郑念、张利洁担任主编，颜燕担任副主编，阐述科普研究的内涵，系统梳理科普研究的理论、方法、内容以及研究与写作过程，揭示科普研究的内在规律与独特研究特点。《科学课程标准与教材研究》由王晶莹、杨洋担任主编，与当前科学教育的情况与趋势保持高度一致，突出了科学课程标准与教材在科学教育中的作用，为科学教育工作者提供了严谨的课程标准与教材分析工具。

衷心希望“科普人才培养丛书”的研发及出版能够为科普工作的高质量发展，为全民科学素质的提升，为加快实现高水平科技自立自强，为建设科技强国作出积极贡献。

“科普人才培养丛书”编写组

2025年5月

前　　言

习近平总书记指出："科技创新、科学普及是实现创新发展的两翼，要把科学普及放在与科技创新同等重要的位置。"①科普是国家创新体系的重要组成部分，需要全社会力量的积极参与，科普活动是科普职能的主要体现形式。2021年国务院颁布了《全民科学素质行动规划纲要（2021—2035年）》，2022年中共中央办公厅、国务院办公厅发布了《关于新时代进一步加强科学技术普及工作的意见》，两个文件都鼓励学校和科研机构发挥科教资源丰富、科研设施完善等优势，积极组织并支持师生开展丰富多彩的科普活动。2023年，教育部等十八部门联合发布《关于加强新时代中小学科学教育工作的意见》，鼓励学校组织中小学生进行场景式、体验式科学实践活动，在教育"双减"中做好科学教育加法，落实全面发展的育人理念，形成"大科学教育"格局。2024年11月，科学技术普及法修订草案首次提请全国人大常委会会议审议，这是《科普法》自2002年公布施行以来的首次修订，修订草案新增"科普活动"等章节，将科普活动定义为完成科普职能的所有动作的总和，为开展科普活动提供了理论依据和政策保障。政府部门积极参与，一系列落实科技创新与科学普及同等重要的制度措施正在不断落地实行，促进了科普、科学教育、科学传播等理念的有效与深度融合，为增强各类科普活动的实施效果奠定了理论基础。

当前，科技类场馆是开展科普活动的主要阵地，应该联合不同学科专家、科学文化传播专家、场馆管理和教育活动策划实践专家，进一步深化对场馆内外的各类科普活动规律的再认识，使这些活动不仅成为充满活力、吸引全年龄段学生的非正式教育的重要课堂，与学校的正式教育体系高质量联动，而且成为公民不

① 习近平. 为建设世界科技强国而奋斗——在全国科技创新大会、两院院士大会、中国科协第九次全国代表大会上的讲话. 北京：人民出版社，2016.

断获得新知识和新技能的场景，满足终身教育的需要。在人工智能技术飞速迭代的数字时代，科技文化水平更是提升公民科学素质、促进公民参与社会变革和文明进步的重要知识力量，因此，关注各类科普活动的科学文化和科学技能传播规律，特别是这些活动的实际效果和育人实效就显得非常必要，也十分重要。

从宏观层面看，科技创新活动本身就是科学文化和科学家精神传递的过程。科普活动是一种以参与者为主体、以体验为学习方式、辅以实物为学习内容的非正式学习，其特点在于互动性、探究性、情境性、开放性和广泛性，能帮助参加者获得新知和新技能，认识科技和社会的新变化，更有效地满足和适应未来发展的需要，并在科普活动过程中彰显科技文化传播效果和教育育人的价值功能。本书的目的在于在"人工智能驱动的科学研究"（AI for Science）的背景下，跨越传统的学科界限，从深度学习的视域角度，以参与者为主体，以问题为中心导向，通过鲜明的主题特征、清晰的目标指向，设计出更有亲和力、更可感知、更有兴趣、更有沉浸式和场景化的各类科普活动，突出"无界"的教育性和广泛参与性，构建新时代的科普活动新范式。本书通过案例梳理和研究，在分析不同类型科普活动的特点、关键要素和成功经验的基础上，依据相关研究理论，提出了有一定参考价值的，以及能够适应不同认知水平、不同类型、不同规模的科普活动设计与实施流程和评价方法。

为了突出本书的学理性和实践性，参与编写的人员都是具有丰富理论和实践经验的研究人员，他们既有著名大学、研究机构的一流学科专家，又有来自一流场馆的研究人员和实践管理者。在中国科普研究所的支持下，笔者与参编人员在充分商讨后，提出了本书框架，并对每章的初稿提出了具体修改建议。本书共分为九章，第一章为科普活动概述（由北京师范大学傅骞教授负责），第二章为科普活动设计的一般流程（由上海科技馆宋娴研究员负责），第三章为展示类科普活动的设计与实施（由北京师范大学傅骞教授负责），第四章为宣讲类科普活动的设计与实施（由中国科学技术馆李志忠副研究员负责），第五章为体验类科普活动的设计与实施（由上海科技馆李无言博士负责），第六章为探究类科普活动的设计与实施（由中国自然科学博物馆学会监事长，山西省科学技术馆原党委书记、馆长路建宏先生负责），第七章为大中型科普活动的设计与实施（由中国科学技术馆李志忠副研究员负责），第八章为我国未来科普活动的发展趋势与设计实施（由中国科协青少年科技中心孙华副研究员负责），第九章为总结与展望（由上海科技馆宋娴研究员负责）。中国科普研究所李梦石在全书编辑和成书过程中具体负责组织协调编委会、统筹协调全书稿件、与各章负责人联系协调及对接书稿等工作。

本书在编写过程中得到了丛书主编中国科普研究所党委书记庞晓东、原所长王挺研究员和北京师范大学郑永和教授的指导，在此深表谢意。也非常感谢本书各位作者的通力合作，尤其感谢傅骞教授、胡富梅研究员在最后定稿时所作出的贡献。由于我们的水平有限，加之科技的发展快速，本书对一些问题的深度思考还不够全面，提出的问题和引用的案例尚有不足，恳请大家不吝赐教。最后，感谢科学出版社张莉编辑为本书的出版所付出的努力，感谢北京师范大学刘鹏飞、贵阳市省府路小学罗跞（曾为上海科技馆科研人员）等对本书编写工作作出的贡献。希望本书能够为同行人员、高校相关专业师生、各类教育机构科技老师、社会各界相关人员等提供有益的启示。

王小明

2025 年 5 月

目　录

第一章

科普活动概述

要点提示

本章首先辨析了科普与科普活动的概念内涵，以及国外与之相对应的各种概念术语，然后梳理了国内外科普活动的发展历程，阐述了各国在不同阶段开展科普活动的主要目的与形式，以期读者能对科普事业的发展全貌有系统的认识。接下来先介绍了常见的科普活动类型，在此基础上，从国家战略发展需求视角剖析其对大科普发展格局的要求，进一步阐述了作为科普事业重要组成部分的科普活动如何创新构建大科普发展格局，期待读者能从中感受到科普活动对于国家战略发展的重要性，萌发投身科普活动事业的志向。本章的最后一部分，从科普活动人才的必备素质和科普活动从业人员的职业发展方向两个维度，阐述了科普活动人才的专业要求和更具体的职业类型，以期为有志于从事科普活动事业的读者提供职业发展参考。

学习目标

1. 了解和辨析相关术语内涵，了解国内外科普活动的发展历程。
2. 理解构建大科普发展格局的重要性。
3. 熟悉未来科普活动的开展重点。
4. 根据科普活动人才的必备素质和职业发展方向，结合自身特长与兴趣，思考自身可能的科普活动职业发展路径。

导入

习近平总书记在2016年全国科技创新大会、两院院士大会、中国科协第九次全国代表大会上指出："科技创新、科学普及是实现创新发展的两翼，要把科学普及放在与科技创新同等重要的位置。"（习近平，2016）这一重要指示精神是新时期科普和公民科学素质建设高质量发展的根本遵循。随着全球竞争的加剧和科技革命的深入发展，科技创新成为国家竞争力的核心，科普则是提升公众科学素养、培养创新人才的基础，二者共同支撑我国迈向更加繁荣和进步的未来。

第一节　科普与科普活动的概念内涵

一、科普的概念内涵

《科普法》《关于新时代进一步加强科学技术普及工作的意见》等文件直接将“科学技术普及”简称为“科普”。2002 年颁布的《科普法》虽然没有明确界定“科普”的概念，但通过具体条文指出了科普的内涵，其第二条规定指出：“本法适用于国家和社会普及科学技术知识、倡导科学方法、传播科学思想、弘扬科学精神的活动。开展科学技术普及（以下简称科普），应当采取公众易于理解、接受、参与的方式。”（全国人民代表大会常务委员会，2002）2022 年，我国颁布《科普服务分类与代码》（GB/T 41555—2022）标准，正式将“科普”定义为“采取公众易于理解、接受和参与的方式普及科技知识、倡导科学方法、传播科学思想和弘扬科学精神的活动”（中国科学技术协会，2022）。这一定义包含了科普的四个基本要素：科普对象为全体社会公众；科普内容为科技知识、科学方法、科学思想和科学精神（合称为“四科”），这也构成了公民科学素养的基本内容；科普形式是通俗化、大众化、公众乐于参与的活动形式；科普目的是整体提升公民的科学素养。

“科普”是我国特有的概念，经历了不同的发展阶段。据中国近现代科学史家樊洪业解读，1950 年起，“全国科普”作为中华全国科学技术普及协会的简称而出现；1956 年前后，“科普”作为“科学普及”的缩略词，逐渐从口头词语变为非规范文字词语；1979 年，“科普”被收录到《现代汉语词典》中，成为规范化的专有名词（樊洪业，2004），并沿用至今。目前在科普领域的国际学术交流中，与我国“科普”事业相当的是 science communication 这一术语，中文中存在“科学传播”和“科技传播”两种译法（王大鹏和付敬玲，2015）。多年来国外曾使用科学大众化（science popularization）、公众理解科学（public understanding of science）、科学传播（science communication）和公众参与科学（public engagement with science）这些概念来分析不同时期、不同地域的科普内涵（高宏斌和周丽娟，2021）。

特里・伯恩斯（Terry Burns）、约翰・奥康纳（John O’Connor）、苏珊・斯托克麦耶（Susan Stocklmayer）等学者在综合分析科学传播内涵的基础上，给出了科学传播的“当代定义”，即使用恰当的方法、媒介、活动和对话，来引发人们对科学的一种或者多种反应（特里·伯恩斯等，2007）。该定义用 a、e、i、o、u 五个元音字母来表示科学传播的目标。

意识（awareness）：意识到科学技术已经全面渗透人类社会的生产生活，而且影响人类社会的未来走向。

愉悦（enjoyment）：科学是可供欣赏的对象，能够像艺术或娱乐一样为人们带来愉悦体验；欣赏科学需要经过时间的浸润。

兴趣（interest）：唤起公众尤其是青少年群体对科学技术的兴趣尤为重要，要吸引公众自愿参加科学交流和观点讨论。

观点（opinion）：科学传播不仅关系到科学技术本身，还关系到民主制度的生命力，因此公民要具备正确的科学态度和科学决策能力。

理解（understand）：理解是双向的，公众要理解科学，科学界也要理解公众；要理解科学的内容、过程与社会影响。

相比于国外很多国家的科普由政府提供支持、社会组织机构主要发力的发展模式，我国科普事业具有政府主导、自上而下统筹推进的鲜明特点，因此科普目标在追求公民个体发展的同时，更为重视科普事业的社会价值。我国科普涉及众多行业与领域，可以从科学技术史、教育学、传播学、社会学等多种视角进行理解与阐释。从本质上讲，科普是公共教育体系的重要组成部分，不同于学校教育和职业教育，它是推动全体公民科学素质提升、体现终身教育理念的教育实践。虽然科普与科学传播存在一定差异，但这主要是由于提出背景不同、发展模式不同，本质上都是提升公民科学素质，以促进社会的发展和国家科技竞争力的提升。因此，为方便叙述国外科学传播和国内科普的研究现状，对比相关研究和实践的异同，在同时提及科学传播和科普时，本书后文都统一用“国内外科普”来指代这两个概念；分别叙述时，仍沿用“科学传播”和“科普”进行阐述。

二、科普活动的概念内涵

科普活动是以科普为目的，以各类活动为载体，面向社会和公众开展的有组织的群体性活动。科普活动与科学研究、科技创新等其他类型的科技活动相比，其最显著的区别在于科普活动必须有公众的参与，否则就会失去科普应有的使命与特性。科普活动是科技场馆、科普基地等基础设施实现科普功能的主要形式，其举办主体主要有国家机关、政府部门、社会组织、社会团体等。科普活动在整个科普事业体系中具有基础性地位，发挥着重要作用。

2022 年，中共中央办公厅、国务院办公厅印发的《关于新时代进一步加强科学技术普及工作的意见》中强调要提升科普活动效益，不仅通过“发挥重大科技活动示范引领作用，展示国家科技创新成就，举办科普惠民活动”，来“充分展现科技创新对推动经济社会高质量发展和满足人民群众美好生活需要的支撑作用”，还要求“面向群众实际需求和经济社会发展典型问题，积极开展针对性强的高质量公益科普”。科普活动在科普事业中的重要性不言而喻。

自我国开展科普事业以来，科普活动的开展形式日益多元，可以从多个维度对科普活动进行描述与分类。例如，按照参与活动的人数规模，可以大致分为中小型科普活动（人数一般在 1000 人以下）、大型科普活动（人数在 1000 至 5000 人之间）、特大型科普活动（人数超过 5000 人）；按照活动面向的受众类型，可以分为面向全体公众的科普活动和面向特定群体（如青少年、农民、残疾人等）的科普活动；按照活动利用的科普设施，可以分为利用科技场馆的科普活动、利用流动科技馆的科普活动、利用科普教育基地的科普活动、利用各类社会公共空间的科普活动、利用各类媒体传播的科普活动、利用线上空间的科普活动等。无论哪种类型的科普活动，都离不开对科普活动形式的讨论和应用（任福君等，2020）。因此，根据活动形式的不同，本书将科普活动主要分为展示类、宣讲类、体验类、探究类和大中型五类，后面章节将作具体介绍。

第二节　国内外科普活动的发展历程

一、国外科学传播活动的发展

科学技术自诞生之时就一直以不同方式、在不同规模范围内进行传播。很早以前，科学传播作为国外科学家个体行为的一部分而自然发展，科学家也因此被称为科学传播的“第一发球员”。

古希腊是西方文明的源头，早在古希腊时期就出现了科学共同体内科学交流与传播的活动。约在公元前 323～前 30 年的希腊化时代，当时的君主已经认识到科学技术在军事战略中的重要作用，于是大力支持科学技术的发展，并支持创建了亚历山大博物馆和亚历山大图书馆。亚历山大博物馆规模宏大，可以支持开展天文、解剖、动植物研究等科学观测和实验等活动，各地学者可以申请研究费用，从而在该博物馆中心无旁骛地从事科学研究。亚历山大图书馆附属于亚历山大博物馆，馆内收藏了数量惊人的书籍文稿，以供科学家查询以前的科学资料和实验数据（李大光，2016）。

14～16 世纪文艺复兴时期，科学思想逐渐从宗教神学的束缚中解放出来。科学家开始提倡科学实证的方法，通过观察、推理、实验和验证等途径获得科学知识，借助学术期刊、学术会议等发表科研成果，开展科学的交流与传播。除了在科学家群体内部交流学习外，一些科学家还向大众传播科学知识文化，从而成为大众科普的先驱人物。

17 世纪，科学共同体开始成形，并逐步走向制度化（鲁世林，2023）。1660 年，由包括罗伯特·玻意耳（Robert Boyle）、罗伯特·胡克（Robert Hooke）等在内的一批知名科学家创立了英国皇家学会，这是世界上最早成立且持续时间最久的一个科学学术团体。在 17～18 世纪期间，欧洲科学发展的主要城市（如巴黎、柏林）纷纷成立国家科学学会，还有很多省市成立了地方科学学会（李大光，2016）。18 世纪，科学技术获得巨大发展，而且与社会经济需求之间的关系更为密切，将科学知识转化为公众知识成为迫切需求。出版科学著作、学术期刊或百科全书等面向公众的科普最新科学成果成为科学传播的主要途径，如英国皇家学会成员约翰·伊夫林（John Evelyn）的《森林志》（1664 年）、罗伯特·胡克的《显微术》（1665 年）、罗伯特·玻意耳的《怀疑派化学家》（1661 年）、艾萨克·牛顿（Isaac Newton）的《自然哲学的数学原理》（1687 年）等。除了书籍、报纸等传播途径外，巡回讲座也是一种尤为重要的科普形式，社会各阶层都对科学讲座有着广泛兴趣，其中最具代表性的是英国皇家研究院持续开展的圣诞科学演讲。

科技博物馆的演化与当时的科技、教育、经济、政治、社会密切相关（朱幼文，2014）。文艺复兴打开了人们对科学、艺术和文学研究的大门，对自然事物的科学研究之风盛行，猎奇需求、思想解放以及科技领域的进步为专门科技类藏品的出现创造了条件，自然历史博物馆应运而生。这被认为是科技博物馆发展的第一阶段。早期的科技博物馆以展品收藏与科学研究为主要功能，一般仅供私人参观。18 世纪与 19 世纪的工业革命让人们深刻认识到科技的重要性，人们对科学知识和实用技术的需求日益高涨。为了向公众展示科技的伟大成果，以及宣传推广科学知识与技术，面向公众开放的科技博物馆应运而生，也有很多学者将这类科技博物馆称为科学与工业博物馆。以展示科技成果、推动世界贸易而举办的各种博览会也极大地促进了科技博物馆的发展，教育开始成为这类博物馆要承担的功能之一。20 世纪以来，科技博物馆的分类日趋细化，各类专业博物馆相继开放，以美国为代表的西方国家出现了很多以互动体验为特色的科学中心。科学中心是科技博物馆的进一步发展，以教育为首要目标面向公众开展多种多样的科学活动。如今，科技类博物馆是开展非正规科学学习的主要场所，除了在场馆内开展活动，还积极与不同类型的学校、企业、社区和非政府组织等开展合作，将实验教学，科学、技术、工程与数学（science，technology，engineering，and mathematics，STEM）教育以及科学、技术与社会（science，technology，and society，STS）等理念与内容纳入其中，致力于公民科学素养的全面提升。

21 世纪出现了很多以科学传播为主要任务的组织和学会，且多为非营利的。例如，2001 年成立的欧洲科学活动学会由来自欧洲各国的成员构成，其宗旨是：分享优秀的科学传播实践经验，为科学传播活动提供一个论坛，促进人与人之间的合作，能够参与由欧盟资助的项目。2006 年，美国成立了公众理解科学联盟，联合大学、科学学会、媒体、科学教育工作者及工商业团体，希望更好地促进公众对科学的理解。此外，国外很多科研资助机构不仅资助科研人员开展科学研究，而且鼓励科研人员就其科研成果进行科普，积极承担科学传播的社会责任。

在这个漫长的过程中，关于科学传播的进程，随着科学传播活动实施理念、目标的演变，学界提出了不同的模式。传统的科学传播研究将科学传播理论的演进分为三个阶段（董纪昌等，2024）：第一阶段为“中心广播模型”，该阶段的科学传播模式是自上而下的、命令式的单向传播，是在公众对科学信息无知的前提下传递科学的过程；第二阶段为“缺失模型”，该阶段同样是自上而下的，但是以教育公众为目的的科学信息和知识普及；第三阶段为“对话/参与模型”，该阶段主要鼓励公众参与对话建构社会共识，强调有反思的双向交流和互动。

艾伦·欧文（Alan Irwin）在深入研究并吸纳大量科学传播理论、科技创新和实践经验后，提出新的科学传播三阶模型（杨正，2022）：第一阶段为“中心广播模型/缺失模型”，认为传统研究中的第一、第二阶段本质上是科学本位的自上而下的单向传播，故而合并；第二阶段为“对话/参与模型”，即原第三阶段，是科学–公民并重的自下而上的双向传播；第三阶段为“情境化科学传播模型”，强调社会技术情境对科学传播实践的决定性影响，具有多利益相关者互动、开放式治理、多模式共存的特征。由此可见，无论何种模式，在任何阶段，科学传播活动的目标导向都与社会发展相关，区别在于组织实施者如何处理传播方式与公众的关系、科学传播活动涉及哪些利益相关者。

【拓展资料】

国外科学家积极参与科普

科学家做讲座或演讲的传统由来已久。考古学家在亚历山大图书馆遗址中发现了13个演讲厅，厅中央是讲台，整个厅大约能够容纳5000个听众（李大光，2016）。在格雷欣学院对公众的科学传播活动中，最著名的是“自由公众论坛”（Free Public Talks），科学家在规定时间内将自己的科学实验结果进行公开讲演，每年的大众科学活动约100场（李大光，2016）。

著名科学家法拉第、戴维、达尔文、赫胥黎等都积极面向公众开展科普讲座、科学创作等活动，一些科学家共同体组织（如英国科学促进会、英国皇家学会等）更是为科学传播作出了重要的贡献。以英国皇家研究院为例，该研究院聚集了当下最杰出的科学家，将科学研究与科学传播置于同等重要的位置，并形成了传承至今的科学传播项目——圣诞科学演讲。法拉第于1825年首次举办的圣诞科学演讲于2011年在英国广播公司（British Broadcasting Corporation，BBC）第四频道播出，在全球拥有数百万观众。迄今，英国皇家学会还会组织著名科学家和媒体共同主办有奖演讲（Prize Lecture）、科学史讲座（Lectures on the History of Science）等活动。

二、我国科普活动的发展

我国作为四大文明古国之一，在历史发展的长河中不乏一代又一代杰出的科技工作者。虽然彼时尚未出现这一称呼，但他们为中华民族留下了充满璀璨智慧的科技成果，著书立说是他们传播这些成果的主要途径。中国古代第一部数学专著《九章算术》、墨子及其弟子所撰的《墨经》、北魏贾思勰所著的《齐民要术》、北宋沈括所著的《梦溪笔谈》、明代李时珍所著的《本草纲目》、明代宋应星所著的《天工开物》等中国古代科学著作，从天文地理到数理化生，包罗万象，造福世人。天文历法这类专精的科学研究，多被官方垄断，在一个狭小的学术团体内以师承或世袭的方式向后世传播。而与人们生产生活息息相关的科技知识，则多以师徒相授、口耳相传的方式在民间传播。

近代以来，我国经历了深刻的政治制度变革和社会变革，“教育救国”成为很多有识之士的理想抱负。严复、胡适、王国维等到西方发达国家留学，在接受西方思想和先进科学技术的洗礼之后学成归国，译著作、做演讲、写文章、开堂授课，通过各种各样的活动，积极投身到国家的科学教育和科学传播中。这个时期的中国科学家和先进知识分子已经开始成立组织，开展科学技术传播活动，其中最为知名的两个科学组织是1915年成立的中国科学社和1932年成立的中国科学化运动协会。中国科学社是我国最早的综合性科学团队，是中国近现代科学的启蒙团体，其创办的《科学》杂志是中国以科学家为主创办的第一份学术杂志，也是面向公众普及科学的杂志（李大光，2016）。20世纪三四十年代，科学界发起了科学大众化运动，如陶行知领导了面向工农大众的“科学下嫁运动”，建立了面向青少年普及科学知识的机构——自然学园。1940年，延安成立了延安自然科学院，开展自然科学大众化运动，让自然科学为抗战服务。

中华人民共和国成立以来，科普事业被作为国家意志纳入政府统一管理中。1950年成立的中华全国科学技术普及协会（简称全国科普）以全民科普为宗旨，组织会员通过讲演、展览、出版、电影等方式开展科普活动，科普内容主要是自然科学知识和实用技术知识，力图使劳动人民掌握科学知识与技术，促进生活方式的改善和生产方式的进步。1956年党中央提出“向科学进军”的口号，推广先进生产经验和普及新兴科学技术成为科普的主要内容。1958年，全国科普与中华全国自然科学专门学会联合会合并为中国科学技术协会（简称中国科协），自此中国科协成为我国科普事业的主力军，奠定了以政府为主导、以中国科协为主体的科普工作模式。

改革开放后，我国科普工作得到恢复和繁荣发展。随着“科学技术是第一生产力”重要论断的提出和我国四个现代化的推进，我国科普工作有了新的发展方向，即致力于提高全民科学文化水平。各地科协通过举办科普展览、科普画廊、科普大集，出版科普报刊、科普图书等形式多样的科普活动，积极宣传科学理论与科技成果。1988年以后，科普周（月）活动蓬勃发展起来。例如，1988年，北京市科学技术协会举办了主题为“尊重知识、尊重人才”的“北京科技活动月”；1988年起，辽宁每年冬季面向农村开展为期四个月的“科普之冬”；1991年，上海市政府开始每两年主办一次特定主题的“上海科技节”。20世纪80年代起，我国掀起建设科技馆的高潮，科技馆通过主题展览、科普讲座、科学表演、科普电影、科学实验等各种各样的科普活动，激发公众对科学的兴趣，鼓励公众参与科学体验。2012年，中国科协提出“建设中国特色现代科技馆体系”的发展愿景，以科技馆为依托，通过增强和整合科普资源开发、集散与服务能力，统筹流动科技馆、科普大篷车、农村中学科技馆、数字科技馆的建设与发展，使公共科普服务覆盖全国各地区的各类人群。据“十三五”期间的相关数据统计，科技馆体系建设总体态势良好，在此期间，全国新建科技馆169座，建筑面积新增超过 137 万平方米，服务公众超过 2.4 亿人次；流动科技馆配发 339 套，巡展 3029 站，服务公众 9269 万人次；科普大篷车共配发 657 辆，行驶 1565 万公里，活动次数 11.4 万次，服务公众 9610 万人次；完成农村科技馆建设 1112 所，累计培训科技教师超过 2440 人次，直接服务公众超过 967 万人次；中国数字科技馆网站资源总量达 15.8 TB（赵洋等，2021）。从科普内容看，经过多年持续发展，我国科普内容实现了科学知识—科学知识、科学技术—科学知识、科学方法、科学思想—科学知识、科学方法、科学思想和科学方法的不断深化与拓展。

进入新时代后，我国加大科普工作的战略部署。2016 年 5 月 30 日，习近平总书记在全国科技创新大会、两院院士大会、中国科协第九次全国代表大会上发表讲话："科技创新、科学普及是实现创新发展的两翼，要把科学普及放在与科技创新同等重要的位置。没有全民科学素质普遍提高，就难以建立起宏大的高素质创新大军，难以实现科技成果快速转化。希望广大科技工作者以提高全民科学素质为己任，把普及科学知识、弘扬科学精神、传播科学思想、倡导科学方法作为义不容辞的责任，在全社会推动形成讲科学、爱科学、学科学、用科学的良好氛围，使蕴藏在亿万人民中间的创新智慧充分释放、创新力量充分涌流。"（习近平，2016）"两翼理论"进一步强化了科普在我国科教兴国、人才强国、创新驱动发展中的重要地位。但创新发展的"两翼"存在不平衡问题，因此，2022 年中共中央办公厅、国务院办公厅印发的《关于新时代进一步加强科学技术普及工作的意见》明确提出要"树立大科普理念"。"大科普"的核心内涵指全社会共同参与的科普发展格局，因此在作为科普事业重要组成部分的科普活动事业中，如何调动社会各界力量以综合利用各类资源，构建形式多样的中国特色科普活动资源体系，为我国广大公众服务，以满足其形色各异的科普需求，是未来科普活动事业发展规划应有的题中之义。随着科学技术水平的迅猛发展，利用智能技术、创新科普模式的未来科普活动的设计与实施将成为"大科普"战略落实的具体途径。

第三节 常见的科普活动类型

一、科普活动的基本类型

（一）展示类科普活动

展示类科普活动主要依托图文展板展示、实物展品展示、科学实验演示、科普影视展播和多媒体展示等方式开展。从其所需资源的展示形式来看，可以分为静态展示和动态展示。静态展示多见于展厅展览、图文展板等，主要通过视觉通道进行感知学习；动态展示包括动画演示、互动体验等形式，具有更强的直观性、趣味性和互动性，能够综合视觉、听觉和触觉等多种感觉通道进行学习体验。静态展示类成果多部署在位置相对固定的展厅、走廊、橱窗等处，当有声光电、互动体验配合使用时变成动态展示，能更好地吸引观众的注意。展示类科普活动对受众类型没有严格要求，观众既可以自行参观浏览展示内容，也可以跟随讲解员的专业讲解进行认识活动。

在众多展示资源中，科技成果展是典型代表之一，旨在借助各类科技展品，揭示一项项重大科技成果背后的科学原理、发展历程、技术应用以及弘扬彰显出的科学家精神。2019 年由中国科协主办、中国科学技术馆承办的“礼赞共和国——庆祝新中国成立 70 周年科技成就科普展”就是一次成功的科技成果展。

（二）宣讲类科普活动

宣讲类科普活动的表现形式主要有科学讲座、科学沙龙、科学表演等。这类科普活动一般需要一个能够容纳若干观众的固定空间，如礼堂、活动室、舞台等，由专业的科学家或科普工作者主持或主导活动的开展。科学讲座主要以科学家为核心，就某一主题进行报告。科学沙龙让科学家、科普工作者、科学媒体人和普通大众齐聚一堂，就特定主题或议题进行面对面的交流和讨论。科学表演借鉴戏剧、舞蹈、相声、小品、脱口秀等艺术表演形式，并赋予科学原理、科学思想和科学精神的科普内核，以一种创新的表达形式传播科学。宣讲类科普活动既可以面向全体公众，也可以面向特定群体，其中主讲者占主导地位。

我国已经形成了很多具有品牌效应的宣讲类科普活动，如“中国科学院老科学家科普演讲团”、上海科技馆与上海科普教育发展基金会共同主办的“上海科普大讲坛”、儿童科学乐园的手偶科学童话剧、中国科学院物理研究所承办的“科学咖啡馆”活动等。随着科学技术的日益发展，我们可以在更加多元的环境中开展宣讲类科普活动。

（三）体验类科普活动

体验类科普活动是一种强调公众进行体验与实践的科普活动。根据体验场景的不同，任福君等（2020）将体验类科普活动分为真实场景体验（如真实的加工厂、实验室、动植物园等）、模拟场景体验（如模拟失重的太空舱、地震模拟训练体验车等实验模拟装置）和虚拟场景体验［如虚拟现实（virtual reality，VR）技术、增强现实（augmented reality，AR）技术］三种类型。此类活动多面向青少年设计，秉持“以受众为中心”的理念，为学习者提供充分的学习体验机会，使其通过“做中学”“做中创”，获得直接性经验，加强学习者对科学知识与技术的理解，提高其对科学技术的兴趣，发展其探究实践的能力，开发其科技创新的潜能，切实提升其科学素养。随着信息技术的发展，科普游戏作为一种新的体验方式出现在科普活动中，通过情境设计更好地激发了公众的参与体验兴趣，因此成为体验类科普活动的新形式。

科技馆中的科学实验室、小小工程师、科创工坊等都以体验类活动为主。例如，中国科学技术馆展览教育中心设有探索驿站、创客工坊、太空秀场等重点活动，上海科技馆设有科迷工作坊、安捷伦科学实验室、STEM 科技馆奇妙日等品牌活动，重庆科技馆科学梦工场设有自然科学窗、趣味电子、创意加工坊等主题教室。

（四）探究类科普活动

探究类科普活动是一种通过实验、观察、调查、模拟、实地考察等方式，让参与者获取科学知识、培养科学观念、认识科学本质、掌握科学方法、发展求真与创新科学精神的实践活动。科学探究能力是科学素质培养中必须发展的关键能力，主要体现为：理解科学探究的一般过程和方法；提出科学问题，并针对科学问题进行合理猜想和假设；制订计划并搜集证据，分析证据并得出结论；对结果进行解释与评估；准确表达观点，反思探究过程与结果。相比于体验互动类的科普活动，科学探究包含问题、证据、解释、评价、表达等基本要素，需要更高阶的思维与能力。随着教育信息化的推进和众多信息科技手段的教育应用，科学探究的学习环境和学习方式更加丰富多样，科学探究更加智能、高效和深入。

主题式探究和项目式探究是科普场馆或基地经常采用的探究形式，即围绕某一核心概念或某个真实问题进行活动设计，如中国科学技术馆“探索与发现”展厅中的电磁系列实验探究活动、中国科学院武汉植物园围绕莲开展的一系列项目式探究以及科普机构开展的各类主题鲜明的研学活动等。

（五）竞赛类科普活动

竞赛类科普活动以竞赛为手段，主要服务于科技创新后备人才的培养与选拔。根据竞赛内容，可以分为学科类竞赛和科技创新类竞赛。学科类竞赛主要体现为数学、物理、化学、生物等基础学科的知识竞赛，如学科奥林匹克竞赛（数学奥赛、物理奥赛、生物学奥赛、化学奥赛、信息学奥赛）、大学生数学建模竞赛、大学生物理实验竞赛等；科技创新类竞赛主要体现为综合运用信息科技、通用技术、工程学、数学等相关技术和学科进行科学发明、制作与科技创新，如科技创新大赛、机器人竞赛、电子信息智能创新大赛、机械结构创新设计大赛等。根据比赛形式，竞赛有笔试型、操作型、设计型、答辩型、综合型等多种形式。此类活动主要以青少年群体和大学生为主要活动对象，在特定的比赛场地展开，由专门的组织机构进行策划、组织与实施，而且通常需要多部门协同工作。

各级竞赛类科普活动繁多，其中影响力最大、参与范围最广的有学科奥林匹克竞赛、全国青少年科技创新大赛、中国青少年机器人竞赛。在中小学阶段备受关注的竞赛项目是由教育部发布的全国性竞赛活动，面向全国6～18岁的学生，涵盖小学、初中、高中、中专、职高等多个学段，其中自然科学素养类赛事多达二十余项，竞赛以培养学生的科学素养为导向，搭建中小学生成长平台，发现并引导有潜质学生的发展。竞赛类科普活动也能够与拔尖创新人才培养项目进行衔接，实现人才的贯通式培养。由于赛事主办单位多涉及不同行政系统，目标、主题、类型、赛事机制、针对群体等也差异较大，故因篇幅原因，本书后文将不对竞赛类科普活动进行具体介绍。

（六）综合类科普活动（大中型科普活动）

综合类科普活动多指各级各类政府部门、科技团体、企业机构等有目的、有组织、有计划开展的一系列科普活动，一般会在特定时间段内集中举行，活动地点既可以集中，也可以分散在多处场所。综合性主要体现为多种科普活动形式相结合，即展览、表演、讲座、实验、游戏、创作、实地考察等多种活动都可以有机融入其中。根据活动受众的不同，可以分为面向区域全体公众的综合性科普活动（如全国科普日、北京科技周等）和面向特定群体的综合性科普活动（如青少年科学节、科普研学等）；根据活动内容的不同，可以分为特定主题或学科的综合性科普活动（如中国航天日科学节、世界地球日主题科普活动等）和多学科多领域的综合性科普活动（如北京科学嘉年华、中国科学院公众科学日等）；根据组织规模的不同，还可以分为国家级、省级、市级、区县级、街道社区级、学校级等多种类型。

在众多综合类科普活动中，最受关注的是由政府部门组织策划、动员社会各界共同参与的全国科技活动周、全国科普日等特大型群众性综合科普活动。科技部、中宣部、中国科协印发的《“十四五”国家科学技术普及发展规划》明确指出，要“组织科技活动周、全国科普日、公众科学日、科技工作者日等国家重大科普示范活动”。这类活动规模宏大，综合性强，参与广泛，影响力大，能够将科学、技术与社会的发展同公民科学素养的发展需求有机结合，从而更好地实现科普的目的。

二、科普活动的特色类型

（一）主题日科普活动

每年有非常多的主题日，那些与科学领域相关的主题日，如世界气象日、世界卫生日、世界水日、世界环境日、世界地球日、国际博物馆日、世界无烟日等成为科学传播的热门选题。主题日科普活动通常能够充分结合当地的资源优势和发展需求，聚焦主题，特色鲜明。下面以世界水日和世界环境日为例进行简要介绍。

水是生命之源。每个社会公民都享有用水权，要保证每个人都能够享用到充足的、安全的、可得到的、支付得起的水。1993 年，联合国大会确定将每年的 3 月 22 日定为世界水日，以推动对水资源的综合性统筹规划和管理，加强水资源保护，解决日益严峻的缺水问题。自 1994 年起，我国将每年的 3 月 22 日至 3 月 28 日定为中国水周，还将 5 月 15 日所在的那一周定为全国城市节水宣传周，借此提高居民的节水意识。2022 年，联合国将世界水日的主题确定为“Groundwater—Making the Invisible Visible”（珍惜地下水，珍视隐藏的资源），我国水利部响应这一全球主题，将世界水日、中国水周的活动主题具体化为“推进地下水超采综合治理 复苏河湖生态环境”，并开展画册宣传、网络答题、实地参观等多种形式的科普活动。

自 20 世纪 60 年代以来，全球范围的环境污染和生态破坏问题受到国际社会的广泛关注。1972 年，联合国在斯德哥尔摩召开第一届人类环境会议，并将大会开幕日的 6 月 5 日定为世界环境日。每逢世界环境日，联合国环境规划署都会选择一个成员国举行纪念活动，发表《环境现状的年度报告书》，并根据当年世界主要环境问题和热点制定活动主题。2019 年，中国成为世界环境日主场活动的主办国，基于“空气污染防治”的全球主题，我国将活动主题确定为“蓝天保卫战，我是行动者”，坚持新时代生态文明建设的理念导向。各地环境科学学会、生态环境局等单位纷纷开展主题科普活动，以展览、宣讲、咨询服务、环保体验活动等多种形式，积极动员社会参与，增强公众的生态环保意识，使其投身生态文明建设，共建美丽中国。

（二）流动科技馆

2010 年，中国科协下达开展流动科技馆工作的任务。流动科技馆将实体科技馆中的经典展品进行缩小化、模块化，设计成方便拆卸、组装和搬运，能够移动展示的箱体展品，再配以互动、体验的展示形式以及生动有趣的科普表演等活动，面向基层地区开展科普服务。科普大篷车也是一座流动的科技馆，车内配有很多互动性科普展品和实验器材，能够更方便地将科学知识送到基层，以及在学校、社区开展科普服务。2014 年，中国科协和财政部印发《中国流动科技馆实施方案》，联合实施中国流动科技馆巡展，中国科协主要负责流动科技馆巡展组织实施和业务指导，财政部主要负责展览资源及展教活动开发经费的安排。“流动科技馆”项目运行初期，一定程度上满足了科普基础设施落后、科普展教资源缺乏的欠发达地区的公众科普需求，也因其较高的灵活性和科普资源利用率，一定程度上缓解了实体科技馆因建设周期长、建设要求高、资金投入大等现状而制约科普服务职能充分发挥的问题。在流动科技馆尚未形成全国行动之前，早在 2003 年，上海科普教育发展基金会就利用社会资源创办了有 40 余件套、涉及多学科的“赛复流动科技馆”，通过巡展的方式流动到上海对口支援地区和老少边地区。

经过多年探索与发展，如今流动科技馆的展览内容更加丰富，不仅涵盖生命科学、物质科学等基础科学领域的经典展品，还与时俱进地融入了人工智能、虚拟现实、数字建模等前沿科技展项，同时建立了流动科普资源共建共享平台，并走出国门开展国际巡展，充分实现了展教资源的集成共享和科学教育的普惠发展。

【拓展资料】

科学马戏团

科学马戏团是国际上影响比较大的流动科技馆性质的活动。科学马戏团源起于澳大利亚国立大学的一个项目，后来由澳大利亚国立大学、澳大利亚国家科学中心和澳大利亚壳牌公司联合推广，自 1985 年开始运作。科学马戏团的工作人员中有很大一部分是在读的科学传播专业硕士研究生，跟随科学马戏团去澳大利亚的各个地区巡展表演是他们专业学习中非常重要的实践内容。科学马戏团流动的科普大篷车能够装载很多便携式的互动式科学展品和科学表演道具，每到达一个展出地点，工作人员就开始布置展览，进行科学实验表演。他们的科学表演内容丰富，且能够自由组合，所有实验都力求应用生活中常见的道具来展示科学原理，从而拉近公众与科学的距离。澳大利亚科学马戏团的经验已经为世界多个国家所借鉴。我国曾借与澳大利亚开展科技合作项目30周年的契机，由中国科学技术馆、上海科技馆、广东科学中心与澳大利亚科学中心共同组织了以科学实验表演为主题的专项交流活动——中澳科学马戏团巡演活动，取得显著成果（李志忠和左超，2016）。

（三）农村科普

我国是农业大国，农村人口占据大多数，因此提升农民科学文化素质是提升我国全民科学文化素质的关键。中华人民共和国成立以来，我国一直非常重视农村科普工作。《“十四五”国家科学技术普及发展规划》明确指出，要“提升农业从业人员科学素质。以提升科技文化素质为重点，提高农民文明生活、科学生产、科学经营能力，造就一支适应农业农村现代化发展要求的高素质农民队伍”。

农村科普不是简单的农技推广，而是围绕“三农”问题，开展农业科普宣传、农民科普培训、农村科普服务等，具体举措包括地方科协组织开展的关于科学养殖和科学种植的科技培训、农村劳动力转移培训以及冬春农闲时期面向农民开展的“科普之冬”宣传活动、科普大篷车下乡等。自2006年起，中国科协、财政部联合启动“科普惠农兴村计划”，通过“以奖代补、奖补结合”的资金投入方式，表彰或奖补农村专业技术协会、农村科普示范基地、少数民族科普工作队和农村科普带头人等先进集体和个人，以点带面，带动更多农民提高科学文化素质，掌握先进的生产劳动技能，促进社会主义新农村建设。

农村中学科技馆是为了提升老少边地区中学生的科学素质而启动的科普服务项目。2012年，中国科技馆发展基金会启动实施农村中学科技馆项目，利用农村中学的现有场地，通过配置科普展品资源，为农村青少年搭建体验科技魅力、享受科技乐趣的科普平台。农村中学科技馆展品资源以基础科学模块为主线，创新设计小型主题展览和配套教育资源，不断完善资源平台，从而保障知识和技能的及时更新。农村中学科技馆创新运行管理模式，面向基层科技教师开展常态化培训，扩大开放，依托校园科技节等加强与周边学校的资源共享，通过主题活动吸引带动周边公众，充分发挥农村中学科技馆的辐射效能。农村中学科技馆将大量科普资源输送到农村地区，让农村中学生有机会享受到优质的科普服务，这有助于解决我国科普资源空间分布不均的问题。

（四）社区科普

社区科普是我国提高全民科学文化素质的重要板块。中国科协科普部对社区科普的定义为：社区科普是社区科普组织或社区科普工作者集成和动员社区各种资源，采用居民易于理解和接受的方式，面向社区居民普及科学技术知识、传播科学思想和科学方法、弘扬科学精神活动的总称。

改革开放早期，我国社区科普主要依托各级协会、学会，利用科技报刊、音像出版物、科学展览、科普座谈会、科技夏令营、科技制作活动、科学野外考察等形式，面向工人群众和广大青少年开展科普工作，在城市掀起学科学、爱科学、用科学的热潮。20 世纪 90 年代以来，社区科普职能日益凸显，开始与各类科技周、科技节相结合，根据特定主题开展科普活动。2002 年，中央文明办等九部门联合印发《关于开展科教、文体、法律、卫生“四进社区”活动的通知》，明确指出为了进一步丰富社区文化生活，宣传普及科学知识，增强居民法律意识，提高居民生活质量，满足人民群众不断增长的精神文化需求，决定在全国开展科教、文体、法律、卫生“四进社区”活动，从而进一步规范社区科普工作。很多社区专门设立科普活动室，购置基础科普设施，通过科普画廊、科普展览、科学知识竞赛、科普文艺表演、科普图书、科普专题电视节目等多种形式，开展常规化以及具有时效性的科普活动，还与全国科技活动周、全国科普日等大型群众性科普活动进行深度结合。社区科普围绕社区居民普遍关注的主题设计科普内容，如卫生健康、食品安全、低碳环保、防灾减灾、科技前沿、应急科普等是主要的科普主题（章梅芳，2019）。

2022 年，中国科协、民政部联合印发《关于新时代加强社区科普工作的意见》，指出要“以增强社区科普服务能力为主线，以加强社区科普资源供给、强化社区科普设施建设、建设社区科普服务队伍、提升社区科普服务效能为重点，深入推进‘新时代新社区新生活’服务质量提升行动”。从科普活动服务的角度来看，围绕科普热点话题，设计优质的科普活动，面向“老”“少”重点人群，设计适宜课程并开展特色活动，结合重大全国性科普活动节点，打造社区品牌科普活动，将成为新时代社区科普活动设计与实施的重点，要把社区科技馆的建设纳入我国现代科技馆体系中，进一步完善该体系。

（五）面向青少年的科普活动

青少年始终是科普教育的重点对象，我国非常重视科技创新后备人才培养。党的二十大报告明确指出“教育、科技、人才是全面建设社会主义现代化国家的基础性、战略性支撑”，培养大批具有科学家潜质的青少年群体，是实现我国高水平科技自立自强和建设科技强国的重要工程。《全民科学素质行动规划纲要（2021—2035年）》提出，实施科技创新后备人才培育计划，强调建立科学、多元的发现和培育机制，对有科学家潜质的青少年进行个性化培养；开展英才计划、少年科学院、青少年科学俱乐部等工作，探索从基础教育到高等教育的科技创新后备人才贯通式培养模式。相关部门和地区已经开展了一系列有效的实践探索，如中国科协和教育部共同组织实施的“中学生科技创新后备人才培养计划”（简称“英才计划”）、由北京市教育委员会成立并由北京青少年科技创新学院具体实施的“翱翔计划”、由陕西省高校与普通高中联合培养创新人才的“春笋计划”等，通过兴趣吸引、名师指导、项目实践、研究性学习和优势资源整合等方式，对有潜力的学生进行选拔和培养。

【拓展资料】

国外典型的青少年科技创新后备人才培养方式

在众多面向青少年的科普活动中，各国尤为重视青少年科技创新后备人才培养工作，并由此设立了种类繁多的活动、奖项或赛事。

英国科学促进会为了对青少年进行科学启蒙，面向3～19岁儿童推出了旗舰教育计划——科学技术创造力（Creativity in Science and Technology，CREST）奖，不同年段分别对应以下不同等级：尝试之星（Try Star）、尝试超级明星（Try Superstar）、尝试发现（Try Discovery）、尝试青铜（Try Bronze）、尝试白银（Try Silver）、尝试黄金（Try Gold）。中学段对应的金、银、铜级CREST奖允许学生选择他们感兴趣的STEM领域，或者探寻他们一直想知道答案的科学问题，并将这种探究热情转化为自己的项目。CREST还为教师发展提供机会，组织一年一度的参与教师会议（Engage Teacher Conference）在线活动，通过专家讲座、同行经验分享等活动提高教师应对挑战的能力。

由美国中学生科学博览会发展而来的国际科学与工程大奖赛，从1950年创办至今已走过70多年的历程，1996年之前该比赛由美国西屋电气公司冠名赞助，1996年后由英特尔公司斥巨资发展并推广，并改名为“英特尔国际科学与工程大奖赛”（Intel International Science and Engineering Fair，Intel ISEF），该比赛是目前国际级别最高、规模最大的青少年科技赛事，素有全球青少年科学竞赛的“世界杯”美誉。Intel ISEF竞赛学科几乎包括了所有的自然科学领域和部分社会科学内容，比赛鼓励全球青少年发挥激情和创意，提交解决全球性问题的科研方案，获奖者除了获得高额奖金外，还有机会参加当年诺贝尔奖的颁奖盛典。

以色列教育部从20世纪50年代就开始关注英才儿童的教育问题。1973年教育部下属成立英才和优秀学生部（The Division for Gifted and Outstanding Students），此后快速建立了全国统一的英才教育培养体系。2003年，以色列英才教育指导委员会正式成立，进一步推动了以色列英才教育制度的完善。值得一提的是，以色列是世界上唯一一个设立专门的教育部门统筹英才教育的国家。

新加坡为了培养与选拔高质量的科技创新人才，从20世纪80年代起就在义务教育阶段实施“天才教育计划”（Gifted Education Programme，GEP）。为了科学地选拔天才学生，新加坡制定了专门的课程和活动，并提供专业的培养渠道，包括科学导师计划和科学研究计划，由高等院校和科研院所的专家教授为导师进行指导，充分发掘天才学生的科学探究与实践能力。新加坡为天才学生的身心发展提供全方面保障，在天才教育事业上取得显著成效。

（六）馆校合作行动

2006年3月，国务院发布《全民科学素质行动计划纲要（2006—2010—2020年）》，提出要“整合校外科学教育资源，建立校外科技活动场所与学校科学课程相衔接的有效机制。利用科技类博物馆、科研院所等科普教育基地和青少年科技教育基地的教育资源，为提高未成年人科学素质服务……”（国务院，2006）。以该文件为依据，当年6月，中国科协、教育部、中央文明办联合发布了《关于开展“科技馆活动进校园”工作的通知》。随着第一个专门针对馆校结合的官方文件的出台，全国各地陆续开始部署“科技馆活动进校园”工作。2021年，国务院印发的《全民科学素质行动规划纲要（2021—2035年）》再次明确指出，“建立校内外科学教育资源有效衔接机制。实施馆校合作行动，引导中小学充分利用科技馆、博物馆、科普教育基地等科普场所广泛开展各类学习实践活动……”（国务院，2021）。馆校结合，已经成为做好科学教育“加法”、实现科普场馆与中小学校优势互补、丰富科学教育资源、促进教育模式创新、提高科学教育质量、提升学生科学素养的重要途径。

在馆校合作行动中，活动或课程的设计与实施是合作的基础。活动设计多以促进学生科学核心素养的发展为核心，以学校科学课程标准为抓手，以科普场馆丰富的展品、展项、数字化资源等为知识载体，通过跨学科学习、项目式学习、创新综合实践等学习方式，辅以学习单、评价表等支架性材料，在科普场馆（展厅或实验室、活动室）和学校（教室、社团活动室）实施。馆校结合为场馆和学校开展主题活动和开发校本课程提供了有益的新思路。2009 年以来，中国科普研究所每年都会举办“馆校结合 · 科学教育”论坛，为从事馆校合作研究和实践的工作者提供展示合作成果、交流经验、建言献策的平台。

此外，教师培训也是馆校合作承担的一项重要任务。高质量的科学教育需要高素质的科学教师队伍。在馆校合作视域下，能够以场馆为基地，以中小学校教师为服务对象，邀请高校学者、领域专家等开展针对性的、分层级的教师培训，促进教师科学素养和实践能力的提升，能够更大范围地实现科学教育多主体参与协同增效的目的。2023 年，由中国科学技术馆牵头，依托省、市级科技馆，联合相关师范院校，围绕“基于科技馆科普资源的项目式课程开发”和“基于科技馆科普资源的科学实践活动设计”两大主题，举办了 8 期面向中小学科学教师的培训，获得了广泛好评。

第四节 科普活动在国家战略体系中的地位

一、大科普发展格局服务国家战略发展

从我国面临的国际形势来看，当前正处于百年未有之大变局，世界之变、时代之变正加速演进。国际环境错综复杂，不稳定性和不确定性明显增加，科技创新成为国际战略博弈的主要战场，围绕科技制高点的竞争空前激烈。我国致力于实现高水平科技自立自强和科技强国的战略目标，这就要求科普发挥更为重要的战略支撑作用，为科技创新厚植社会氛围和培养科创人才。这也对科普内容和方式提出变革性要求，要求科普与时俱进，全面对接科技创新发展的需要，实现科普内容和科普方式的持续更新（陈宝明，2022）。

从我国的发展目标来看，中国共产党正团结带领全国各族人民踏上全面建成社会主义现代化强国、实现第二个百年奋斗目标的新征程。党的二十大报告明确指出，中国式现代化的本质要求是坚持中国共产党的领导，坚持中国特色社会主义，实现高质量发展，发展全过程人民民主，丰富人民精神世界，实现全体人民共同富裕，促进人与自然和谐共生，推动构建人类命运共同体，创造人类社会文明新形态（王挺，2022）。人类社会文明是人类认识与改造客观世界和主观世界的进步状态和积极成果，涵盖物质文明、政治文明、精神文明、社会文明和生态

文明五个文明，“五个文明”协调推进是建设社会主义现代化强国的重要途径。科普通过弘扬科学精神、传播科学思想、倡导科学方法、普及科学知识，旨在提高公民科学文化素质和能力，促进公众理解科技，从而在科技与社会良性互动方面发挥重要作用，进一步为“五个文明”的建设提供重要内容和保障（杨启明，2022）。习近平（2022）在党的二十大报告中深刻指出：“教育、科技、人才是全面建设社会主义现代化国家的基础性、战略性支撑。必须坚持科技是第一生产力、人才是第一资源、创新是第一动力，深入实施科教兴国战略、人才强国战略、创新驱动发展战略。”因此，发展科普事业是实现中国式现代化的要求，是中国式现代化的重要组成部分，为实现中国式现代化提供支撑。

2021 年 6 月 21 日国务院正式发布的《全民科学素质行动规划纲要（2021—2035 年）》以及 2022 年 9 月 4 日中共中央办公厅、国务院办公厅印发的《关于新时代进一步加强科学技术普及工作的意见》，对我国科普事业的未来发展方向和布局作出了如下重要指导。

在导向方面，科普工作始终坚持以人民为中心，把满足人民对美好生活的向往作为科普的出发点和落脚点，构建社会化协同、数字化传播、规范化建设、国际化合作的“四化”新时代科普生态。

在目标方面，要发挥科普在中国特色社会主义事业“五位一体”总体布局中的作用，积极服务人的全面发展、服务创新发展、服务治理体系和治理能力现代化、服务推动构建人类命运共同体，助力科教兴国、人才强国、创新驱动、乡村振兴等国家重大战略，深刻赋能中国式现代化道路（谢小军，2022）。

在格局方面，强化关键部门的主体责任，激发社会多元主体活力，打破现有科普工作的边界，加大部门间合作的深度和力度，加强资源的有效衔接，推动形成全国一盘棋的整体沟通与协作、跨行业和跨部门的联合作战大格局，实现科普与文化建设、科普与科技创新、科普与教育、科普与社会治理等相贯通（谢小军，2022）。

在理念、内涵和科学素质行动重点人群方面，科普事业也发生重大变革：科普理念已从过去居高临下的教化式灌输变为充满人文情怀的融入式服务；在“四科两能力”中，把弘扬科学精神放在首要位置，科学思想紧随其后，然后是科学方法，最后才是科学知识，同时将“处理实际问题、参与公共事务的能力”调整为“分析判断事物和解决实际问题的能力”，更强调基础性和能力本身；科普素质行动重点人群定位为青少年、农民、产业工人、老年人、领导干部和公务员，将原来未成年人的范围扩大到包括学龄前儿童、中小学生、大学生在内的人群，特别增加了老年人这个重点群体，以提升信息素养和健康素养为重点内容，提高其适应社会发展的能力，增强其获得感、幸福感和安全感，更好地反映了以人民为中心的理念（任定成，2021）。

二、以科普活动创新构建大科普发展格局

科普活动作为科普事业的重要组成部分，是科普事业为国家战略发展服务的重要载体，是落实新时代科普事业服务人的全面发展、服务创新发展、服务治理体系和治理能力现代化、服务推动构建人类命运共同体，助力科教兴国、人才强国、创新驱动、乡村振兴等国家重大战略的关键抓手。过去几十年来，中国特色现代科技馆体系发展逐渐完善，该体系立足我国国情，以科技馆为龙头和依托，通过增强和整合科技馆的科普资源开发、集散、服务能力，统筹流动科技馆、科普大篷车、数字科技馆的建设与发展，并通过提供资源和技术服务，辐射带动其他基层公共科普服务设施和社会机构科普工作的发展，使公共科普服务覆盖全国各地区、各阶层人群，形成具有世界一流辐射能力和覆盖能力的公共科普文化服务体系（齐欣等，2016），为科普事业的发展和助力国家发展作出了巨大贡献。科普活动作为科技馆体系向公众提供的重要科普资源，类型多种多样，惠及广大人民群众，其开发和实施一直都是各级各类科技馆、自然博物馆的重大工程之一，并且科普活动的设计目标和理念也跟随时代变化和国家发展需求不断演变。因此，在新时代科普事业中，科普活动的创新也是大科普工作开展应有的题中之义，是构建大科普事业发展格局的关键要素。

根据《全民科学素质行动规划纲要（2021—2035年）》《关于新时代进一步加强科学技术普及工作的意见》两大重要文件中关于科普事业的指导思想和原则、重要要求和发展目标以及提升行动，本书将从重点科普人群定位、泛社会科普活动内容布局、线上线下协作、科创科普主体合作、生态文明科普与国际科普交流作为人类命运共同体构建纽带这五个角度，提出科普活动建设的方向，以作为大科普格局构建的落脚点。

第一，针对五类重点人群，拆解科普目标开展科普活动。针对“十三五”时期“科学精神弘扬不够，科学理性的社会氛围不够浓厚”的问题，面向青少年的科普活动应将弘扬科学精神、培养科学思想、增强科学兴趣和培养创新能力作为科普活动的重要设计目标；针对“十三五”时期城乡、区域科学素质发展不平衡的问题，面向农民群体的科普活动应着力生态文明建设，重点围绕保护生态环境、节约能源资源、绿色生产、防灾减灾、卫生健康、移风易俗等深入开展；面

向产业工人群体，开展弘扬劳模精神、工匠精神、敬业风气和勇于创新、提升职业技能的科普活动；面向老年人群体，科普活动以提升信息素养和健康素养为重点，提升老年人的信息获取、识别和使用能力以及健康素养，帮助其适应社会发展，增强幸福感；面向领导干部和公务员群体，开展加强前沿科技知识和全球科技发展趋势学习，培养科学精神、科学思想的科普活动。

第二，立足“四个面向”选择科普内容，布局泛社会科普活动。“四个面向”指坚持面向世界科技前沿、面向经济主战场、面向国家重大需求、面向人民生命健康，指明了我国加快科技创新、提升科技创新能力的方向问题。面向世界科技前沿和国家重大需求，要着力开展介绍我国国防、科研、经济等领域的重大战略需求和重大科技成就、科学家杰出成果的科普活动，以促进公众对我国科技发展水平的认识，激发公众产生民族自豪感，弘扬科学精神，进而引导公众树立投身科学事业、为我国科技研发和科技产品创新贡献力量的志向。面向经济主战场，选择介绍与经济发展密切相关的科技领域，如新能源、智能制造、数字经济等的技术创新和应用情况。面向人民生命健康，选择与人民生命健康密切相关的科技领域，如生物医药、医疗器械等科普最新科研成果和应用情况，针对常见的健康问题，提供科学、实用的健康知识和建议，提高公众的健康素养和自我保健能力。此外，考虑到我国城乡、区域科学素质发展不平衡，可配套我国学前教育、基础教育课程，开展成体系的经典科学理论科普活动，以普及科学常识和提升公众对科学本质的理解。

第三，线上线下科普活动融合，促进区域科普活动资源共享。如今社交媒体、移动终端成为公众生活必不可缺的重要部分，截至 2023 年 6 月，我国网民规模达 10.79 亿人，互联网普及率达 76.4%，其中农村网民规模超过 3 亿，互联网应用适老化改造深入推进（王思北，2023）。通过智能化信息科技感知用户需求、组织内容创作、匹配科普资源、及时精准送达，为社会科普提供智能化支撑正在成为现实，因此加快推进科普全媒体传播体系建设，打造即时、泛在、精准的数字化传播格局，是科普高质量发展的必然要求（高宏斌，2022）。线上科普活动不能再像以往一样，只满足于对线下科普活动的宣传和视频化。具体而言，一方面，可考虑线下科普活动资源包的数字化建设和共享，如配套基础教育课堂、科普大篷车、流动科技馆、校园科技馆、农村科技馆，解决各区域科普资源发展不均衡的问题；另一方面，可考虑借助新兴技术，促进观众深度参与各类科普活动，打破各级各类科技馆、其他科普机构在物理空间上的制约，服务更多公众，从而助力“四化”新时代科普生态的构建。

第四，科创主体与科普主体合作，实现功能互补和资源共享。科普成果是科创主体与科普主体之间的纽带，科普主体通过科普成果营造爱科学、信科学的社会氛围和培养科创人才，为科技创新提供沃土；科创主体的科研成果又为科普提供丰富资源，从而创作出更多的科普成果。但在科普实践中，科普主体面临科技理解不到位、科技精华资源挖掘不充分的问题，科创主体则主要面临科普语言或科普角度不适合公众科学素质水平的问题，这也是降低科创主体参与科普工作积极性的重要因素之一（罗跞和胡芳，2022）。科普活动类型多样，面对的公众类型也多样，这更增加了科普的难度。因此，在科普为国家战略服务的目标导向下，各地区各级各类科普主体可定期调查不同类型的公众（尤其是五类重点人群）对科普活动的需求、兴趣和评价反馈，与科创主体共享受众分析资源，从而为其提供科普活动设计与实施方面的建议或培训；而科创主体为科普主体介绍本机构科技成果的最新前沿，或解读本专业经典的科学理论，深化科普主体从业人员对科学精神、科学思想的感悟，从而提升科普人员开展此类科普活动的水平。除此之外，两类机构也可共同合作，制定科普活动内容，如科创主体负责科学性和准确性，确保科普活动所弘扬的科学精神、宣传的科学方法、普及的科学知识水平能达到为国家战略服务的要求；科普主体负责科普活动内容的设计、组织以及科普语言的润色，以契合公众的兴趣和关注倾向。当然还可以共享宣传渠道，尤其是社交平台，这将会给公众带来意外的"破壁"惊喜，进而扩大受众范围。

第五，服务"五个文明"，以生态文明科普与国际科普交流为纽带助力人类命运共同体的构建。联合国大会通过的《2030 年可持续发展议程》，显示出对科学、技术和创新（science，technology and innovation，STI）推动可持续发展的认识有了重大进步。为帮助全世界各个群体更好地理解气候问题、缓解气候相关争议、适应气候变化，联合国通过推动全球高度参与，把各国政府、私营部门、民间社会、联合国系统和其他各方召集在一起，调动现有的一切资源协助落实所有目标和具体目标，以提高民众在气候变化、相关危害和道德影响等方面的意识，为全面推动实现可持续发展目标作出贡献（联合国，2015）。我国推进生态文明建设、促进绿色和高质量发展、实现人与自然和谐共处的时代呼唤，与全球迫切需要采取紧急行动应对气候危机、生态系统危机、污染危机紧密呼应，更与构建人类命运共同体和实现可持续发展的长远目标方向一致（张会亮等，2021）。因此，科普活动还应重视引导公众转变环保观念，实践绿色生活方式，躬身厉行节约资源能源和爱护环境，为保护生物多样性作出贡献。另外，我国科普活动也可以生态文明科普为契机，加大与国际科普活动的交流与合作，共同助力全球生态保护与可持续发展。党的二十大报告明确提出，要“讲好中国故事、传播好中国声音，展现可信、可爱、可敬的中国形象”，从国家形象提升的角度来看，以讲好中国生态文明建设、古今科技与科技创新故事为内容素材，开展国际科普活动交流合作，也可以促进我国国家科学形象的提升，进而促进国家形象的提升（王艳丽和张志敏，2022）。

第五节　科普活动人才的职业发展

一、科普活动人才的必备素质

科普人才是科普事业发展和公民科学素质建设的关键支撑与核心力量。目前国内外已有较多学者对科普人才能力进行研究，为我国科普人才的专业化发展提供了指导方向。随着时代的发展，科普事业为国家战略服务的功能不断增强，科普活动的任务目标和内容重点也随之发生变化，并且由于信息技术的发展，科普活动有了更多种多样的形式和更多元的开展情景，这些都对科普活动人才提出巨大挑战。科普场馆是科普事业的主要承担机构。考虑到科普提高公民科学素质的教育属性，即弘扬科学精神、传播科学思想、倡导科学方法、普及科学知识，目前学界对科普人才能力的研究主要从场馆教育者的角度开展，仅少部分从传播学角度讨论，且鲜有专门针对科普活动设计与实施人才的素质研究。因此，本书在参考当前一些学者研究结论的基础之上，总结归纳出新时代为国家战略发展服务的大科普格局所要求的科普活动人才应具备的素质。

美国学者埃尔莎·贝利（Elsa Bailey）等通过对博物馆工作人员的调查与访谈，认为博物馆教育者需要的关键技能有教与学的知识、展示与表演技能、项目开发与实施技能、科学内容知识、项目管理能力、对工作环境与组织的理解，其他技能则需要冒险能力、诊断与观察能力、寻找资源能力、持续学习的能力、与观众交流的能力等，并表明越是小型场馆从业者越需要多种技能，大型场馆由于可以更好地分工，工作人员可以局限于几个具体的技能（Bailey，2006）。

郑念（2009）认为，科普人员应当掌握一定的科学技术知识、思想、方法、原理和精神；能够把这些科学的知识创作表述为人们易于理解、接受的表现形式；能够通过一定的途径，比如报纸、杂志、影视、网络、广播等，向社会公众进行传播；能够策划、组织科普人员进行创作、展示、展览、艺术化表现以及管理营运科普场馆等，并向公众进行传播；高屋建瓴，既能够了解世界科技发展动向，又能够了解国家发展趋势，超前判断国家的需求和发展需要，从而组织、管理广大科普人员，通过科普工作，提高国民的科学素质，为国家的长期发展培养人才，提供人才成长的土壤。

吴中云（2011）从科学素质和文化素质两种基本素质角度，构建了科普人才素质能力模型，其中科学素质包括基本的科技知识、科学探究的方法、科学思维以及科学精神等，文化素质包括基本的人文素养、大众文化知识、语言表达、心理学和社会责任感等。张进宝（2013）认为，科普人才应当具备五种基本能力素养：基本的科学知识、科学方法和科学思维；将学科知识进行编码的能力；向社会公众进行科学传播的渠道决策能力；具体科普活动的策划、组织与实施能力；科普理论研究能力。这两位学者都非常强调人才的“四科两能力”，但是张进宝还从科普传播和教师培训视角对人才能力进行了界定，强调对传播方式方法和实践能力的培养。

季娇等（2016）先通过对西方文献研究，包括调研得出了科普人员需要具备的一些能力，包括责任心、创造性、沟通技能、自我认知、自学能力、幽默、热情、博学，再结合对国内场馆教育人员的访谈总结出场馆教育人员需要具备的四种能力，即知识（教育理论与实践、对科学与技术的整体理解）、能力（创造性、学习能力、灵活性、自我反思意识）、技能（综合体现于协商合作、体态、语言中的沟通技能，教学技能，写作技能）、态度（责任心、献身意识）。

宋娴等（2019）先总结了国外学者提出的博物馆教育者专业素质特征，再通过调查得出国内场馆教育者能力特征，最后对比国内外分析综合得出我国场馆教师专业素质特征，如图 1-1 所示。

袁梦飞和周建中（2019）认为高层次科普人才应具备以下条件：掌握前沿的科学知识；具备将前沿科学知识进行科普化编译的能力；善于通过媒体等传播途径，发布权威科学信息，与公众分享最前沿的研究成果；有组织和举办具有创新理念活动的能力，通过活动激励公众学科学、爱科学的热情；具备一定的科普理论研究能力。

总结以上各位学者的科普人才研究成果，可以分为以下 6 种倾向。①教育倾向：注重人才的教学能力；②传播倾向：注重人才的传播能力；③设计倾向：注重人才的设计、创新能力；④实践倾向：注重人才的实施能力；⑤研究倾向：注重人才的研究能力；⑥人格特征倾向：注重人才对科普事业的动机、兴趣、信念，以及反思和情绪调节等非智力因素。

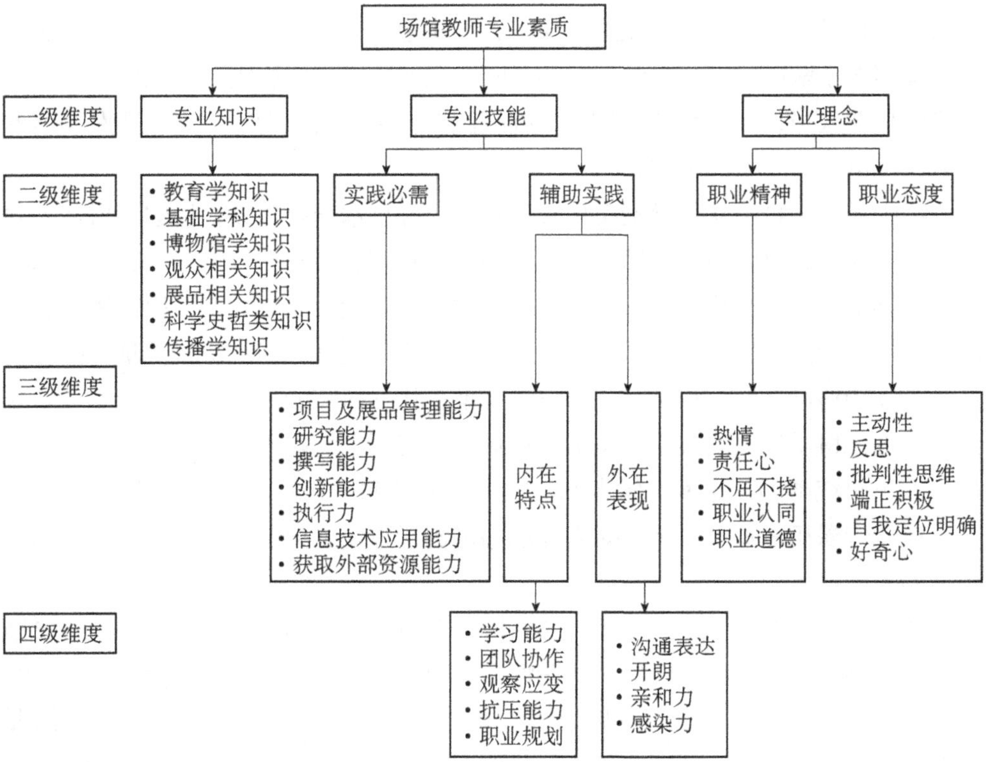

图 1-1　我国场馆教师专业素质特征（宋娴等，2019）

尽管目前国内外还没有专门针对科普活动人才素质的研究，但如前文所述，本书从重点科普人群定位、泛社会科普活动内容布局、线上线下协作、科创科普主体合作、生态文明科普与国际科普交流作为人类命运共同体构建纽带这五个角度，提出了科普活动建设的方向，以此作为大科普格局构建的落脚点。这些建设方向必然对科普活动人才的能力提出特定要求。因此，在上述学者观点的基础之上，本书结合未来科普活动建设方向，提出的科普活动人才必备素质如下所述。

在职业观相关方面，科普活动人才应当认同并理解科普为国家战略发展服务的重要意义，并以此作为职业理想，为之努力，从而更好地理解和落实科普活动的顶层设计目标。此处的“理解”不仅仅指理解宏观上常提的“四科两能力”，更应是根据具体科普活动主题和内容素材，在此宏观目标指导下拆解出活动目标，由此延伸出科普人员应积极关心国家科普事业最新重大政策、科技创新最新重大进展，甚至是了解世界各国科普和科学教育趋势、科技发展动向等，从而逐渐培养出能初步判断科普活动如何满足科普事业发展需求，进一步满足国家科技发展需求的能力。

在教育相关方面，科普活动人才应当具备与时俱进的学习观、学生观、评价观，具备相应的活动设计知识与能力，以及创新能力。在科普活动设计中，科普活动人才应重视活动的科学性、严谨性、趣味性、探究性、开放性等，在科普活动目标的导向下有效利用展品展览、实验仪器、自然资源、数字技术等资源，根据不同类型公众的兴趣、爱好、认知特点，针对性地合理设计活动环节和内容，并在活动中、活动后采用合适的评价方式来评价本次科普活动的效果，进行反思和经验总结，进一步反哺活动方案的迭代和拓展应用。

在实践相关方面，科普活动人才应当具备实施活动的能力，如交流沟通与表达、观察、分析与应变、组织与项目管理、学习与写作以及合作等。无论在科普活动面向公众实施的准备阶段、开展阶段，还是结束后的总结阶段，科普活动都是发生于人与人之间的活动，需要科普活动人才与同行合作，或者直接面向各类公众，因此需要具备良好的字面和口头的交流与表达、沟通与合作能力。另外，由于科普活动目标的教育性，为达到良好的活动效果，还要求科普人才面对公众时尤其需要具备亲和力、倾听能力等，让公众感受到科普人才的人格魅力。

在传播相关方面，科普活动人才应具备先进的科学传播理念，能选择合适的传播媒介和切入点，具备相关的信息技术利用能力。信息技术的发展使得科普活动的开展有了更广阔的空间，可以脱离实体科普场馆或科研机构，在流动大篷车、数字科技馆、社交平台这类载体上开展。因此，科普活动人员应能抓住这些载体的传播特征，充分利用其技术，设计和实施能最好发挥这些载体传播效果的科普活动，从而吸引更多公众的关注和参与，在与公众的双向沟通中促进其理解科学、理解科学的社会决策、参与社会议题讨论等。

在研究相关方面，科普活动人才应当具备一定的文献、政策文件检索和分析能力，以指导科普活动的设计和实施，以及将科普活动相关经验总结升华为研究结论，从而反哺科普活动的能力。科普活动作为科普事业的重要形式之一，要想发挥其提升公民科学素质、构建人类命运共同体的功能，需要科普活动的设计目标、理论基础、开展方式等都与时俱进。这要求科普活动人员不能仅是单纯做好科普活动实践，还须参考最新研究成果和政策文件来指导科普活动的设计与实施，再将实践成果转化为研究成果，应用于更广泛的情境之中。另外，科普活动的顶层设计也需要科普活动实践者提供的成熟见解和意见作为制定依据，从而使科普事业的布局根植于科普实践，并更好地指导科普实践。

在人格特征培养相关方面，科普活动人才应能动态调节情绪，不断激发对科普事业的热爱，保持较好的抗压能力和随机应变能力，以应对复杂多变的人际环境。前文已分析过，无论在科普活动的哪个阶段，科普活动实践者都需要与不同的人沟通交流，尤其会面对多种多样的公众。公众的观念、兴趣爱好、认知水平、道德水平、知识水平等具有多样性，这对于科普活动实践者来说，无论是活动的设计、实施还是评价，都远远加大了项目的难度，并且面对公众的反馈时还会遇到很多突发状况，这些都对科普从业者提出了巨大的挑战，需要其灵活应对化解危机，有效调节情绪的紧张与松弛，保持良好的精神状态。

二、科普活动从业人员的职业发展方向

自《全民科学素质行动计划纲要（2006—2010—2020 年）》印发实施，在国务院统筹部署下，各地区各部门不懈努力，全民科学素质行动取得显著成效，如公民科学素质水平大幅提升、科学教育与培训体系持续完善、大众传媒科技传播能力大幅提高、科普信息化水平显著提升、科普基础设施迅速发展、现代科技馆体系初步建成、科普人才队伍不断壮大、科学素质国际交流实现新突破等，但也存在一些问题和不足，如科技和文化融合不足、科学精神的弘扬和传播力度不足（国务院，2006）。除此之外，新发展理念和新发展格局也对科普事业发展提出新的要求，如我国“十四五”规划将思想道德素质、科学文化素质和身心健康素质的提高列为“十四五”经济社会发展的主要目标之一，因此未来科普应加强对公民这三种素质的培养。总的来说，下一阶段我国科普事业的发展方向是加强实体科普场馆建设，开展科普展教品的创新研发，打造科学家精神教育基地、前沿科技体验基地、公共安全健康教育基地和科学教育资源汇集平台，推进数字科技馆建设，统筹流动科技馆、科普大篷车、农村学校科技馆建设，探索多元主体参与的运行机制和模式，提高服务质量和能力等（赵洋等，2021）。参考未来科普事业的发展方向，基于科普活动人才必备素养的内涵，科普活动从业人员可以选择以下渠道作为职业发展规划参考。

一是科普活动设计与实施专技人才。无论是实体科普场馆、流动科技馆还是农村学校科技馆，都需要配套展品并实施合适的科普活动，因此科普活动从业者可以针对这些展示场所的特点和参与人群，基于教育学和心理学理论，设计和实施相应的科普活动，精益求精地做出品牌活动。在这个过程中，科普活动从业者可以尝试科学与文化的融合。例如，有机融入文化场馆展品或活动形式，也可以探索室内场馆与室外场馆、动植物园等科普活动设计的差异，探究小型科普活动与大型科普活动设计和实施的侧重点，等等。因此，科普活动从业者应能设计和

实施包括但不限于跨学科领域的、科技前沿与经典科学的、室内室外的、大小型的、国际交流的、面向多元观众的各种维度和各种类型的优质科普活动，从而提升科普活动的精准性和有效性。具体而言，可参考本书提出的各类科普活动类型，针对自身的特长，不断提升相关专业理念与能力，进而成为某种科普活动或多种科普活动设计与实施专家。

二是数字科普活动资源开发与设计人才。未来，为提升我国科普传播能力，计划包括实施智慧科普建设工程，推进科普与大数据、云计算、人工智能、区块链等技术的深度融合，构建国家级科学传播网络平台和科学辟谣平台，强化科普信息的落地应用，推动优质科普资源向欠发达地区倾斜，建设即时、泛在、精准的信息化全媒体传播网络，服务数字社会建设，等等（王挺，2021）。在这些重大任务中，开发与各类信息技术深度融合的科普活动尤为重要，是数字科普社会建设的关键要点。因此，科普活动从业者可以提升自我信息技术能力、传播理论素养，开发数字科普活动，提升科普活动的可及性和精准性，助力数字科普社会的建设。

三是科普活动项目组织和管理人才。前文已陈述过，无论在何种阶段，科普活动都是人与人之间相互作用的复杂工程，涉及同行的分工与合作、人力与物力的分配与控制、活动进度的计划安排与调节等。科普活动规模越大，涉及的人、事、物、财越多，管理难度越大，因此，科普活动人才可以在熟悉科普活动的流程和内容之后，有意识地提升自我的项目管理能力、科普视野与格局，紧跟科普事业和国家战略发展政策文件、导向等，从而成长为科普活动的项目组织者和管理者，进而对整个活动的目标站位与内容形式进行调整。

四是科普活动研究与决策咨询人才。虽然未来我国全民科学素质行动的重点人群定位为青少年、农民、产业工人、老年人、领导干部和公务员，但从人口统计学的角度来看，不同地区、不同年龄、不同性别、不同经济水平、不同文化水平、不同职业的人群，其科学素质水平不同，对科普活动的兴趣、喜好、理解水平、可获得方式都会存在差异。因此，无论是面向重点提升的五类人群，还是按照其他维度划分的人群，都需要做较多针对性的调查研究，为科普活动的设计与实施提供支持。除此之外，评价与总结面向不同人群的、各种形式的科普活动的开展效果与经验，以及将这些效果与经验升华为研究成果，为科普事业的发展规划提供实践支持与理论，需要可靠的研究理论和方法作为支撑。因此，若科普活动从业者对研究感兴趣，想要探究科普活动、科普事业的本质，可以有意识地提升科研能力，成为科普活动研究与决策咨询人才。

理解·反思·探究

1. 科学技术的发展促使世事瞬息万变、形势动态发展，请结合你阅读本书时的社会发展和国际形势，分析我国科普事业的发展现状与趋势，并对比本章节中提到的科普活动建设方向和开展重点，思考有何异同，以及可以从哪些方面进行补充。

2. 如果你想成为一名科普活动从业者，请参考本章节总结的科普活动人才的必备素质与职业发展方向，结合自身兴趣与优势，为自己拟定一份职业成长计划书。

拓展阅读导航

1. 王挺，任定成. 新时代中国科普理论与实践. 北京：中国科学技术出版社，2024.

2. 全国科普理论研讨会. http://www.crsp.org.cn/xszy/llyth/DHJJ/art/2022/art_fd0db3456b23433 981e38533500a89e8.html[2025-03-07].

（本章由傅骞、刘鹏飞共同执笔）

本章参考文献

陈宝明. 2022. 从“两翼理论”认识新时代科普工作新格局. 科普研究，17（5）：13-15.

董纪昌，祝魏玮，张超，等. 2024. 科学传播模式演变与科技创新交互机制的探析和思考. 中国科学院院刊，39（2）：358-366.

樊洪业. 2004-01-09. 解读“传统科普”. 科学时报，第3版.

高宏斌. 2022. 构建新时代科普“四化”生态的内涵. 科普研究，17（5）：19-22.

高宏斌，周丽娟. 2021. 从历史和发展的角度看科普的概念和内涵. 今日科苑，（8）：27-37.

国务院. 2006. 国务院关于印发全民科学素质行动计划纲要（2006—2010—2020年）的通知. https://www.gov.cn/zhengce/zhengceku/2008-03/28/content_5301.htm[2024-11-13].

国务院. 2021. 国务院关于印发全民科学素质行动规划纲要（2021—2035年）的通知. https://www.gov.cn/zhengce/content/2021-06/25/content_5620813.htm[2024-11-12].

季娇，曾筝，伍新春. 2016. 我国科技场馆教育人员胜任特征的质性研究. 教育研究与实验，

（6）：85-91.
李大光. 2016. 科学传播简史. 北京：中国科学技术出版社.
李志忠，左超. 2016. 浅议如何丰富科技馆的科学实验表演——中澳“科学马戏团”巡演的启示//中国科学技术馆. 科技馆研究文选（2006—2015）. 北京：科学普及出版社：499-501.
联合国. 2015. 变革我们的世界：2030 年可持续发展议程. https://www.un.org/zh/documents/treaty/A-RES-70-1[2025-05-21].
鲁世林. 2023. 科技社团史与科学思想的发展变迁. 自然辩证法研究，（10）：100-108.
罗跞，胡芳. 2022. 基于科研人员视角的科普培训内容研究. 科普研究，17（5）：75-83.
齐欣，朱幼文，蔡文东. 2016. 中国特色现代科技馆体系建设发展研究报告. 自然科学博物馆研究，（2）：14-21.
全国人民代表大会常务委员会. 2002. 中华人民共和国科学技术普及法. https://flk.npc.gov.cn/detail2.html?MmM5MDlmZGQ2NzhiZjE3OTAxNjc4YmY2MTQ5MTAyYTM[2024-11-12].
任定成. 2021. 新起点、新目标与新举措——《科学素质纲要（2021—2035 年）》解读. 科普研究，16（4）：18-24.
任福君，等. 2020. 科普活动概论（修订本）. 北京：中国科学技术出版社.
宋娴，罗跞，胡芳. 2019. 基于扎根理论的场馆教师专业素质特征实证研究. 教师教育研究，31（5）：88-93.
特里・伯恩斯，约翰・奥康纳，苏珊・斯托克麦耶. 2007. 科学传播的一种当代定义. 李曦译. 科普研究，（6）：19-33.
王大鹏，付敬玲. 2015. 辨析科普与科学传播. 科技传播，（14）：104-105，167.
王思北. 2023. 10.79 亿网民如何共享美好数字生活？——透视第 52 次《中国互联网络发展状况统计报告》. http://www.news.cn/2023-08/28/c_1129830951.htm[2024-11-14].
王挺. 2021. 夯实中华民族伟大复兴的科学根基——全面落实《科学素质纲要（2021—2035 年）》的思考. 科普研究，16（4）：5-13.
王挺. 2022. 科普赋能中国式现代化的内在逻辑. 科普研究，17（5）：5-12，101.
王艳丽，张志敏. 2022. 以国际科普促进国家形象建设研究. 科普研究，17（6）：67-74.
吴中云. 2011. 浅谈科普人才的基本素质与培养途径//中国科学技术协会，天津市人民政府. 第十三届中国科协年会第 21 分会场——科普人才培养与发展研讨会论文集. 中国科普作家协会：97-99.
习近平. 2016. 为建设世界科技强国而奋斗——在全国科技创新大会、两院院士大会、中国科协第九次全国代表大会上的讲话. 北京：人民出版社.
习近平. 2022. 高举中国特色社会主义伟大旗帜 为全面建设社会主义现代化国家而团结奋斗——

在中国共产党第二十次全国代表大会上的报告. 北京：人民出版社.
谢小军. 2022. 以“大科普”开启新时代科普事业新篇章. 科普研究，17（5）：15-17.
杨启明. 2022. 推动科普全面融入“五个文明”建设. 科普研究，17（5）：17-19.
杨正. 2022. 超越“缺失-对话/参与”模型——艾伦·欧文的三阶科学传播与情境化科学传播理论研究. 自然辩证法通讯，44（11）：99-109.
袁梦飞，周建中. 2019. 我国高层次科普人才培养的现状与建议. 中国科学院院刊，34（12）：1431-1439.
张会亮，王艳丽，张亚琼，等. 2021. 提升科学素质共建绿色家园——2021 世界公众科学素质促进大会概述. 科普研究，16（6）：106-111.
张进宝. 2013. 高校人才培养视角下的科普场馆教育人员专业能力//中国科普研究所. 中国科普理论与实践探索——第二十届全国科普理论研讨会论文集. 北京：科学普及出版社：658-668.
章梅芳. 2019. 新中国城市社区科普历史回顾. 科普研究，（5）：23-33，109.
赵洋，马宇罡，苑楠，等. 2021. 中国特色现代科技馆体系建设：回顾与展望. 科普研究，16（4），80-86，111.
郑念. 2009. 我国科普人才队伍存在的问题及对策研究. 科普研究，4（2）：19-29.
中国科学技术协会. 2022. GB/T 41555—2022 科普服务分类与代码.国家标准全文公开系统. https://openstd.samr.gov.cn/bzgk/gb/newGbInfo?hcno=374F55E0A4766CF181235F9038B08C2B [2024-11-13].
朱幼文. 2014. 科技博物馆教育功能“进化论”. 科普研究，（4）：38-44.
Bailey E. 2006. Researching museum educators’ perceptions of their roles，identity，and practice. Journal of Museum Education，31（3）：175-197.

第二章

科普活动设计的一般流程

要点提示

本章首先介绍国内外科普活动相关的理论研究，以了解科普活动设计中需要考虑的关键因素。接下来介绍科普活动设计的一般流程，对科普活动设计的前期调研与设计、中期筹备与实施、后期评估与总结中可能遇到的各项工作与流程进行阐述，说明不同阶段的工作“是什么”“怎么做”，以期帮助读者在未来从事科普活动设计时能够有计划、有步骤、有重点地展开工作，从而为科普活动的成功举行奠定基础。

学习目标

1. 了解国内外科普活动的相关理论研究观点。

2. 熟悉科普活动设计的一般流程。

3. 了解活动主题策划、内容与形式的设计、经费预算的构成、活动评估的基本内容。

4. 根据科普活动设计的一般流程指引，在工作实践中予以应用。

导入

科普活动的目的在于普及科技知识、倡导科学方法、传播科学思想、弘扬科学精神，它通常通过组织或者非组织形式开展，比如各类讲座、讨论、竞赛等多样化的方式，吸引不同年龄层次和知识背景的大众广泛参与，从而提升公众的科学素养，助力科技推动社会的可持续发展。科普活动的设计是一个复杂且富有创造性的过程，一方面，需要以科学的理论作为指导，对科普活动进行规范化、精细化的目标设计和流程策划；另一方面，需要结合实际情况不断创新和优化，以适应当前大众快速变化的科普需求。科学合理的设计能够有效整合资源，优化活动流程，提升活动效果。明确的活动目标能够指导活动设计，确保活动内容、形式和实施过程都围绕目标展开，从而有效实现科普目标。

第一节　科普活动设计的相关理论

2022 年，中共中央办公厅、国务院办公厅印发的《关于新时代进一步加强科学技术普及工作的意见》中指出，要“开展科普理论和实践研究”，《“十四五”国家科学技术普及发展规划》也提出要“强化科普理论研究”“构建新时代科普理论体系”。

随着我国科普事业的蓬勃发展，当前科普活动类型多样，科普活动开展场地越来越多元化，科普活动对象涉及青少年、中青年、老年人、工人、一般公众等不同年龄、教育背景、职业和需求的群体，科普具有越来越广阔的包容性和辐射面。在不同的科普活动中，受众的学习方式也存在多样性的特征，如单向的接受式学习、包含参与环节的体验式学习和基于深度实践的探究式学习（叶兆宁，2024）。为提升科普活动效果，在活动策划阶段需要考虑以合适的理论作为活动的依据与支撑，才能在面对不同人群时达到预期的科普目标。

一、科普活动相关的理论与运用

作为连接科学知识与广大公众的重要桥梁，科普活动的开发与设计过程须严谨地依托于科学的理论支撑与系统化指导。当前，在科普活动的开发与实施中，几种核心理论被广泛采纳以指导实践，具体包括活动理论、情境学习理论、STEM 教育理论以及一般学习结果理论等，这些理论共同构成了科普活动设计的理论基础框架。

（一）活动理论

活动理论产生于 20 世纪 20 年代的苏联，受到马克思主义哲学的影响，以列昂捷夫（A. H. Леонтьев）为代表的一批心理学家，采用“活动”这一概念来解释主体为了一个特定目标而进行的努力，并特别注意将这一理论应用到儿童的教育和发展研究中，用于解释人类的成长和其社会关系之间的关联，强调学习是学习者通过与社会文化环境的互动来构建知识和技能的过程（阮晓蕾，2022）。

早期的活动理论强调中介概念，将学习视作主体和客体相互作用的活动，人们通过学习活动来获取相关的知识、经验和技能。随后第二代活动理论引入了工具、规则和劳动分工要素，奠定了经典的活动理论系统模型（图 2-1）。第三代活动理论进一步突出了个体和共同体的关系，强调了学习共同体问题（张莉，2013）。

活动理论为科普活动设计提供了一套可供实操的要素框架，设计者可以围绕科普活动中的主体、工具、规则、劳动分工等要素，构建一套完整的科学学习体验。此外，活动理论强调学习者要参与社会实践、与他人互动以及使用工具，在科普活动设计中，可以考虑设置更多任务驱动的活动，如小组合作实验、互动

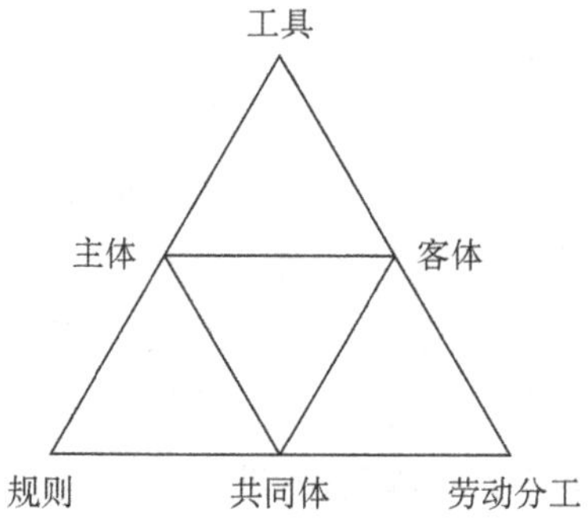

图 2-1　活动理论系统模型

讨论或科学探究等，以促进学习者在活动中共同解决问题，反思并分享彼此的观点和经验，以加强学习者自身的知识构建。

（二）情境学习理论

情境学习理论（situated learning theory）是由教育学家让·莱夫（Jean Lave）和埃蒂安·温格（Etienne Wenger）于 20 世纪 80 年代末 90 年代初提出的一种学习理论（Lave and Wenger，1991），该理论认为学生在非正式场景下的学习受到个人、社会文化、物理空间三方面情境的影响。个人情境指学习者已有的经验与知识积累对学习发挥的作用，包括动机欲望、兴趣、知识经验等关键因素；社会文化情境指在不同的社会文化交融中，个人经验融入其中汲取信息，从而提升学习效果；物理空间情境指现实的学习环境，重点在于发挥物理环境的作用，如照明、环境、物品等都会影响学习的过程。

情境学习理论研究拓展了对学习过程的理解，强调个体和环境的互动，以及建立一个学习的生态系统的重要性（王文静，2002）。首先，情境教学法通过创设具体的情境，使学习内容更加生动有趣，从而激发学生的学习动机和兴趣（罗妍，2020；梁爽，2010）。例如，通过场景模拟、体验参与等形式，让学生在亲身经历中获取知识，认识事物，这种体验式教学不仅能够提升学生的认知，还能激发他们的感悟、思考和兴趣（陈田峰和孙红梅，2015）。李向东和韩琪（2018）、周云华（2021）、董爽（2022）研究的应用案例表明，情境学习理论能够有效地提升学生的学习兴趣、参与度和学习效果，尤其是在语言学习和历史学习等需要较强情境感知能力的领域表现突出。其次，情境学习理论强调从个体孤立的学习转变为在共同体中相互支持的学习（郑永红，2017）。这种转变有助于构建一个优秀的教学“实践共同体”，促进学生参与式学习方式的培养，增强学习效果。此外，情境教学模式还能够有效激发学生尤其是内部动机，强化学生在课堂上的积极表现（冯香丽，2016）。

情景学习理论强调学习是情境化的，以及学习者与学习情境、学习者与学习者之间的互动。对于科普活动来说，学习环境与情境的设计能够影响学习者的学习效率，合理运用科普资源，遵循学习者的认知特点，对提升科普活动的效果有积极作用。在科普活动中，应构建与科学知识实际应用相关的真实情境。例如，在科普展览中，可以通过模拟实验、实践体验等方式，让观众在接近真实的情境中学习科学知识，从而加深他们对知识的理解和记忆。同时，也应设计各种互动环节。比如，可以结合实际问题或生活中的实例，鼓励参与者参加小组讨论、角色扮演、实验操作等活动，让他们通过解决问题、与他人合作、参与实际情境来建构和加深对科学知识的理解。通过互动，观众可以更好地理解科学知识的内涵和应用，同时也能在交流中分享自己的见解和经验。

（三）STEM 教育理论

STEM 教育理论起源于美国，是科学（science）、技术（technology）、工程（engineering）和数学（mathematics）四门学科英文首字母缩写。STEM 教育强调的是一种跨学科、一体化的教育方式，旨在培养具备跨领域知识和综合解决问题能力的创新型人才。自 20 世纪 90 年代提出后，经历了启动、建设、推进、转型阶段，最终形成较为完善的 STEM 教育框架系统（赵澜波，2024）。

具体来说，STEM 教育的核心特征至少包括以下几点。

（1）跨学科的课程设计。STEM 教育并非简单地单独教授科学、技术、工程和数学，而是通过将这些学科的内容相互联系、融合，打破学科之间的界限，创建一个更为综合的学习环境。例如，在学习如何设计一个小型机器人时，学生不仅需要应用数学计算来确定机器人的尺寸和运作原理，还需要运用科学原理理解机器人的运动轨迹，并通过工程设计技能将其实现，最终利用技术编程使机器人具备智能化功能。

（2）项目式学习。STEM 教育特别强调以项目式学习（project-based learning，PBL）为主要教学模式，通过实际的科学研究项目，引导学生发现科学问题、提出假设、设计实验、收集数据并进行分析，最终检验结论。在项目执行过程中，学生不仅能够应用科学理论，还能学习如何整合技术和工程的方法，以解决实际问题。

（3）基于现代技术的实践。STEM 教育鼓励使用现代技术手段，如虚拟实验室、仿真模拟平台、编程和机器人技术等，帮助学生进行科学实验和工程设计。

这些平台能够模拟复杂的科学现象，让学生在安全的环境中进行实验和探索，并且能够迅速获得反馈，还能提高他们的实际操作能力，使他们在亲自动手的过程中发现科学的乐趣和魅力。

总体而言，STEM 教育的跨学科性、趣味性、体验性、情境性、协作性、设计性等特征使其在正式与非正式场景中成为可能。

（四）一般学习结果理论

一般学习结果理论主要指的是罗伯特·加涅（Robert Gagné）提出的学习结果分类理论。该理论认为，学习可以导致不同性质和不同组织的倾向的形成，加涅将这些习得的倾向称为能力，并将学习结果分为五大类：①言语信息，指能用言语表达的知识，即陈述性知识；②智慧技能，指运用概念和规则办事的能力，涉及程序性知识；③认知策略，指运用有关如何学习、记忆、思维的规则来提高学习、记忆或认知效率的能力；④动作技能，指通过练习获得的、按一定规则协调自身运动的能力；⑤态度，指习得的对人、对事、对物、对己的反应倾向。

加涅的理论还强调了学习条件的重要性，认为不同类型的学习结果需要不同的学习条件或教学方式，这对教学设计具有重要的指导意义。他进一步针对每种学习结果给出了有效学习的条件，包括内部条件和外部条件。内部条件包括学习者已有的知识背景、学习动机、学习者参与的学习加工过程；外部条件包括学习者所处的文化环境、家庭因素、获得的教学方法和反馈机制等。加涅的分类系统为教育者在教学中区分不同教学目标和创造相应的学习条件提供了科学的心理学依据（马晓丹和张春莉，2018）。

根据加涅的理论，设计科普活动时应当注意为不同的学习者设计不同的学习条件和环节。比如，借助有趣的导入活动来激发学习兴趣，借助教师演示和参与者练习、结果反馈等环节，分阶段地向学习者呈现信息，使学习者能够逐步理解和掌握内容，从而系统地完成从感知到掌握再到应用知识的全过程。

二、科普活动设计中的关键要素

以上提到的多种理论框架为科学活动的设计提供了丰富多元的视角与系统的指导原则，这些原则在科学教育实践中具有重要意义。活动理论的核心在于强调以活动参与者为中心，认为活动是主体与客观世界、社会环境之间互动的中介。该理论注重活动的互动性和参与性，主张设计应以体验和实践为核心，鼓励学习者在活动中积极构建知识，通过实际操作和亲身体验来深化理解。情境学习理论侧重于学习环境的设计，强调创设真实或模拟的情境以增强学习效果。该理论认为，知识是在特定情境中建构的，因此活动设计应注重沉浸式、场景化的元素，使学习者能够在与情境互动的过程中，自然地融入并掌握知识，从而提升解决实际问题的能力。STEM 教育理论倡导跨学科融合与实践性学习。该理论鼓励活动设计应整合多学科知识，打破传统学科的界限，通过项目式学习等方式，让学习者在实践中综合运用各科知识，培养创新思维和解决问题的能力。这种理念强调动手实践，鼓励学习者通过实际操作来深化对 STEM 领域的理解和应用。一般学习结果理论提供了一个全面的评估框架，强调从知识、技能、态度等多个维度来评估学习效果。用该理论指导活动设计时，应明确目标，注重学习者的全面发展，确保活动不仅能够加深知识掌握的程度，还能促进技能提升和积极态度的形成。通过综合评估，可以更加全面地了解学习者的成长与进步，为后续的教学设计提供反馈与改进的依据。

结合上述理论及其实践经验，设计科普活动时需要综合考虑以下关键要素。

（1）目标受众分析。在设计科普活动前，明确目标受众的年龄、教育水平、科学素养等特征，确保活动内容、形式及难度与目标受众相匹配，这是提升活动效果与满意度的重要前提。

（2）形式的互动性与参与度。通过设计互动环节，例如动手实验、问答游戏等，激发公众的参与兴趣，提升活动的吸引力。

（3）内容的科学性与趣味性。在确保科学知识准确性的基础上，通过趣味化设计，例如幽默的语言表达或引人入胜的故事情节，使活动更容易被公众接受。

（4）内容的个性化与文化性。将科普与受众的文化背景相结合，使内容更贴近生活，增强共鸣感。

（5）紧跟技术创新。引入增强现实、虚拟现实等先进技术，增强活动的视觉冲击力和参与体验，这是提升科普活动现代化水平的重要途径。

（6）成效评估与反馈。活动结束后，通过问卷调查或数据分析评估活动效果，并根据反馈优化设计，这是确保活动持续改进的关键。

第二节　科普活动设计的各个环节

科普活动设计是指为了普及科技知识、倡导科学方法、传播科学思想、弘扬科学精神和培养科学思维以提升公众的科学素养，而对科普活动进行的一系列策划和布局工作。根据活动理论的各要素，它涉及确定活动的目标、内容、形式、实施步骤以及评估方法，旨在通过有组织的方式将科学信息有效地传达给公众。

叶兆宁（2024）提出，科普活动的设计有几个原则：一是活动设计应该建立在受众原有的认知基础和经验水平之上；二是内容选择应当围绕科学教育的核心概念（即大概念）设计，同时发挥科普资源的特色优势；三是遵循学习进程和规律，从具体的现象和经验出发，逐步建构起抽象的概念认知，并迁移到对其他同类事物的思考中。

【拓展资料】

科学教育的大概念

温·哈伦（Wynne Harlen）在《科学教育的原则和大概念》（2011年）中，提出了科学教育的10项原则和基础教育阶段的14个科学大概念，包括10个科学内容大概念和4个科学本身大概念。科学大概念是指有组织、有结构的科学知识和模型。科学教育需要围绕涉及重要科学领域的有结构、有联系的科学核心概念和模型来进行学习。以大概念为引领进行科学教育，强调整个基础教育阶段的科学学习过程是不可分割的，是趋于整体目标并不断上升的建构过程。科学教育要取得实效，必须将内容、方法和评测视为相互联系、不可分割的整体。

许多学者都提出了设计评价方法对于科普活动的重要性，如邱也（2015）、胡新菲（2022）等，均强调科学有效的评价方法是提升科普活动质量的关键环节。设计评价方法能够为科普活动设计提供科学依据，通过对目标受众需求、知识水平及兴趣点的评估，确保活动内容与受众认知水平相匹配，进而提升活动的针对性和有效性。另外，评价方法能够对活动实施过程进行动态监测，及时发现并修正设计缺陷，优化活动流程。评价结果还可为后续活动提供数据支持，促进科普活动的持续改进与创新发展。因此，构建系统化、多维度的设计评价体系，对于提升科普活动的科学性、互动性和教育效果具有不可忽视的作用。

根据这些研究，科普活动的设计通常包括以下几个关键环节。

一是前期调研。科普活动的形式、目标、受众、开展场所的多样性与多元化，决定了在正式活动之前应进行相关的调研，确定本次活动的定位、意义与受众。

二是确定科普活动的主题和执行指标。主题应与科普活动目标受众相关，从科学事业发展角度来说，科普机构可以根据我国提升公民科学素养的目标来确定；从公民个体角度来说，科普机构选择的主题要能够引起他们的兴趣和关注。除此之外，还可以结合当前的热点事件或者科学发展趋势来选择主题。

三是确定科普活动的内容和形式，并进行设计。内容应该围绕主题展开，根据活动的目标、受众、现有资源确定合适的科普活动形式及其内容后，再根据合适的理论设计活动方案。值得注意的是，本环节不仅需要确保内容的准确性和趣味性，同时也要考虑活动的可行性和效果。

四是进行活动筹备，做好活动方案和紧急预案。包括准备活动所需的物资、人员，确定活动的时间、地点等。需要确保所有的准备工作都做到位，以确保活动的顺利进行。制定有效措施以保障活动现场的有序进行，安排专门人员及时处理出现的问题，并提供必要的帮助和支持。

五是准备活动成效评估。包括准备活动成效评估相关的方案、评估工具、人员安排等。例如，收集参与者的意见和建议，评估活动的效果，总结活动开展过程中遇到问题后的处理经验，分析科普活动各环节出现的不足，以便在未来的活动中做出改进。

一、前期调研：受众定位与特点分析

在科普活动的筹备阶段，除了要明确活动旨在传达的科学概念、目标受众以及预期成果，还要评估目标受众的特点（如年龄、教育背景和科学素养），并了解他们对科学主题的认知水平和兴趣。分析科普活动的受众定位与特点是一个多维度的过程，涉及对目标受众的深入了解和研究。随着时代的发展，科普从传统的单向灌输式传播向双向互动型传播转变，科普活动的受众特征也随之不断变化（钱斌和张想，2020）。信息革命推动着人类信息传播一次又一次的变革，互联网成为当下信息传播必不可少的媒介，科普的速度、广度、效度都有了质的提升。受众获取信息的方式不再局限于传统的书报杂志，信息的呈现也不仅仅停留在文字上。与传统科普相比，当下的科普传播更加可视化、具体化，更具有参与性、交互性，受众从被动接受知识转变为有意识地、自主地获取（陈妍西和江尧，2018；李梦梵，2022）。除此之外，随着公众对科学的理解加深，他们开始对科学信息持有更加批判性的态度。这要求科普工作者在传播科学知识时，不仅要提供准确的信息，还要帮助公众树立正确的科学观念，培养批判性思维能力（Klinger et al.，2022）。因此，科普活动的受众分析需要综合考虑受众的特征、需求、行为模式以及科普内容的传播方式等多个方面。通过深入了解受众的需求和偏好，设计更加个性化和多元化的科普内容，选择合适的科普传播渠道。受众需求是科普活动设计的重要参考依据，在某种程度上，受众的特点会影响活动的内容、形式和传播策略选择。分析受众定位与特点可通过以下几个步骤。

（一）确定受众群体

明确活动开展面向的人群，拟了解信息包括但不限于年龄段、教育水平、职业背景、兴趣爱好、所在地理位置等。

（二）收集受众信息

利用市场调研、社交媒体分析、问卷调查等手段收集受众的基本信息和行为数据，如受众的文化背景、语言习惯、社会价值观、参与科普活动的渠道与频率等。

（三）分析受众需求

分析信息以了解受众的需求和期望，包括他们对科学知识的渴望、对科普活动的态度以及他们希望从活动中获得的体验。进一步分析受众的学习动机、好奇心、批判性思维能力等心理特征，并识别可能影响受众参与决策的关键因素，如时间安排、经济条件、家庭责任、个人兴趣等，这些都有助于更好地设计活动，从而提升受众的参与度和满意度。

（四）评估受众的科学素养

从目标受众的基本信息和需求期望中，评估其科学知识水平和科学思维能力，设计便于他们理解的活动内容。

（五）建立受众画像

根据收集的数据和分析结果，建立一个或多个详细的受众画像，描述典型受众的特点和需求。在活动策划和实施过程中，也须持续监测受众的反馈，根据反馈调整活动设计。

通过以上步骤对目标受众进行深入的分析，有助于设计出更加精准、有效且具有吸引力的科普活动。

二、确定科普活动的主题和执行指标

确定科普活动的主题是整个设计流程中的关键步骤，主题的选择不仅影响活动的吸引力和参与度，还直接关系到活动能否有效地传达科学知识与科学思维。主题的确定是一个综合性的决策过程，需要充分考虑受众的需求、科学的精确性、资源的可用性以及活动的最终目标。通过精心策划和准备，可以确保科普活动的主题既有教育意义，又能够吸引公众广泛参与。确立科普活动主题时，应综合考虑科学性、趣味性、参与性、系统性、合规合法性等多个基本原则，具体如下。

（一）科学性原则

科普活动的核心目的是普及科技知识，因此科学性是科普活动的灵魂。活动的主题应当具有潜在的教育价值，能够有效地传递科学知识和方法，尊重科学事实，坚持实事求是，确保所有信息都是基于科学研究和证据的，这是确保科普活动质量和效果的基础。

（二）趣味性原则

科普活动应具有趣味性。通过故事化、游戏化等方式，使科学知识更加生动有趣，提高公众的参与度和学习兴趣。在设计科普活动时，应考虑如何通过趣味性元素吸引参与者，同时确保所传达的科学信息的准确性和深度。例如，通过互动实验、科学表演、虚拟现实体验等方式，可以增加科普活动的趣味性和吸引力，同时保持科学的核心内容不受影响。

（三）参与性原则

好的科普作品需要使用公众能够理解的语言，控制单个科普活动中专业术语的数量，或者对科学术语进行生动形象的解释，如通过图片、视频等视觉元素来辅助说明相关的科学术语、科学原理，使抽象的科学知识更加生动易懂。同时，科普活动也可通过紧贴公众生活，着眼于公众普遍关心的问题，以平易近人的语言来讲述科学内容，使其能够参与其中或能链接现实生活，从而调动受众的积极性，吸引受众的注意力并提高参与度。

（四）系统性原则

主题的设计应考虑到活动的整体结构和流程，确保各部分之间的逻辑性和连贯性，以及与其他教育资源的有效整合。在设立一个明确的教育或传播目标为活动导向后，活动策划和执行的每个环节都应当服务于这个目标。

（五）合规合法性原则

科普活动的主题和内容应符合国家相关的科普法规与政策导向，确保活动的合法性和正当性。在设计和实施科普活动时，也须遵守科学伦理和社会伦理，尊重参与者的权利和隐私。

确定科普活动的主题后，需要对科普活动的执行指标（也即预期效果）进行明确，确保所有元素都围绕科普的核心目标展开，同时更合理地分配有限的资源，提高活动效率，也便于在活动结束后评估其效果，分析是否达到预期目的，从而为未来活动的改进提供依据。

科普活动执行指标的设定，可以综合考虑定量指标和定性指标。定量指标可从公众参与度、知识普及率、参与者满意度等几个方面设定。定性指标可从以下几个方面考虑：①知识传递——明确希望受众通过活动能够了解或掌握的具体科学知识；②技能提升——设定受众在科学实践、科学思维或问题解决能力方面的提升目标；③态度转变——预期受众在科学态度、价值观或科学行为的积极变化；④社会影响——考虑活动对提升公众科学素养、促进科学文化传播、增强社会创新能力等方面的潜在影响。

三、内容策划与活动形式的选择

根据情境学习理论和 STEM 教育理论，当前科普活动要达到较好的教育效果，不仅仅是单一的知识输出，在空间上要因地制宜地用好学习场景，在方式方法上要采用跨学科的教学模式，在活动中培养跨学科的学习思维能力。因此，选择合适的活动形式能够起到提质增效的作用。

公众参与科普活动的形式有多种，根据其学习方式的不同，可分为四种（叶兆宁，2024）：接受式学习，如通过听和看的形式参与的展览讲解、科学实验表演、科普剧、科普讲座等；体验式学习，如具有互动性的参与角色扮演游戏、竞技游戏、脱口秀等；探究式学习，如具有实践内容的参观学习、小实验、小制作、科技创新大赛、野外考察等；综合式学习，如包括多种学习形式的冬/夏令营、科普日等。

随着教育理论的发展，特别是在以科技馆教育活动为代表的科普活动中，学习过程中互动、实践、体验、探究的重要性不断被提及。实践活动经验证明，让受众动手参与、由实践引发学习，让科学学习在实践过程中真正发生，不仅能提升科学内容的学习效果，同时对理解和运用科学方法、认同科学精神也有重要的教育价值。因此，在设计科普活动的内容和形式时，应当将情境式学习、体验式学习、探究式学习、项目式学习等多种学习方式进行整合，使其相互交叉，共同作用于教育活动，强调实践与思维发展并行，以达到良好的教育效果。

科普活动内容的设计须与活动形式紧密融合，以实现知识的有效传递与受众的积极参与，提升活动的教育效果和公众参与度。

首先，要明确活动形式与受众特点的匹配。不同形式的活动各有其独特的优势与适用场景，不同的目标受众也有不同的兴趣、学习习惯及认知水平。例如，针对儿童及青少年的科普活动，可以采用互动游戏和动手实验的形式，通过直观体验和动手操作，激发他们对科学的兴趣；对于成年人或专业人士，则可通过专题讲座和深度讨论，以提供更加深入的科学知识和专业见解。

其次，内容策划须注重科学性与趣味性的结合。科普活动的内容应基于准确的科学知识，确保信息的真实性和可靠性。同时，内容设计应融入趣味性元素，如故事化叙述、幽默语言、视觉艺术等，使科学知识变得生动有趣、易于理解和记忆，进而提高受众的参与度和兴趣。

最后，对活动内容进行层次化、模块化的设计。层次化设计意味着活动内容应涵盖从基础知识到进阶知识的逐步深入，以满足不同受众的学习需求。模块化设计则是指将活动内容划分为多个独立但相互关联的部分，便于根据活动时间和受众反馈进行灵活调整。上述对内容的分类设计不仅能够提高活动的灵活性和适应性，还有助于受众根据自身兴趣和能力选择学习内容，从而实现个性化学习。

此外，新时代的科普活动不仅要注重内容的丰富和创新，更要充分利用信息技术这一强大工具，推动科普信息化的进程。例如，通过线上平台进行科普传播，让公众在交流体验中认识科学、爱上科学；利用最新的数字技术，如三维建模、虚拟现实、智能交互技术等，为公众提供沉浸式的科普体验，打破传统科普的时空限制；创新科普内容的表现形式，将科学知识与文化、艺术、教育、旅游、体育等领域融合，提供丰富多样的科普内容。科普活动与技术的融合是推动科普和科技创新的重要途径。通过有效整合现代信息技术，可以极大提升科普活动的吸引力和影响力，进而促进全民科学素质的提升和社会整体创新能力的增强。

四、活动实施和协调预案

科普活动开展过程中各要素之间的分工与相互协作十分重要，需要加强主体、客体、共同体之间的联系，制定活动相关的管理规则，以确保科普活动的开展井然有序。

（一）制订详细的活动计划

确定了主题、内容、形式和媒介后，应制订详细的活动计划。活动计划应包括活动的时间、地点、参与人员、预算等方面的安排，以及确定活动宣传计划、策划参与者招募、场地布置和物料准备的分工、进行志愿者培训等。同时，还需要考虑到活动的流程和时间控制，以及制订应急预案，确保活动的顺利进行。

（二）准备相关材料和设备

根据活动的内容和形式，准备相关的材料和设备。例如，讲座需要准备讲稿、演示文稿（PPT）等，展览需要准备展板、展品等。同时，还需要考虑到活动场地的租借、布置和设备的调试，确保活动的顺利进行。

（三）重视宣传和推广

活动开始前，进行宣传和推广工作，以吸引更多的参与者。可以通过社交媒体、宣传海报、电子邮件等方式进行宣传，提高活动的知名度和影响力。也可以邀请媒体进行报道，进一步扩大活动的影响范围。

（四）活动的实施和管理

在活动实施阶段，按照活动计划实施和管理，要关注细节管理和现场调控。确保活动的流程和时间控制，并及时解决可能出现的问题。

五、经费预算

科普活动的预算是由多方面构成的，需要根据具体的活动内容和规模来细化每项费用。在制定预算时，应该考虑到所有可能的开销，以确保活动的顺利进行。同时，合理的预算规划还可以帮助活动组织者更好地控制成本，可以通过制定详细的预算表和时间表来对每项费用进行规划与控制，确保资金的有效利用。

例如，需要确定活动的规模和参与人数，这将直接影响到场地租赁、设备购买和人员费用等方面的开支；考虑活动的具体内容和形式，需要准备什么样的专用实验器材等。在预算分析中，还需要考虑活动的宣传和推广费用，包括制作宣传海报、印刷宣传册、在社交媒体上推广等。此外，还需要预留一定的经费用于应急处理，以及可能出现的额外费用。在完成预算之后，还需要对预算进行分析和评估，确保各项开支合理且可行。活动开展后，需要根据实际情况进行调整和优化，以确保活动的顺利进行并取得预期效果。

具体来说，科普活动的预算通常由以下几个方面构成。

（一）场地费用

为使用某个场所举行活动、会议、展览、演出等而支付的费用，这是举办科普活动的基本开销之一，可能包括租赁费用、场地布置费用以及相关的服务费用。

应用提示：了解场地费用的具体构成可以帮助组织者更好地预估和管理活动成本。在预订场地之前，通常需要与场地提供方进行详细的沟通，明确所有可能的费用，并在合同中规定清楚，以避免未来的误解或额外开支。

（二）设备运行所需的电力或其他能源的费用

应用提示：在做设备费用预算时，需要考虑设备的类型、数量、使用时间以及是否需要专业人员的操作等因素。此外，还应该考虑到设备的折旧、维修和更新成本。在签订任何租赁或购买合同之前，明确所有费用和条款是非常重要的。

（三）嘉宾费用

活动中为邀请特定嘉宾参与活动、会议、讲座、演出等而支付的费用，包括劳务费用、差旅费用、餐饮费用等。

（四）宣传推广费用

为了吸引参与者，需要进行活动宣传推广，该笔费用用于提高活动的知名度、吸引参与者、教育公众等，包括制作宣传材料费用、广告投放费用、社交媒体推广费用等。

应用提示：科普活动的宣传推广费用预算方案应根据活动的目标受众、宣传渠道、预期效果和市场竞争状况来制订。此外，考虑到科普活动的教育性质，可能还会寻求政府或教育机构的支持，以降低宣传成本。

（五）教育材料费用

应用提示：科普活动的组织者在做教育材料费用预算时，需要考虑材料的质量和数量、参与者的数量、活动的持续时间以及材料的重复使用潜力。精确的计算和计划，有助于节约成本。

（六）人员费用

人员费用涉及组织、执行和参与活动所需的各类人员的薪酬与相关费用，如组织人员费用、专家费用、讲师费用、志愿者费用、安保人员费用、演员费用、翻译费用、餐饮服务费用、法律顾问费用等。

应用提示：在做科普活动的人员费用预算时，需要考虑活动的性质、规模、持续时间以及所需的专业水平。此外，还应该考虑人员的交通、住宿（如果需要）和其他相关补贴。对于某些人员，如专家和演讲者，可能还需要考虑其知名度和专业地位，这些都可能影响费用的高低。

（七）活动运营费用

包括活动期间的日常开销，如餐饮费用、住宿费用、交通费用、通信费用等。

（八）意外费用

为应对不可预见的情况，预算中通常会包含一定比例的意外费用。

（九）后期评估与总结费用

活动结束后，进行效果评估与总结是十分必要的，这可能会涉及一些额外的费用。

（十）资源整合与开发费用

为了加强科普资源的整合与开发，推动科普工作的长期开展，可能需要预留一部分资金用于相关的项目和合作。

第三节　活动评估与总结

一场成功的科普活动应具备清晰的逻辑结构、明确的主题和目标，通过使用通俗易懂的语言，提供详尽的科学知识，从而更好地吸引观众的注意力，提升科学知识的传递效果。要达到这样的效果，就需要不断对科普活动进行评估、改进，总结活动的成功经验和不足之处，这是提升未来活动质量的关键，进而为今后的科普活动开展提供参考和改进的方向。

一、评估的内涵与类型

科普活动评估是对科普活动的全过程进行系统性、全面性和科学性的评价，旨在了解科普活动的目标是否达到、资源利用是否合理、受众满意度如何等。评估主要可以分为服务质量评价和科学素养测评两部分内容：服务质量评价关注的是科普活动在组织和实施过程中提供的服务是否符合预期标准，包括活动的策划、执行、参与者满意度、活动影响力等方面；科学素养测评则是对参与者通过科普活动所获得的知识和能力进行评估，重点在于衡量公众对某一学科领域的知识和能力是否得到提升，以及态度是否发生积极转变。具体来说，可以从科普活动的以下各要素、各环节进行评估。

一是目标评估。评估科普活动是否实现了预期的目标。例如，活动是否完整执行了策划的内容、是否提高了公众的科学素养、是否增加了受众对科学的兴趣等。

二是内容评估。评估科普活动的内容是否准确、全面、易懂，是否符合受众的需求和兴趣。

三是资源评估。评估科普活动所使用的资源是否得到充分利用，如人力资源、物质资源和财务资源等，包括对投入的资源和获得的效果进行比较与分析。

四是受众评估。评估受众对科普活动的满意度、参与度和反馈意见，以了解受众对科普活动的接受程度和改进建议。

五是影响评估。评估科普活动对社会、经济和文化等方面的影响，以了解科普活动的长期效应和社会价值。

二、评估的规划与实施

（一）评估指标体系的构建

有效的科普活动效果评估需要一个科学且操作性强的指标体系。评估指标应当与活动目标保持一致，这也要求在活动筹备策划阶段确立明确的目标。指标内容要准确，含义要清晰，内部各指标之间要协调统一，层次和结构要合理。指标体系可涵盖受众对活动多个方面的反馈，如参与度、满意度、知识获取、态度改变等，还可包括参与人数、参与率、媒体曝光度等多个活动维度，以全面评估活动的影响力和效果。构建评估指标体系时，应考虑指标的相关性、可测量性、可比性和实用性。此外，应定期对评估指标体系进行审查和更新，以确保其与科普活动的目标和环境变化保持一致。

（二）数据收集与分析

数据收集是评估科普活动的重要环节，有效的数据采集是评估成功的关键。通过问卷调查、访谈、观察等方式，收集参与者对活动的评价和反馈，了解他们对活动内容、形式、组织等方面的意见和建议。同时，还可以通过媒体监测工具、社交媒体数据分析等手段，了解活动的曝光度和传播效果。通过对数据的收集和分析，可以客观地评估活动的效果，并为后续改进提供依据。

（三）参与者满意度调查

参与者满意度是评估科普活动效果的重要指标之一。通过设计合适的问卷或访谈，了解参与者对活动内容的理解和接受程度，以及对活动组织、讲师表达等方面的意见和评价。参与者满意度调查可以帮助组织了解活动的优点和不足，从而进行相应的改进和优化。此外，还可以通过意见征集的方式，广泛征求潜在参与者对活动的意见和建议，以提高活动的参与度和满意度。

（四）媒体曝光度评估

媒体曝光度是评估科普活动传播效果的重要指标之一。通过监测媒体报道、社交媒体讨论等途径，了解活动在媒体上的曝光情况和传播效果。媒体曝光度的评估可以帮助组织了解活动的影响力和传播范围，为后续的宣传推广提供参考。

（五）专家评估与意见征集

邀请相关领域的专家对科普活动进行评估，是提升活动质量和效果的重要手段。专家可以从学术角度对活动的内容和方法进行评估，提出改进建议。科普活动与技术的融合是未来推动科普工作向更高层次发展的重要途径。

理解·反思·探究

请以“弘扬科学家精神”为主题，在全国科技活动周期间，参考本章中介绍的活动流程，分别设计一场针对青少年、成年人、老年人等不同受众的科普活动。

拓展阅读导航

任福君，等. 科普活动概论（修订本）. 北京：中国科学技术出版社，2020.

（本章由宋娴、沈嫣、荣艳共同执笔）

本章参考文献

陈田峰，孙红梅. 2015. 预设情景类兴趣点 提振学生学习兴趣. 中学政治教学参考，（23）：13-16.

陈妍西，江尧. 2018. 传播媒介变迁与科普应对——基于受众需求变化的视角. 高等建筑教育，27（3）：134-138.

董爽. 2022. 情景教学法应用于农村初中英语语法教学的实证研究. 哈尔滨：哈尔滨师范大学.

范佳午，李正福. 2018. STEM 教育在中国的发展. 中国民族教育，（Z1）：13-15.

冯香丽. 2016. 情景教学模式对高职学生英语学习动机的影响. 考试周刊，（28）：88，153.

贺中元. 2004. 情境学习理论研究的最新进展. 上海教育科研，（11）：18-22.

胡新菲. 2022. 探究式教学在科技馆教育活动中的应用——以“光的幻影”馆校结合科学课程设计为例. 中国科技教育，（3）：56-57.

李梦梵. 2022. 融媒体背景下新闻科普节目的传播新路径. 新闻研究导刊，13（1）：118-120.

李向东，韩琪. 2018. 社会建构主义与情境学习理论观照下的口译人才培养模式探究：理据与设计. 西安外国语大学学报，26（3）：62-68.

梁爽. 2010. 用情景教学激发学生自主学习兴趣的策略. 学理论，（33）：301-302.

罗妍. 2020. 情景教学法对高中英语学习动机的激发作用研究. 重庆：西南大学.

马晓丹，张春莉. 2018. 两种教育目标分类系统的比较研究及其启示. 教育研究与实验，（2）：25-29.

钱斌，张想. 2020. 基于受众需求的网络科普发展研究. 重庆邮电大学学报（社会科学版），32（5）：101-107.

邱也. 2015. 科技馆教育活动的开发思路和教学设计探究//中国科普研究所，湖南省科学技术协会. 全球科学教育改革背景下的馆校结合——第七届馆校结合科学教育研讨会论文集. 湖南省科学技术馆：260-266.

阮晓蕾. 2022. 文化历史活动理论、拓展性学习与革新实验室——芬兰赫尔辛基大学 Yrjö Engeström 教授访谈录. 北京第二外国语学院学报，44（6）：102-113.

王文静. 2002. 基于情境认知与学习的教学模式研究. 上海：华东师范大学.

许玮，张剑平. 2015. 场馆中的情境学习模型及其发展. 现代教育技术，25（9）：5-11.

叶兆宁. 2024. 基于科普场馆资源的科技实践活动设计与实施. 自然科学博物馆研究，9（2）：22-31.

张莉. 2013. 活动理论框架下的合作式信息素质教育活动系统研究. 图书情报工作，57（18）：73-79.

赵澜波. 2024. 美国唤醒家庭参与 STEM 教育的实践路径研究——以“STEM+家庭项目”为例. 比较教育学报，（5）：74-90.

赵书琪，于洪波. 2019. 美国 STEM 教育研究 30 年：历程、特点与启示. 现代教育技术，29（1）：5-10.

郑永红. 2017. 情景学习理论与多向参与式教学. 考试周刊，(61)：12-13.

周云华. 2021. 历史学习场景的实践性重构. 教育视界，(1)：66-69.

Klinger K，Metag J，Schäfer M S，et al. 2022. Are science communication audiences becoming more critical?：reconstructing migration between audience segments based on Swiss panel data. Public Understanding of Science，31（5）：553-562.

Lave J，Wenger E. 1991. Situated Learning：Legitimate Peripheral Participation. New York：Cambridge University Press.

第三章

展示类科普活动的设计与实施

要点提示

本章首先介绍展示类科普活动的产生背景及其发展历程，以及在这个过程中，社会背景、科普场馆的发展对它产生的影响。其次对展示类科普活动的类型进行分类，阐明相关的设计要素与设计流程，并提供一些实践经验与技巧。最后对所选的不同类型案例，依据前文所撰写的各要素设计与实施的相关理论对其进行分析，以期读者能更了解展示类科普活动的设计与实施。

学习目标

1. 了解展示类科普活动的内涵和常见类型。
2. 熟悉展示类科普活动的设计要素与开展流程。
3. 理解展示类科普活动的设计要素，以及不同类型的展示类科普活动的异同。
4. 应用展示类科普活动设计要素分析案例的优缺点。

导入

早期展示类科普活动主要依托图文展板展示、实物展品展示、科学实验演示、科普影视展播和多媒体展示等方式开展，由于讲解员对这些实物的深度解读，公众对各类展览、实验设备等有更深入的认识。随着社交媒体的兴起，脱离展厅展览的展示类科普活动开始出现，促进了展示类科普活动向更广泛的空间发展。

第一节　展示类科普活动概述

一、内涵界定

17～20 世纪初，以展示科技发展历史性成果为目的的科技博物馆成立（刘立，2015），标志着近代科学技术的成熟，典型性代表如伦敦科学博物馆（London Science Museum，1857 年）、德意志博物馆（Deutsche Museum，1903 年），它们以展柜或展台中呈现的重要科技工具和产品对公众进行科普，介绍科技重大发现和英雄人物，激发公众对科技的兴趣。但在这一阶段建立起来的科技博物馆本质上更关注展示技术发展史，即关注过去的科技成果，同时它们都获得了国家资助，具有展示国家科技水平的政治性功能，相对来说，科普的功能较不突出，相关科普活动处于萌芽之中。

20 世纪 30～60 年代，以展示当代科学技术、向公众介绍科学尤其是当代科学的博物馆成立，典型性代表如芝加哥科学与工业博物馆（Museum of Science and Industry，1933 年）、巴黎发现宫（Palais de Ia Découverte，1937 年）等。随着第二次产业革命的发展，各种科学技术层出不穷，生产力水平提高，使得人才的培养目标向科学家、发明家、工程师等转变（朱幼文，2014）。这个阶段的科技博物馆通过再现重大科学实验、培养专业讲解员、与学校合作组织学生参观等举措，向观众解释科学内容，以使其广泛接受科学理论，了解当代科学成就。这推动了展示类科普活动逐渐走上历史舞台。

20 世纪 60～70 年代，引导公众主动探索、强调体验和互动的科学中心从科技博物馆中派生，开启“科学中心”时代（伯纳德・希尔，2018），典型性代表如旧金山探索博物馆（Exploratorium，1969 年）、多伦多的安大略科学中心（Ontario Science Center，1969 年）等。20 世纪 50 年代后，新技术革命逐渐兴起，科技逐渐成为影响经济增长和劳动生产率的主要因素，劳动者的科学水平成为其中的关键因素。同时，苏联在航空航天等领域的卓越成就，使美国政府产生强烈的危机感，因此，美国政府、教育界等推动教育改革，培养科技创新型人才。1969 年，弗兰克・奥本海默（Frank Oppenheimer）于旧金山创建探索博物馆，强调每个展品围绕学习者进行设计，帮助其自主发现和探索，形成以“体验科学、探索科学”为核心的展教理念，并将该理念贯彻到科普活动之中，引起了一场科技博物馆教育理念和展品设计的革命，也对展示类科普活动产生了重大影响。

20 世纪 80 年代后，以促进公众与科学技术之间进行对话，思考科技与社会、环境之间关系的科技博物馆成立，典型性代表如巴黎拉维莱特科学工业城（Cité des Sciences et de l’Industrie，1986 年）、巴塞罗那“宇宙盒”科技馆（CosmoCaixa，2004 年）等。20 世纪后期出现了一些重大社会问题，如军备竞赛、环境问题等，政府、科技领域、公众越来越关注科技与社会、人与自然的关系（黄翔，2018）。由于公众参与科学具有政治和经济影响，因此科技博物馆侧重展示科技对社会的正面影响和负面影响，侧重展示科技与社会之间的相互作用关系，关注科技的过去、现在和未来。博物馆展览模式发生变革，展柜中的物件开始以故事线进行前后贯穿，服务于统一的主题，作为一个整体来讲述展品背后的故事（严建强，2011）。场馆中的科普不再局限于传递科学知识与技能、宣传科学精神，而是开始为公众讨论科技对社会、环境的价值与影响提供平台和资源，促进公众参与科学，推动科学相关议题的民主化。博物馆中的工作人员开始为公众进行系统的展览导览和讲解，这与原来公众自行参观展览有所不同。它是

"人与人"交流模式的语言媒介，成为促进博物馆展览信息传播最为直接、最为亲切的方式与途径（姜惠梅和代雪晶，2022），其开展形式主要是"以陈列为基础，运用科学语言和其他辅助表达方式，将知识传递给观众"（邱成利和刘文川，2015）。从科普机构工作开展的视角来看，展示类科普活动逐渐由早期为公众自行参观展览提供基本服务，转变为讲解员主导的、有目的开展的导览讲解。因此，本章节后续内容围绕以讲解为核心的展示类科普活动工作展开。

进入 21 世纪后，信息技术的发展再次促进了展览模式、传播模式等发生变革，作为博物馆的一种，科普场馆逐渐发展出更多适合自身学科特点的讲解模式。例如，在对科技展品的科学原理、结构等进行讲述，诠释科学知识、介绍技术成果的同时，糅合表演、展示、场景模拟，设置问答互动环节，使传播过程更加生动、形象、有趣，避免了过去枯燥单一的说教，实现了传播者与被传播者之间的双向交流，以及科技与人文、艺术的结合（季良纲，2021）。随着社交媒体的迅猛发展，线上科普变得日益重要，因此基于展品的展示类科普活动开始形成脱离展厅情境的讲解模式，即针对某些公众感兴趣的问题，借助展品、图文、视频、游戏、表演等形式进行讲解。

因此，本书将展示类科普活动定义为针对展品（展厅或对外开放参观的科研院所实验室）或借助道具、多媒体等辅助工具，对科学现象、科学知识、科学原理、科学方法、科学技术等进行通俗化、形象化的说明与诠释的科普活动，旨在帮助公众掌握和应用科学知识，了解科学进展，形成科学理念，理解科学与技术、社会、环境的关系（王燕，2020），从而促进公众科学素质的提升，为国家培养科技创新人才。

无论是针对展品还是借助道具、多媒体，展示类科普活动的设计主旨和目标都是一致的，但它们在开展科普活动的内容和形式等方面各具特色。对于在场馆或科研院所实验室中开展、针对展品或实验设备进行说明诠释的展示类科普活动，整个活动都会紧密围绕展品（展厅）/实验设备（实验室）的主题开展，会尽可能充分利用展品（展厅）/实验设备（实验室）现有的实物资源，充分发挥其直观性，为观众提供大量实物经验，相对而言，开展的方式和内容比较受限。对于借助道具、多媒体进行说明诠释的展示类科普活动，由于几乎不受物理空间的限制，内容选择范围更广、开展方式更加灵活，相对而言，在科学现象、科学知识、科学原理、科学方法、科学技术方面的资源积累比较薄弱，设计时需要在资料的收集、整理与分析上耗费更多精力。

无论如何，从传统的博物馆讲解到今天跨越空间的展示类科普活动，讲解的目标、技术、场所、价值取向随着时代变化和技术进步而不断演变，主要体现在以下几个方面。

（一）从传统讲解到数字化辅助讲解

传统的博物馆讲解通常依赖于讲解员的口头讲解，帮助参观者了解展品的历史、科技、文化和艺术价值。随着数字技术的发展，展览中利用多媒体、虚拟现实、增强现实等技术进行展示，为讲解员的阐述提供更多的直观实物和拓展资料，也使得讲解的方式更多元化，能为观众提供更个性化、更生动、更直观和互动性更强的体验。

（二）从单一讲解到个性化讲解

传统的博物馆讲解通常是面向所有参观者的统一讲解，早期难以满足不同类型观众的个性化需求。但现在，展示类科普活动更重视与观众的平等交流与互动，满足其需求，并逐步实现个性化讲解，针对不同目标人群设计不同的讲解内容，选择更恰当的讲解方式。

（三）从固定讲解到移动讲解

传统的博物馆讲解通常是在固定的展厅内进行，参观者只有进入博物馆、科技馆才能参加活动。随着移动设备和无线网络的普及，展示类科普活动不再局限于场馆内，参观者可以通过手机、平板电脑等设备随时随地参与活动并听取讲解，这使得展示类科普活动的开展更加灵活，可及性更高。

（四）从单向讲解到互动讲解

传统的博物馆讲解通常是单向的，讲解员向参观者传递信息，参观者几乎没有机会与之对话交流，在科学中心、科技馆未诞生之前，观众在传统博物馆中也不能与文物互动。随着技术的发展和科普理念的演化，展示类科普活动更重视与观众的双向互动，强调平等地交流与讨论。

（五）从单一的功能目标讲解到综合培养目标讲解

传统的博物馆讲解作为科普场馆的重要活动之一，与其他科普活动一起不断调整任务目标：从单纯让公众了解科技发展的成就到为社会生产力需求培养特定的行业人才，再到促进公众参与科学、推动科学相关议题的民主化从而提高国家科技竞争力。

二、常见类型

现代社会的发展促使展示类科普活动的形式变得更加多样，内容更加丰富。本书根据开展活动的物理场所性质，将展示类科普活动分为两大类，如图 3-1 所示。

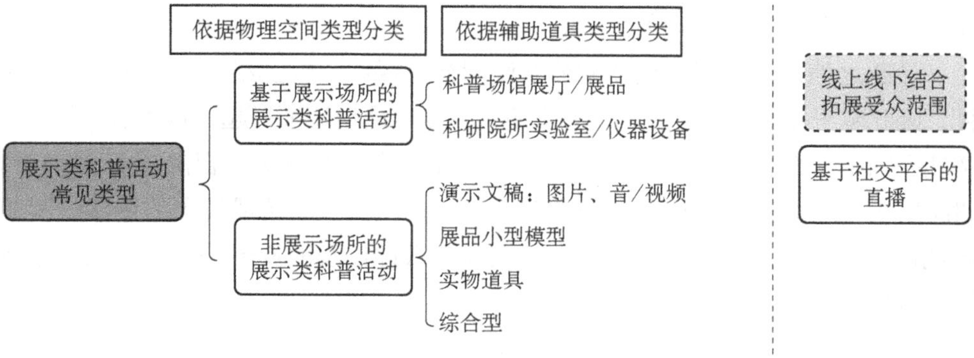

图 3-1　展示类科普活动常见类型

（一）基于展示场所的展示类科普活动

基于展示场所的展示类科普活动是讲解员在科普场馆展厅或对外开放参观的科研院所实验室中宣讲，即为了向公众介绍某个展厅/展品或实验室/仪器设备相关科学主题，以展厅/展品或实验室/仪器设备实物为主要讲解对象，强化观众对实物的观察和分析，促进对该主题的认识与理解。

若从辅助道具的角度进一步对这类展示类科普活动进行分类，还可以分为以下两种：①仅以某（几）项展品或仪器设备为主要讲解对象的展示类科普活动；②以某个展厅或实验室为主要讲解对象，围绕某个学科主题，通过对所有（或重点）展品/仪器设备的详细讲解，向公众构建主题内容体系的展示类科普活动。

（二）非展示场所的展示类科普活动

非展示场所的展示类科普活动是讲解员脱离展厅、实验室环境，在某个可以举办活动的物理空间，向公众宣讲某个主题的科普知识。例如，针对社会热点或公众关心的问题进行科普，这类活动不受展厅或实验室等具有展示品的真实物理空间的制约，可以发生在任意可举办活动的场所。与本书后文将介绍的宣讲类科普活动中的科学表演相较而言，尽管某些非展示场所的展示类科普活动可能也会有表演成分，但表演艺术含量极低，讲解员更像是替代公众完成某些活动中的操作环节，或适当提高某些操作环节的观赏度。

若从辅助道具的角度进一步对这类展示类科普活动进行分类，还可以分为以下四种：①仅使用含有图片、音/视频的 PPT 作为辅助工具的展示类科普活动；②仅使用参考展品制作的小型模型为辅助道具的展示类科普活动；③仅使用自创实物道具解释科学现象、科学原理的展示类科普活动；④根据讲解内容需求综合使用三类道具的展示类科普活动。

除此之外，随着越来越多的公众使用社交媒体，线上线下生活边界逐渐模糊，因此基于社交平台开展的展示类科普活动直播也逐渐兴起，其本质是将上述物理空间中发生的各类展示类科普活动通过直播的形式开展。目前较多场馆和科研院所进行了尝试，并积累了一定的经验，如契合直播传播特点的讲解内容节奏把控、运镜配合讲解的技巧、根据直播观众评论及时反馈等经验，取得了较好的效果。

第二节　案　　例

在此先展示将要分析的四个不同类型的展示类科普活动讲解稿。前两个案例是脱离展厅情境的 5 分钟主题讲解，不同的是，案例一《破冰前行》的辅助讲解工具是 PPT，未使用实物道具或展品模型；案例二《不能“火”的山林》使用了自制的实物道具。后两个案例是发生在展厅中的讲解，区别在于讲解时长和目标定位：案例三《水韵江苏·博物馆九分钟：中国大运河博物馆》时长约 15 分钟，对中国大运河的历史进行全局性介绍，并未过多介绍具体展品，目的是宣传场馆、激发听众兴趣、邀请听众参观；案例四《探索太空奥秘》时长约 45 分钟，主要是依托展厅内的核心展品进行详细介绍，以此为“血肉”来丰富中国载人航天工程“三步走”“骨架”，让听众理解中国载人航天工程取得的成就详情，是自下而上形式的内容构建。

本章再继续阐述展示类科普活动的设计要素与开展流程、相关策略等，然后在此基础上分别对四个案例进行剖析。其中，案例四《探索太空奥秘》篇幅较大，全文在附录部分展示。如果对展示类科普活动完全不了解的读者，可以接着阅读本节或本书附录部分；有所了解的读者可以跳过本节，直接阅读第三节“展示类科普活动的设计与实践”，待阅读第四节“案例分析与总结”时，再查看案例讲解稿原文。

一、案例一：《破冰前行》

《破冰前行》荣获2022年第九届全国科普讲解大赛一等奖，讲解人：上海海事大学教授、船长白响恩。以下为《破冰前行》的讲解稿原文①。

2012年8月30日凌晨4点，我驾驶着中国极地科考破冰船雪龙号在北极点附近航行，突然船不动了，我们反复前进，后退，依然没有效果。这让我想到1912年有一艘船叫“圣安娜号”，它就是在北极点附近航行的时候，被冰困住，最后船毁人亡。因此我们必须尽快破冰突围。

破冰船该如何破冰？雪龙号主要采用的是船首破冰方式。大家请看，这是雪龙号当天在雷达上的破冰轨迹回放。刚开始我们走的几乎是直线，因为遇到的冰很薄，所以船舶可以通过自身向前的动力，像一把利刃把冰面给切开，这就是连续式破冰法。而接下来路线来来回回十分曲折，因为我们遇到了冰脊。冰脊就好比是一座小型的冰山，在水面以下暗藏着一堵冰墙，想要把这一堵冰墙给砸碎，就需要先倒退一段距离，然后利用船舶向前的冲量，把冰脊给撞碎，这就是冲撞式破冰法。而当我们遭遇到第三道冰脊时，我们不幸被冰卡住了，而且还有两个气旋把我们刚刚压碎的冰聚拢到船尾，这也是我们最担心的一种情况，因为雪龙号没有船尾破冰功能，因此我们只能被困在冰中随冰漂流。

在这期间我们尝试了摇摆式破冰法。在船的前后左右各有一些压载水舱，我们可以把船首的水抽到船尾，或者把左舷的水抽到右舷，像跷跷板或者不倒翁那样来调整船舶的运动姿态，从而把冰脊给压碎，这就是破冰船常用的第三种破冰方法。虽然雪龙号最终脱困了，但我们用了整整10个小时。雪龙号返航后，在我国设计建造新一代科考破冰船的过程当中，我们重点论证了船尾破冰的可能性，终于在2019年7月雪龙2号诞生了，它是中国第一艘自主建造的极地科考破冰船，更是全球首艘实现了船首和船尾双向破冰的破冰船。

你要问了，船尾是如何破冰的呢？我们并不是用船尾直接撞击冰山，而是利用尾部的两台全回转电推式螺旋桨。当它们高速旋转时，就好比两台抽水机，以强大的水流形成水体低压区，多向回转抽吸式破冰，同时这股水流还将包裹在船身表面，起到润滑的作用，减少船舶与海冰之间的摩擦，让船快速移动。此外当船的尾部被冰困住时，它还会像碎冰机那样直接把冰脊给削碎，这就是中国自主研发的面向极地复杂冰况的第四种破冰方案。作为中国第一位驾驶雪龙号穿越北冰洋的女航海驾驶员，我见证了中国两代极地科考破冰船的变迁，未来两艘姊妹

---

① 为了尊重讲解者，本书中使用的案例尽量与原文保持一致，只在个别地方做了必要的修改。

船将继续承载着中国人探索极地的梦想，在科技强国、海洋强国的道路上劈波斩浪，破冰前行。

二、案例二：《不能“火”的山林》

《不能“火”的山林》荣获2022年第九届全国科普讲解大赛一等奖，讲解人：赖天蔚；供稿人：代雅飞、赖天蔚、于文凯。以下为《不能“火”的山林》的讲解稿原文。

大家好，我刚从香山的防火演练现场回来，您看我这衣服都没来得及换，山林火灾真的是太难扑灭了。那么，今天我们就来说一说山林大火它为什么这么难扑灭。

让我们先把时间回溯到一年前的秋天，我们来看看在这个季节树木的内部都发生了什么样的变化。面对即将到来的寒冷，树木们可谓是做足了准备，它们将自身的养分和水分从树枝回流到了树根，所以枝繁叶茂的树木就变成了一根根枯枝和一片片落叶了。您想想这漫山遍野的枯枝和落叶，那不就是干柴火吗？这时候要扔进来一个烟头或者是突然的一道闪电，那么一场山林火灾就非常容易发生了，而扑灭山林大火可以说是一个世界性的难题，我们经常在报道里会看到一些大火花费了几周，甚至是几个月都无法完全扑灭，那么它到底难在哪儿呢？其实这一切还得从我手上这根小小的树枝开始说起，太小了您看不清，没关系，我们把它放大到桌面上。您现在所看到的就是刚刚我手里这根小树枝放大以后的微观截面，它已经在树林里躺了好几个月了，外部干燥的空气早已经榨干了它身体里的每一滴水分，所以这个时候只需要一点点微弱的火源，就可以轻易地将它的外壳点燃，第一道防线就被轻松地突破了。而树木在受热膨胀之后会产生大大小小的裂缝，这火源就顺着裂缝进入了树木的深处，而深处的木质素和纤维素再次燃烧，就会释放出大量的可燃性气体，所以燃烧的速率就变得越来越快。

这个时候您可能会说：我们现在的消防设备这么先进，有我们的消防车，还有无人机，想扑灭这样的大火不是轻而易举吗？但是您不要忘了，在我们崎岖的山林公园里是很难找到水源的，而且即便您找到了水源，有一句俗话叫“远水解不了近渴”，这些设备装满了水一共也才几吨，和硕大的着火面积相比可谓是杯水车薪了。大家又提了一个方案：我们可以沿着火的方向开辟一条防火带，把火和可燃物给隔绝开，这火不就自己慢慢熄灭了吗？方法确实不错，但这个时候又会有一个“不速之客”打乱我们的计划，那就是风，火的方向会随着风的方向产生改变，可能我们刚刚建好的防火带在一瞬间就又失去作用。最后即便我们辛苦地扑灭了大火，可还要面临一个更加严峻的问题，那就是复燃。水只浇灭了明火，但是在树木深处水源没有渗透到的地方，火依然还在燃烧，这个时候如果又刮来一阵风，夹杂着大量的氧气，那么一场新的火灾可能就会瞬间蔓延开来。

山林大火不仅严重地破坏了生态环境以及自然资源，甚至还威胁到了我们的生命以及财产安全。因此作为一名一级防火区的工作人员，除了科普知识之外，还要呼吁各位一定要紧绷森林防火的这根弦，保护好我们的绿水青山，让我们积极地宣传起来，积极地行动起来，杜绝火灾的发生，我们的生活才会更加和谐，更加美好。谢谢大家。

三、案例三：《水韵江苏·博物馆九分钟：中国大运河博物馆》

具体可参见江苏省文化和旅游厅 bilibili 官方账号，网址：https://www.bilibili.com/video/BV1ma411f7jS/?spm_id_from=333.337.search-card.all.click。

你眼前看到的是什么呢？这既有自然变迁留下的痕迹，也有人类生活的遗存。

这是什么呢？这是大运河汴河剖面。

……

那么，扬州是中国大运河申报世界文化遗产的牵头城市，扬州有这样一个大运河博物馆，使得我们可以以这种方式来亲近大运河，理解大运河。

四、案例四：《探索太空奥秘》

《探索太空奥秘》为中国科学技术馆太空探索展厅主题讲解直播，讲解人：中国科学技术馆黄践。本案例篇幅较长，下面仅展示关键内容，读者可阅读本书的附录了解《探索太空奥秘》的全文。

各位同学大家好！我是科技辅导员黄践，今天将带领大家一同参观中国科学技术馆与载人航天有关的展品。

现在我们位于主展厅 4 层的太空探索展厅。

如果要将航天器发射入太空，大家首先想到的肯定是火箭。这里展示了一系列火箭图片。长征一号于 1970 年 4 月 24 日发射升空，搭载了东方红一号卫星，这一天也被定为中国航天日。长征二号 F 是专门用于载人发射的火箭，被誉为“神箭”，它与其他火箭在结构上有所不同，上端有一个类似避雷针的装置，这就是逃逸塔。通过解剖 1∶10 缩小版的长征二号 F 火箭模型，我们可以看到逃逸塔与神舟飞船相连。在发射过程中，一旦出现危险，逃逸发动机就会启动，带着神舟飞船飞离危险区域，极大程度地保护航天员的生命安全。这使得长征二号 F 火箭的可靠性达到 0.97，安全性达到 0.997。“火箭发射”展品模拟了长征二号 F 火箭的发射过程，发射场地背景有胡杨林和大漠，这里是甘肃酒泉卫星发射中心。而大型实验舱段在海南文昌发射，因为海南纬度低，借助地球自转的偏向力量，发射大质量物体更容易节省燃料。

接下来我们看到的是中国科学技术馆的镇馆之宝——“神舟一号返回舱”实物。返回舱外观类似铃铛或大钟，这种形状有助于它在进入大气层时保持气动力中心稳定。通过 AR 技术透视返回舱内部，可以看到三位航天员呈躺姿，用手触碰按钮的姿态。座椅是用 3D 打印技术为航天员量身定制的。返回舱上方圆形是出口，正面凹槽是主降落伞位置，旁边是备用降落伞。返回舱在载入大气层时会经历翻滚和高温，表面的蜂窝状小格子曾涂有散热材料，散热材料在烧蚀过程中会带走大量热量，使舱内温度保持稳定。

以上就是载人航天工程第一步“上得去回得来”。神舟一号到神舟四号是无人飞行任务，神舟五号将首飞航天员杨利伟送入太空，神舟六号实现了多人多天在轨停留。

第二步是“出得去对得上”。“神舟与天宫”1∶1 模型展品展示了神舟飞船和天宫二号在轨运行的状态。神舟七号实现了出舱行走，从神舟八号起，航天员开始练习在轨交互对接。航天器进入太空需要达到第一宇宙速度，对接过程非常复杂，如同在太空中穿针引线。飞船需要不断加速、测距、推进，最后伸出捕获索完成对接。2016 年，天宫二号实现了航天员中长期驻留，我国也掌握了自动和手动对接技术。

第三步是“造船为建站、建设空间站”。在西大厅展示的是天和核心舱的结构验证件，它全长 16.6 米，最大宽度 4.2 米，重 22 吨。核心舱共制作了 5 件，这是第一件工艺验证舱。核心舱包括节点舱、小柱段和大柱段。节点舱有对接口、停泊口和出舱口，角反射器用于指示对接；小柱段是航天员休息的场所，有舷窗、太阳翼和天线，天线朝向星空是为了与高轨通信卫星连接，表面的文字箭头是为舱外航天员指引方向；大柱段前侧与小柱段构成生活控制舱，后侧是资源舱，资源舱对接口对接天舟货运飞船。天舟二号与核心舱对接了四次，完成了卸货、让位、转位实验等任务。到今年（2022 年）年底，中国空间站将完全建成。

中国科学技术馆还有许多和航天主题相关的教育活动，期待同学们前来参与。

第三节　展示类科普活动的设计与实践

一、设计要素与开展流程

前文已论述过，展示类科普活动是针对展品（展厅或对外开放参观的科研院所实验室）或借助道具、多媒体等辅助工具，对科学现象、科学知识、科学原理、科学方法、科学技术等进行通俗化、形象化的说明与诠释的科普活动，旨在帮助公众掌握和应用科学知识，了解科学进展，形成科学理念，理解科学与技术、社会、环境的关系，从而促进公众科学素质的提升，为国家培养科技创新人才。这里提及的“说明”“诠释”，主要指“讲解”这种形式，只不过随着科普活动理论的演变，“讲解”从以往讲解员对观众的单向输出转变为双向交流。

“讲解”这项活动涉及的设计要素和开展流程如图 3-2 所示。

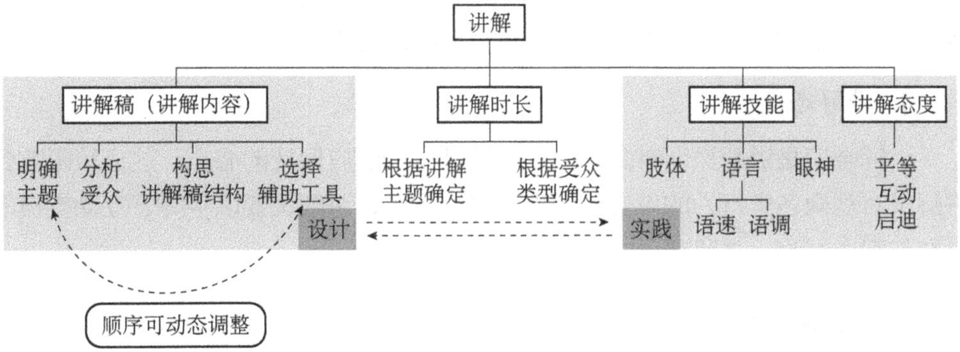

图 3-2　展示类科普活动设计要素与开展流程

（一）设计要素

1. 讲解稿（讲解内容）

讲解稿就是按照一定逻辑编写的讲解内容，为讲解实践提供核心支持。设计讲解稿需要考虑以下四个要素。

（1）明确主题。确定本次讲解的领域，收集相关素材，如果是基于展览/展品或实验室的讲解，则要深度剖析展品或实验仪器设备等。

（2）分析受众。确定本次讲解针对的人群及预期的讲解目标，了解其年龄段、职业背景、教育程度、生活习惯、兴趣爱好、价值观、信仰等信息，为选择合适的讲解方式和辅助工具服务。

（3）构思讲解稿结构。确定如何展开本次讲解内容，采用什么样的模式或逻辑顺序。

（4）选择辅助工具。为促进受众对讲解内容的理解，借助可视化工具为受众提供更多直接经验。

2. 讲解时长

针对不同的讲解主题和对象，设置的讲解目标不同，讲解时长也存在差异。如针对具体的一个科学问题或某个展项，讲解时长较短；针对某个主题或某个展厅，讲解时长较长。不同类型受众关注度持续性也会使得各类讲解任务所需时长存在差异。在活动设计和实践阶段均要注意讲解时长，才能确保讲解内容完成，观众获得好的活动体验。

3. 讲解技能

讲解技能主要指讲解过程中讲解员为将讲解内容与公众进行交流所采用的肢体、语言和眼神表达，其中语言技能主要考虑语速和语调。

4. 讲解态度

讲解态度是讲解员面对多元观众的种种举动时应保持的心态，这直接影响到讲解员对观众各类行为的应变。为提升讲解效果，讲解员要以平等、互动交流的心态与观众交流，并留有启迪他们思考的空间。

（二）开展流程

图 3-2 同时也表示了展示类科普活动的开展流程。

编写讲解稿是展示类科普活动的设计环节，一般情况下可以按照明确主题—分析受众—构思讲解稿结构—选择辅助工具的顺序收集整理资料，撰写完整的讲解稿和制作配套的辅助工具。设计是一个不断迭代的过程，这四个要素进行的每一步，都会由于收集到的资料、预期的目标、形势变化而发生变化，因此它们之间的关系不是线性的，而是相互影响的网状关系。在这个环节，还须控制讲解内容的容量，以便在合适的讲解时长内完成讲解。

完成讲解稿后，讲解员开始进入实践阶段，开展无观众讲解，根据讲解稿的基调、难度等确定合适的语速和语调，肢体、眼神须辅助语言和情绪的表达，以及预设观众可能出现的状况而动态调整讲解态度。这个过程的实施效果、实际讲解时长等，也会反过来影响设计阶段讲解稿编写的相关四要素，可能需要调整讲解内容或逻辑结构，可能需要继续挖掘受众信息，可能需要更换辅助工具，也可能只是微调讲解稿的词语表达，使讲解更容易、更清楚、更顺畅。

当试讲达到较好的讲解效果后，讲解员可以正式面对观众讲解了。这个过程中肯定会遇到很多问题，需要讲解员根据实际情况对讲解稿（讲解内容）、讲解技能、讲解态度等相关要素进行完善，积累实践经验，最终得到比较优质的展示类科普教育活动案例。

二、讲解稿的写作策略

（一）明确主题

讲解内容是展示类科普活动的灵魂，是讲解员打算传递给听众的内容，写好讲解稿是成功讲解的重要组成部分。经过多年科普事业的发展，科普讲解的主题也发生了变化。最早科普主要是向公众解释某个科学知识或某些科学操作。例如，新中国成立后，我国科普主要是向工人农民“扫盲”，提升他们在工业和农业上的某类技术，从而促进工农业的发展。近年来，随着公众的科学文化水平越来越高，各种新科技不断走入人们的生活，科普就不再局限于工农业，而是更加关注人们的生活现象与问题。加之公众广泛使用社交平台，在社交平台上讨论和发表关于某些社会生活问题的观点，各种信息良莠不齐，故科普逐渐关注社会热点、焦点，关注科技最新发展前沿，内容也从科学知识的传播转向科学方法、科学态度、科学精神的传播。因此，科普讲解主题由综合性、广泛性、一般性话题，逐步向专题性、专业性话题转变，如气象、地震、环保、防灾减灾、医疗卫生、疾病防控等多个学科、多个领域（季良纲，2021）。

无论是哪种讲解，选题都是第一步。在选题的准备上，通常需要遵循 3W（why、who、what）原则，即为什么要选这个题目讲解？听众是谁？希望通过这个讲解让听众得到什么及做什么？（王燕，2020）。只有明确了这三个问题，才能选出最合适的主题或讲解角度。

针对展厅中的讲解，讲解员应首先了解各展区的展示目的、策展思路以及想要传达的内容，再厘清每个展区所对应的部分划分，并剖析各个展项内容背后的知识（何进和吴悦琦，2022），梳理展区宣传目的之下各展项的作用及其之间的逻辑关系，这有助于讲解员选题，即选择从什么视角切入进行讲解。因此，这要求讲解员不仅要深入探究每件展品的历史背景、文化及其在历史中所发挥的作用，保证讲解内容的真实性和对于展品的尊重，还应以历史时代、特点及其具备的美学价值为关键词，将讲解词有机融合形成一个完整的讲解网（陈华蕾，2022），从而让听众形成对整个展览、展品从古到今、从现象到原理、从作用到影响等多维度的认识。

针对脱离展厅情境的讲解，讲解员有较大的选题空间，如当前公众关注的社会议题、生活问题、与学生的课堂学习相结合的课外内容、国家重大科技发现发明、最新科学发展前沿等。如果是为了参加讲解比赛，还可以参考比赛主办方的选题，另外讲解员也可在个人喜欢或熟悉、擅长的领域选题。

由于不同时代各种技术水平不同，人类关于科学的发现具有滞后性，科学是在不断求真务实中发展的，科学知识、方法等也在不断更新，因此，学术界存在有争议的科学观点是再平常不过的现象，这样的观点也需要向公众传递，才能让公众更好地理解科学与技术、社会发展的关系。但要说清楚有争议的各种科学观点的来龙去脉以及它们的冲突、当前不能解决的原因等，还要引导公众用理性的观点看待这些争议，并主动去思考争议的各种利害相关，这是十分困难的，特别是在讲解内容有篇幅限制的情况下。因此，对于有争议的主题，建议选题时要么避开它，要么条理清晰地、逻辑严谨地带领公众一起进行分析和思考，了解各方观点的利与弊，尤其是涉及伦理方面，避免引起公众的恐慌和抗拒，或造成公众思维的混乱。当然无论选择哪一种形式，都值得讲解员高度重视。

应用提示：明确讲解稿内容容量及选题范围。

（1）明确讲解稿内容容量。若借助图文、视频、音频等形式在社交平台向公众讲解，就意味着公众容易被多种元素与信息所吸引，因此借助社交平台传播的讲解，内容不宜过多。以讲解比赛为例，目前我国讲解领域比较重要的比赛有全国科普讲解大赛、全国博物馆讲解大赛等，讲解时间规定在 5 分钟内时，讲解稿字数大概在 800 字。因此在社交平台上传播的科普宣讲，可参考此讲解字数与时长比例进行设计，并结合各社交平台的传播特点进行更细致的调整。

（2）选题小而精。由于讲解稿字数限制了宣讲的内容，因此选题不宜庞大，避免造成讲解浅而泛，应小而精，以便能讲清楚宣讲的内容，并给听众留下深刻印象。

（二）分析受众

成功的讲解，需要抓住并持续维持受众的注意力。受众的心理研究，一方面是研究受众对讲解服务的兴趣取向、情绪变化等心理过程；另一方面是研究受众的个体个性，即习惯、性格、喜好等个体心理特征（罗丹，2021）。因此，所讲解的内容是不是公众感兴趣的、关注的、需要的，尤其重要。这意味着讲解员需要了解不同类型受众的需求，才能更进一步地明确讲解内容的深度和广度、重点和难点、采取的方式与途径等。对观众的分析，通常可以从其年龄段、职业背景、教育程度、生活习惯、兴趣爱好、价值观、信仰等方面开展。目前，科普场馆开展教育活动时有两种最常用的分类：按年龄大致分为学龄前儿童、中小学生、青年、老年，针对这种分类人群的讲解重点可参考表 3-1；按群体类型大致分为亲子组合、社群组合、单人等。

表 3-1 针对不同讲解对象的讲解重点

讲解对象	讲解重点
学龄前儿童	● 引导其观察和体验，激发儿童对科学主题的兴趣 ● 语言要浅显易懂
中小学生	● 激发他们对科学的兴趣 ● 解密生活中常见的科学现象，解决生活中存在的问题 ● 培养其解决实际问题的科学方法和思维，使其正确认识人与科学、社会、自然的关系
青年	● 讲解需要具备一定深度和广度，可以适当运用专业术语，但一定要解释 ● 讲解内容要能引发青年思考，并使其参与到讲解的过程中来，互相交流和探讨
老年	● 侧重于健康或高新科技在生活中的应用，以提高他们的生活舒适度，使其更加适应现在这个科技无处不在的社会

在场馆中开展基于展览的讲解时，面对的听众并非如以上按年龄段划分是某一类听众，通常是各个年龄段、各种群体组合、各种文化经济背景、各个地区的听众聚集在一起，此时就需要讲解员针对现场听众的反应及时调整讲解内容和方式，以最大限度地抓住更多听众的兴趣，避免出现讲解到最后听众都离场的情况。这对于讲解员来说无疑是一个巨大的挑战，本质上是要求讲解员对于该展览主题，能熟悉各类人群的兴趣、关注和互动方式。但目前针对每类人群并没有大量的实践经验可以供讲解员直接利用，另外人是复杂变化的，不同情境下即使是相同的人也可能会有不同的反应，这就需要讲解员具备应对机智。因此，讲解员主动对讲解活动进行总结和反思，逐步积累应对各种人群的经验是其成为专家型讲解员的重要途径。目前受众分析研究方法主要有观察法、调查法、个案法等，供讲解员参考。

应用提示：在展厅中面对不同受众群体时讲解对象的选择策略。

如果当前场馆观众以亲子为最多，那么讲解时建议以孩子为主要关注对象，因为家长会希望孩子学习，有所收获，并且孩子的行为通常决定亲子能否继续参加。针对朋友组合和单人，建议以朋友组合为关注对象，组合人群之间的行为会相互影响。通常情况下，单人属于专注者，他们可以通过说明牌、讲解器等形式获取补充信息。

（三）构思讲解稿结构

3W 原则中，基于讲解目的和听众特征，确定了选题和想传递给听众的内容，接下来要考虑内容的逻辑结构、公众感兴趣的点、公众容易理解的方式等，从而将内容组合起来，形成讲解稿。

首先，确定讲解稿的提纲、逻辑顺序。无论对于哪种讲解来说，常用的顺序包括：时间顺序、事情发展顺序、展品的排列顺序、认识由浅入深的递进过程顺序、“演示现象—分析原理/成因—拓展应用”顺序、“提出问题—分析问题—解决问题”顺序、参照讲解主题的空间结构从上到下或由外到内或从整体到局部的顺序、“引入话题—阐明事实—解释原因—描述后果—呼吁行动”顺序等。

其次，要分清讲解内容的主次，节奏分明，重难点清晰。因为持续吸引听众的注意力和兴趣，是展示类科普活动面临的重要难题之一，故讲解稿内容不应平铺直叙不起波澜，而是应该像好的故事或者戏剧一样，安排一些悬念、矛盾或问题，以不断激发听众的好奇心和求知欲。还可以设置问答环节、游戏环节与听众进行互动，以调动听众的兴趣。另外，为培养听众的科学态度与责任、科学精神等情感态度，讲解的内容还要具有感染性。这要求讲解者要依靠讲述的内容，挖掘展品或科学问题的内涵，提炼出某种积极的精神与品格，去感染听众，使听众从中有所感悟与继承（邱成利和刘文川，2015）。

最后，要考虑讲解词的运用。讲解词以口语表达为主，简单、准确、结构清晰、逻辑严密（周燕川和刘邕，2021）。因为社交平台上的传播方式，或者面对面的传播方式，都重在讲解员与观众之间的直接交流，用书面语和长句子，会拉远讲解员与听众之间的距离，同时加大听众在短时间内理解科普内容的难度，不仅科普效果较差，可能还会降低听众的兴趣而未听完讲解就离场。这也意味着讲解词尽量不要使用公众不熟悉的各种简称和缩写，即使是不得不出现专有名词，第一次出现时也要用尽可能直白简单的语句对其进行解释。当然，针对不同文化水平、不同年龄的听众，讲解词的词汇也要尽可能贴近各类人群的生活，确保他们能理解，如多用生活中的常见事例举例，这也需要讲解员在日常讲解中根据各类听众的反应积累经验。另外，讲解词的准确性也很重要，毕竟讲解内容必须具有科学性。因此，对于推测性词语如“可能”“大概”以及肯定性用语如“必然”“一定”等，要有高度的敏感性，并进行核实（何进和吴悦琦，2022）。

（四）选择辅助工具

在展厅中的讲解，展品既是讲解员的讲解对象，也是帮助听众理解某个科学原理或科学观点的道具，因此脱离展厅情境的科普讲解某些时候也需要辅助工具来发挥展品的作用，常见的辅助工具有实物模型、演示视频或展示图片的 PPT 等。对于实物模型来说，不同讲解内容所需实物模型不同，主要是利用实物模型的外观形状、内部结构、变化过程、功能作用来辅助讲解内容，为观众提供直观的实物经验，促进对抽象科学观念的理解和思考，总体遵循科学性原则，首要功能是帮助听众理解抽象的科学知识。

对于演示视频或 PPT 来说，有以下几点可供参考（周燕川和刘邕，2021）。

（1）页面设计。各页面应当整体协调，配色一致，结构明确；每页只讲述一个内容，重要元素突出，不添加与讲解内容无关、分散注意力的元素。

（2）文字内容。因讲解始终以讲解员为核心，因此 PPT 应以图片、图表、关键词、关键数据为主，旨在视觉化和图形化表达，不宜出现大段文字。

（3）图片使用。图片应与讲解词高度契合，切忌滥用图片，宁可使用大字体的关键词，也不用无关或仅起到修饰作用的图片。另外，尽量使用高清图，图片缩放应避免变形，可进行适当裁剪，以增加视觉上的美感。需要观众特别注意某个局部位置的图片，可以使用镂空形状、箭头等指出。

（4）视频使用。视频使用的基本原则与图片使用原则相同，但视频长度宜短不宜长。如果不需要播放视频附带的声音，须提前做消音处理。

（5）字体使用。为保证清晰阅读，建议使用无框线字体（如黑体），非必要不使用带框线字体（如宋体、下划线字体、斜体字、艺术字）。字体种类建议控制在 3 种以内，且字号大小搭配合理。

最后需要注意，使用图片、视频、字体时应规避侵权风险。

三、讲解时长的选择策略

讲解时长受讲解主题和观众类型的制约，因为讲解目标不同，讲解内容容量也不同。同时，不同类型观众的持续关注度存在较大差异，如通常情况下，低龄儿童的专注力时长比高龄儿童短，存在特定目的的观众比随意参与活动的观众专注力更强，这也就意味着不同活动所需要、所能高效开展的时长不同。

从讲解主题的角度来说，目前常见的展示类科普活动的时长有以下几种。

（一）简短型（约 5 分钟）

这种讲解时长通常是讲解某项展品/实验设备，或者聚焦某一个或两个科学问题的解释或解决，也常用于非展示场所的展示类科普活动，能让观众对这个展品（实验设备）/科学问题的原理和应用有所了解，常被制作成短视频借助社交平台传播。

（二）短时型（15～20 分钟）

这种讲解时长通常是聚焦一个科学主题，围绕某个展厅（实验室）中 2～5 项密切相关的展品（实验设备）进行讲解，能够有效地解释某个科学知识的原理和应用，或者是比较系统地阐述某个科学问题的起源、演变、解释、应用、挑战等，能让观众对这个问题的发展脉络有较全面的认识和感悟。也可以在非展示场所的展示类科普活动的形式上借助模型讲解，或制作成中长视频在社交平台发布。

（三）中长型（40～45 分钟）

这种讲解时长通常是对某个展厅（实验室）的所有重点展品（实验设备）或全部展品（实验设备）进行讲解，让观众对展厅（实验室）主题甚至这个专业领域有全面的认识。因此会围绕一条主线，以展品（实验设备）内容为重点详细解说，虽极少设计成非展示场所的展示类科普活动，也极少制作成长视频传播，但可采用直播的形式开展，或剪辑成系列短视频在社交平台传播。

（四）长时型（2 小时）

这种讲解时长通常是对整个科普场馆所有展厅（科研院所）进行导览性介绍，在此期间挑选各个展厅的数件重点展品（实验设备）进行详细讲解，做到详略得当，控制讲解内容展开节奏，再借助不断变化的物理空间，调动观众的好奇心和求知欲，从而维持其长时关注度。这种展示类活动也会采用直播的形式开展，或剪辑成系列短视频在社交平台传播。

从受众类型的角度来看，以上四类讲解时长中，长时型活动对观众的要求最高，但通常是到场馆或科研院所实地参观的部分观众本身有兴趣才有此需求，会主动向组织机构方预约。其他三种讲解时长的活动，更多是以讲解内容展开节奏和开展形式来吸引公众的兴趣与注意力，除此之外还依赖于讲解员丰富的应变经验，须在讲解过程中即时根据（或预测）观众的反应调整讲解稿内容。

青少年是科普场馆、科研院所的主要参观群体，是科普的主要对象之一。对于他们来说，相比学校课堂固定在座位上，参观过程中的不断移动已给他们带来足够多的新颖感和兴奋感，不用担心他们毫无兴趣，讲解员反而要尽可能抓住青少年的注意力，积极调整讲解的节奏，控制讲解各项展品、实验设备、利用各项道具的时长，避免让周围环境中的其他展品、实验设备、装饰空间分散他们的关注。

四、语言、眼神、肢体、态度的表达策略

展示类科普活动中，内容的表达与传递是另一个影响观众接受信息效果的重要因素。讲解时的语言、眼神、肢体、态度等都可能影响讲解者与听众的交流状态。

（一）语言

与语言相关的影响讲解效果的因素主要是语速、语调和情感。语速过快，可能导致听众接收到的信息缺失；语速过慢，可能会使听众失去耐心。语调方面，不要过于平淡、不起波澜，要突出重点，有轻重缓急，并将情感融入其中，调动观众的情绪。

应用提示：讲解中的语言小技巧

讲解员每分钟吐字量为 180～200 个字最佳（黄文娟，2021）。要根据现场的情况和讲解的内容，确定语调是欢快的还是动情的，是正式的还是生活化的，是面对成人时的交流口吻还是面对儿童时的引导语气，等等。还要注意语言尺度，不可以太过浮夸，最好的讲解效果就是介于话剧演员与播音员之间，讲解员将自己的情感和体会融入讲解中，更能打动听众（黄文娟，2021）。

（二）眼神与肢体

眼睛是心灵的窗户，是人们沟通的无声的语言。讲解时，讲解员要善于用眼神和听众进行交流，尽量与每一位听众对视，让听众感受到被尊重，让听众觉得你关注着他，在和他交流，而非忽视。这有助于拉近讲解者与听众之间的距离，也能持续维持听众对讲解内容的兴趣，同时及时发现听众的反应，从而有利于灵活调整讲解内容和节奏。

在讲解过程中，讲解员的肢体语言要落落大方，舒展自然，给听众一种游刃有余的观感。其中，手势是讲解员常用的一种肢体语言，用于引导听众边听讲解边观察某件展品或者邀请听众表达观点。此时讲解员可以将自己的手心朝上，整

个手掌指向需要听众观察的目标或者某一位听众，倾听发言时则可双手交叠，放松地放在自己的小腹，眼睛看着听众，认真聆听听众表达的内容；讲解员还可以通过竖大拇指或者鼓掌等形式，回应听众的发言，给予参观者肯定，这有助于增强互动性（黄文娟，2021）。同时，为了调动听众的积极性，讲解时不要固定不动，要在听众、屏幕或展品中不断转换目光，形成一定的动感，避免听众觉得枯燥（邱成利和刘文川，2015）。通常情况下，讲解位置与展品的正面呈 45 度、离藏品 50～80 厘米，同时讲解员与观众保持 50 厘米的距离且听众围成弧形时，讲解效果最佳，这使得观众能看清展品，讲解员在讲解的过程中也能够照顾好观众，且不会受到外界的干扰（黄文娟，2021）。

（三）态度

讲解时的态度非常重要，会影响讲解员与听众之间的氛围。在面对观众的所有场合，都应以平等友好的态度与公众进行交流讨论，并时刻有意识地使用引导性语言，尽可能启迪观众多层次、多维度、多元化的思考。除需庄严肃穆对待的内容，如战争相关、国家尊严相关之外，大部分情况下讲解员讲解时要轻松、愉快，不能过于严肃、面无表情、不苟言笑。在实际的讲解工作中，会面临多种多样的听众，如文化水平不同的听众，他们可能会提一些在讲解员看来很简单的问题，还可能会出现一些不文明的参观情况。这就要求讲解员不能用敷衍的态度来应付听众的提问，或者对听众所提问题答非所问、不懂装懂，而要时刻保持用严谨的态度，认真回答听众的问题。面对不文明的参观行为（如霸占现象、触摸不可触摸的展品、大声喧哗等）要及时制止和阐述缘由，要做到用自己的爱心、耐心以及平和心去处理各种问题（陈伟宏，2021；陆佩蓓和柏舜杰，2019；邱成利和刘文川，2015）。

应用提示：讲解中应对冷场小技巧

有时候讲解员会遇到性格内向或反应不积极的听众，从而出现冷场的尴尬局面，这时就需要讲解员放平心态，自问自答，及时调整内容以讲解有趣的故事。

也可以尝试明确邀请某位听众互动，可优先选择小朋友，他们更喜欢也更能主动回答。

五、互动式讲解环节的设置策略

（一）问题设置

提问是一种很好的加强讲解员和听众互动的策略，这不仅要求讲解员要具有强烈的提问互动意识，还需要讲解员掌握提问策略，并提前针对不同类型的观众预设不同类型的问题。

讲解中常用的问题类型及案例如表 3-2 所示（邓卓，2020）。针对不同听众的提问，讲解员的反馈方法如表 3-3 所示（邓卓，2020）。讲解员可以根据讲解内容和听众的认知水平，选择不同难度及类型的问题，并积累各类听众回答情况相关的经验，以便能提出更契合听众的问题，真正达到提升互动水平的目的。

表 3-2 讲解过程中的提问类型

层次	类型	水平描述	问题举例
简单性问题	事实型	不需要理解，比如询问现场展品的外在信息（名称、特征、位置），或者给出两个选项让听众判断对错、是否等不需要进行特别思考的一些事实	中华龙鸟，大家告诉我它的外表是什么颜色？
	联系型	唤起听众的记忆，提问的内容涉及展品内容与听众生活的联系	大家吃大闸蟹的时候怎么分辨雌雄？
	重复型	重复观众的回答进行提问，强调或怀疑听众的回答	你说这个是雌性的，你确定吗？
复杂性问题	分析型	需要听众根据展区已有的信息或在教育人员先前讲解内容的基础上进行归纳、分析、比较和推断	我们如何辨别恐龙的食性？
	元认知	对博物馆学习方法和经验的提问，让听众对自己的思维和学习活动进行自我观察、自我监控、自我评价的问题	有小朋友会问：这里的恐龙哪些是真的？哪些是假的？大家能不能在展区找到线索去辨别？
	评价型	从变化和发展的角度，按照一定的标准对展品涉及的内容进行价值判断	你怎么评价人们的放生行为？

表 3-3 讲解员针对听众关于问题回答情况的反馈方式

层次	类型	水平描述	讲解员反馈举例
高水平反馈	补充	接受或利用听众的想法，适当进行补充和扩展	嗯，一般来说雄性螃蟹的螯更大，正确答案是雄性
	鼓励	对听众的语言、动作或行为进行表扬或鼓励	对，我听到正确答案了
	追问	以听众对前一个问题的回答为基础追问听众有关内容	你的判断依据是什么？你觉得还有什么原因吗？
低水平反馈	自问自答	问题无人回答时，讲解员顺着自己的提问进行回答	—
	打断	听众在发表见解时打断听众，自己进行解释和补充	针对这个问题……
	间接回答	听众的回答是讲解员知识的盲点，讲解员没有直接回应，采用迂回的方式回应听众	这个可以回去再查查资料了解更多的内容

（二）游戏互动

在展示类科普活动中，还可以设置一些游戏环节以激发听众的兴趣，吸引其注意力。一些简单提问可以用游戏来替代，如猜谜、举手人数大比拼、跑动到指定区域表明己方观点等，也可以借助应用软件，让听众现场扫码投票或发表评论弹幕等。除此之外，还可以将游戏作为活动的主要环节融入讲解主题之中，如讲解热带雨林中的巨叶现象、老茎生花等十大现象时，可以设置卡牌分类的游戏，让听众先尝试分类，再进行讲解。

（三）动手活动

在展示类科普活动中，加入观众可以完成的简单动手活动或任务，也能激发他们的兴趣，维持其专注力。例如，开展仅用两三个易携带道具即可进行的动手操作活动或演示，或者配备有小平台的简易道具车来开展略为复杂的动手活动或实验，作为讲解的某个环节，由观众辅助讲解员完成某个表演或实验，甚至由观众独立完成这个表演或实验环节。尽管只有少数观众参与活动之中，但让观众举手表示愿意参与时，就已吸引更多观众关注，即使最后挑选的观众人数少，也会让其他举手的观众对表演或动手活动的现象、结果产生好奇，从而关注这些环节。

第四节　案例分析与总结

了解展示类科普活动的设计要素、开展流程及常用策略后，下文将依据设计要素对前文列举的四个案例进行分析。

一、案例一：《破冰前行》

（一）讲解目标

该案例先通过介绍 2012 年中国极地科考破冰船雪龙号在考察过程中遇到冰川的险境及解决策略，向公众科普了雪龙号所使用的三种常见破冰方式：连续式破冰法、冲撞式破冰法和摇摆式破冰法。然后介绍 2019 年中国第一艘自主建造的极地科考破冰船所使用的船首和船尾双向破冰的方式。不仅让听众了解了破冰原理，还感受到中国极地科考船技术的快速发展，由此产生民族自豪感。

（二）配套工具

该讲解配套工具仅为 PPT，由图片和地图组成，呈现了科考船的外观和经过的航线、雪龙号的船首破冰装置，以及遇到何种冰川时采用连续式破冰法、冲撞式破冰法、摇摆式破冰法，当然还有 2019 年科考船外观及其破冰装置的图片。

（三）讲解技巧

在讲解词方面，讲解员所使用的语句中以短句居多，且对提到的专业词汇（如连续式破冰法、冲撞式破冰法、摇摆式破冰法等）进行解释。解释并非生硬地说明是什么，而是先介绍这些破冰法所应用的情景如何，再通过如何操作以化解危机的形式来说明，结合 PPT 中展示的图片，生动形象，容易理解。

在语言和肢体表达方面，根据内容，讲解员的语调语速、仪态和投入的情况都不断发生变化。在讲解雪龙号所遇到的各种危机时，讲解员语气表现得焦虑，讲解解决的方法时语气又变得舒缓安定。随着遇到的难题越来越复杂，在每个环节，讲解员表现出来的焦虑感也越来越强，因此情绪像爬山一样，观众才放下的担心没过多久又被拉得更高，注意力和情绪都一直被讲解员牵引着，从而在最后与讲解员产生情绪共鸣，为中国极地科研事业的飞跃而自豪。

（四）讲解稿结构

由于讲解员是极地科考船的航海驾驶员，因此，讲解稿以第一人称，按照雪龙号航程被冰阻碍的事件发展顺序进行讲述，不断抛出科考船遇到的危险情境，吸引观众想知道如何解决。这部分讲解可分为以下三个阶段。

第一阶段：雪龙号航行到北极点附近不能再前行，考虑到遇到的冰较薄，驾驶员采用连续式破冰法破冰。（危机，解决）

第二阶段：雪龙号遇到冰脊，即水面下暗藏冰墙的冰山，因此采用冲撞式破冰法。（更严重的危机，再次解决）

第三阶段：雪龙号遇第三道冰脊时船被卡住，而且压碎的冰被气旋聚拢到船尾，而雪龙号没有船尾破冰功能，驾驶员只能选择随冰漂流，视情况尝试摇摆式破冰法。（最严重的危机，千辛万苦解决）

在雪龙号三个阶段的航行危机解除后，讲解员顺理成章地引出科学家们根据实践讨论设计船尾破冰船的可能性，并经过 7 年终于建造出中国第一艘自主建造的极地科考破冰船雪龙 2 号，全球首艘实现船首和船尾双向破冰的破冰船。然后自然地过渡到解答观众的疑问——船尾如何破冰，从而阐释其具体操作，介绍第四种中国自主研发的面向极地复杂冰况的破冰方案。

最后，讲解员从其作为中国第一位驾驶雪龙号穿越北冰洋的女性航海驾驶员的视角出发，表达出她见证了中国两代极地科考船变迁的激动自豪之情，感染听众也为极地科考技术的进步而自豪，并为两艘船承载中国人探索极地的梦想给予美好的祝福。

纵观整个讲解稿，雪龙号三次危机化解是雪龙 2 号研发的前提，不仅生动形象地阐释了三次危机的情形以及解决方法的原理和步骤，还突出了雪龙 2 号的研发制造对于我国极地科考技术的重要意义，自然地调动听众的情绪，为中国极地科考技术的重大成就而自豪，使得科学与人文结合，理性与感性交织。

（五）互动式讲解环节设置

该案例是讲解员以事件经历者视角讲解所遇到的事，因此互动程度较低，以免破坏故事情节展开的节奏，不利于营造危机四伏、紧迫担心的氛围。主要是随着事件发生的过程一步步用“破冰船该如何破冰？”“船尾是如何破冰的呢？”这两个问题作为简要的互动。

二、案例二：《不能“火”的山林》

（一）讲解目标

该案例开门见山，直接说明目的：向公众讲解山林大火为何难扑灭。先说明山林植物为何变成易燃燃料，再说明消防设备的缺陷和现有灭火方法的不足，从而让公众意识到山林着火扑救的难度巨大，增强森林防火意识，落实森林防火行为。

（二）配套工具

该讲解配套工具为 PPT 和树干横截面模型，其中 PPT 主要由香山公园的实拍图片和视频组成，还有少量新闻报道，以突出山林大火的多发性和危险性；在讲解山林中为何树枝落叶极易燃烧时，主要借助树干横截面模型来说明原因。

（三）讲解技巧

在讲解词方面，讲解员所使用的语句中短句居多，几乎没有用到专业词汇，便于公众理解。在语言和肢体表达方面，借助树干横截面模型讲解时，手势及时指引需要观众观察的地方。在后半部分讲解消防设备的缺陷和当前灭火法的不足时，讲解员语调加快，配合 PPT 急促紧张的配乐，较好地烘托出火灾情境的迫切紧急。最后呼吁公众参与森林防火时，语调语气配合配乐又开始舒缓，有助于激发观众的森林防火意识。

（四）讲解稿结构

讲解员穿着迷彩服，开篇即为观众创造了一个刚从山林防火一线奋斗下来的情境，顺理成章引出主题“山林大火为什么难扑灭”，因此采用“引入话题—阐明事实—解释原因—描述后果—呼吁行动”的顺序展开，主要从以下几个角度来解释主题。

首先，山林的枯枝落叶极易变成易燃物。这部分主要借助树干横截面模型来讲解，一方面是由于第一道防线——水分缺失，另一方面是由于树木受热膨胀产生裂缝而使火源顺缝而起，释放大量的可燃性气体。

其次，预判观众心理，即观众会觉得现在科技先进，消防设备也应该很先进，山林大火不可能扑不灭。继而回答这个问题：难以找到水源，或水源获取不方便，消防车运的水相对山林大火来说杯水车薪。

再次，继续预判观众心理，观众可能想隔离可燃物，也就是开辟防火带来解决山林大火。讲解员告诉公众这个方案的成功与否，很容易受到风这个不可控因素的影响。

最后，在这些常用方案都可能失败的基础上，说明山火的危害性，呼吁公众防火，鼓励公众参与防火，保护家园。

（五）互动式讲解环节设置

同样是约 5 分钟的科普讲解，相比案例一《破冰前行》来说，这个案例的互动程度略高，但也以问题的形式开展，按照“森林火灾为什么容易发生—为什么难扑灭—即使有先进消防设备也难扑灭”层层递进，用问题与听众想法共振，抓住并持续维持公众注意力。

三、案例三:《水韵江苏·博物馆九分钟：中国大运河博物馆》

（一）讲解目标

该案例由江苏省文化和旅游厅发布在视频平台上，目的是从大运河的视角宣传新开放的中国大运河博物馆，进一步向公众展示大运河与江苏人文和风景的相互影响。因此，该讲解大概介绍了大运河的发展历史，以及大运河带来的船、城池、道路等。最后提及博物馆所在城市扬州，起到宣传这个城市的作用。

（二）配套工具

该讲解在中国大运河博物馆展厅中进行，是基于展品的讲解，展示大运河汴河剖面、相关图文、文物等。由于该案例是针对线上观众，所以一开始就比较突出大运河汴河的剖面，让观众感受到大运河汴河段的高大，以及千年来一层层河泥掩埋的历史厚重感，然后一边配合讲解，一边展示主要的地图等图文说明、文物等，但未详细针对某个文物进行讲解。

（三）讲解技巧

在讲解词方面，讲解员所使用的语句比较口语化，以“我”的体验带动观众的观看，拉近了讲解员与观众的距离，似乎是朋友之间的交谈，因此讲解中会有比较多的提问和语气助词，如“呢”“啊”。同样，讲解中几乎没有用到专业词汇，对于个别词，讲解员还用了手势配合解释，如“裁弯取直”。

在仪态、眼神方面，讲解员随着参观路线移动，拍摄镜头也有动感，讲解员不时观看镜头，像是注视观众。

（四）讲解稿结构

该案例并非针对某个展厅或展项，而主要是宣传扬州的中国大运河博物馆。因此采用的逻辑结构类型比较多，如介绍大运河发展历史采用的是时间顺序，从大运河汴河剖面到大运河相关的人、船、城池、道路等则是认识由浅入深的递进过程顺序。具体如下。

开门见山，直接展示中国大运河汴河剖面，迎面而来的震撼感激发观众兴趣。再从个人的角度谈参观的感受，引发观众的共情。

接着指出观众的错误观念，即中国大运河并非仅指京杭大运河段。再借助展品进行解释，介绍大运河的开凿历史：从隋之前到元之后，说明今天的“京杭大运河”概念是如何产生的；继而介绍与京杭大运河建立相关的主要历史人物和村镇。这部分还采用了观众熟悉的吃食和地方特产的形式介绍城镇，增强趣味性。

随后介绍运河带动造船和城池的发展，以阐明运河的重要意义，因此还介绍了清朝皇帝南巡每次都巡视治河工程的故事，这也是观众熟悉的故事的一部分。

再让公众模拟体验运河两岸的人文与风景，感受运河带来的车水马龙、风土人情，从而增加了观众对运河重要性的感受，并激发观众实地参观运河两岸城镇的兴趣。

最后进行总结。先说明大运河博物馆的展陈特色，吸引观众实地参观博物馆；

再升华主题，表达对大运河的感谢，从而调动观众对大运河欣然向往的情感。

（五）互动式讲解环节设置

这个案例侧重于对中国大运河的历史介绍，时间跨度千年，讲解稿内容定位就是娓娓道来，概述大运河的自然与人文。因此，案例中设置了几个问题，作为与观众的互动方式，但更像是内容的转换方式，避免单一的讲述方式使观众失去兴趣。

四、案例四：《探索太空奥秘》

（一）讲解目标

该案例是中国科学技术馆进行的一次主题展览讲解直播，时长约 45 分钟，是典型的针对某个主题展厅开展的讲解。该讲解基于中国科学技术馆主展厅 4 层的太空探索展厅和西大厅，介绍了我国载人航天工程“三步走”：第一步“上得去回得来”，主要介绍火箭结构及其发射过程和返回舱结构及其返回过程；第二步“出得去对得上”，主要介绍神舟飞船与天宫对接的情况及原理；第三步“造船为建站、建设空间站”，主要介绍中国科学技术馆西大厅的天和核心舱的各部分结构及其功能，以及航天员在这个区域生活、工作的状况和配套的货运飞船、飞行乘组等如何保障航天员的生活和工作。因此，整个讲解让听众对从航天员如何上天、如何进入空间站、如何在空间站生活和工作、哪些配套设施保障他们的安全和提供服务到航天员如何返回地球等整个事件全貌有详尽的认识，从而于各种航天设备细节、相关具体事例中了解我国航天事业在工程建设和技术突破方面取得的成就，以及未来进行科学研究的准备，等等。这不仅激发听众对航天相关的兴趣，也使听众在“三步走”的规划蓝图中感受中国航天事业的迅猛发展，为我国航空航天成就骄傲。

（二）配套工具

该案例在展厅中进行，讲解几乎涉及展厅中所有的重点展品，以展品为对象，从局部到整体、从外观到内部结构再到功能都有详细的讲解。由于是通过直播的形式进行讲解，因此对比传统的实地参观讲解，该主题讲解利用直播镜头，不仅跟随讲解员的目之所向、手势指导，还针对一些展品的重要细节进行局部放大，对展品全貌进行介绍时又采用全景视角，以此配合讲解员的讲解，有助于观众在不同视野范围内对展品形成全面的理解。这也是实地参观讲解所难以达到的效果。

（三）讲解技巧

通常情况下，对于45分钟的主题讲解，讲解员的讲解很难做到与原讲解稿一模一样，尤其是航空航天领域，所涉及的、所想要向公众科普的内容本就难度大、范围广。因此在讲解词方面，讲解员所使用的语句都很口语化，并具有个人风采，仿佛观看直播的公众不是通过电子设备参观展览听讲解，而是与讲解员处在同一空间面对面地聊关于火箭、空间站、返回舱等中国航天故事。与案例三《水韵江苏·博物馆九分钟：中国大运河博物馆》相似，讲解员也会有比较多的提问和语气助词，如“呢”“好”“我们”“咱们”，显得更亲切，消除直播机器带来的距离感。当然，由于讲解主题与探索太空相关，很多专业的科学术语不可避免，如各种航空航天设备、仪器、事件名称，但讲解员没有生硬地、公式化地向公众解释这些术语，而是用合适的讲解内容来化解听众对术语的陌生，如用通俗易懂的词汇、生活中常见的案例，利用比喻、类比的方式促进听众的理解。当不得不用较长语句解释术语含义时，也采取放慢语速、语句多简短停顿点、重点词改变音调强调等方式，隐形地给听众留下反应的时间，让观众能跟上讲解的内容、抓住重点，进一步思考理解。这种方式也解决了直播时如果时间长容易让听众失去兴趣而离开直播间的问题。

在仪态、眼神方面，讲解员落落大方，神态肢体自然，眼神始终根据讲解内容变化而变化，讲解展品时关注展品，不介绍展品时注视镜头，用眼神引导听众注意力转移。与展品的距离，全程几乎为0.5～1米，用手势引导听众观察展品局部时，身体与展品几乎呈45度，不需要介绍展品时，正面面向镜头，将听众的注意力从展品吸引转移到讲解员自身，专心听讲，避免展厅物理空间、其他展品、场馆参观人员等干扰听众注意力。除此之外，讲解员还用一些肢体动作辅助解释专业术语，如“俯仰状态的转化”“飞船和空间站对接”等。

（四）讲解稿结构

该次太空探索展厅和西大厅主题展览的讲解内容十分丰富，以对重点展品的详细讲解，一步步充实我国载人航天工程“三步走”。

在内容大纲方面，可以按照“三步走”分为以下三大部分。

第一步“上得去回得来”部分。先介绍一些非常知名的火箭，比如长征一号运载火箭，然后着重讲解长征二号F火箭，讲解其结构时并非直接介绍，而是采用提问的方式让听众在一系列火箭展品模型中，寻找并发现它与长征五号火箭和长征七号火箭的差异——逃逸塔，吸引听众对这个装置的作用产生好奇。同时听众也注意到长征二号 F 火箭的其他结构，进而讲解员配合讲解各个结构的名字和作用，如逃逸塔的安全要求、火箭燃料的类型、发动机的级别，再顺理成章地引导听众观察长征二号 F 火箭发射的模拟模型，观看其载人发射过程中自身各部分结构的变化，了解火箭发射过程中的状态。观看火箭模拟发射后，自然地引导听众观察周围的展厅背景，介绍长征二号 F 火箭、天和核心舱、梦天实验舱等大型设备的发射地在海南文昌发射中心，并解释选择原因。这些内容都是绝大部分听众对火箭感兴趣的内容，“上得去”部分讲解结束，听众肯定好奇航天员如何回来，所以接下来围绕展品“神舟一号返回舱实物”介绍其外观和结构及其设计原因，航天员在返回舱中的状态，返回过程中发生什么变化、遇到什么问题以及解决方法等，让听众对我国在返回舱方面取得的成就有更清楚的认识。

第二步“出得去对得上”部分。火箭里神舟飞船明明是竖着的，但在展品“神舟与天宫”模型中它却是横着的，这激发了听众的好奇心。借此机会，讲解员介绍神舟飞船和天宫二号在轨运行状态，进而介绍神舟飞船如何与天宫二号交互对接，如涉及的仪器、对接的技术及其在世界上的水平，以及航天员从飞船进入天宫生活和在舱内工作，同时介绍当前我国航天员在天宫中驻留的时长，让听众感受我国载人航天成果，引发情感上的共鸣和自豪。

第三步“造船为建站、建设空间站”部分。航天员进入太空后，生活和工作的地方主要是天宫，因此听众肯定会好奇航天员从神舟飞船进入天宫后发生的事，如怎么生活、工作内容是什么。因此，讲解内容紧跟第二步的天宫，围绕展品天和核心舱的结构件开展，用“核心舱明明在太空又怎么会在科技馆”引入，介绍做了五件天和核心舱及这样做的原因。再介绍天和核心舱各个舱段及舱段的结构、功能，都以航天员为核心，选择听众不熟悉但好奇的内容，包括以下几个方面。

（1）与对接相关的节点舱及其众多部件，非常详细地介绍了飞船的对接口、停泊口、出舱口及相应的技术操作。

（2）航天员休息区域小柱段及其部件。供能的太阳翼，接收高轨卫星信号而背对地球的天线，柱身上的罗马数字、箭头、汉字的作用，航天员出舱为什么用两条线，这些都是用设置悬念的方式展开的，是听众不熟悉但好奇的内容，很有趣味性。

（3）航天员工作的大柱段与小柱段交界处的大型球状装置及其作用。以几位航天员在天宫的工作展示为例，介绍大柱段内的布局和环境。

（4）尾部储存和接收物资的资源舱。这部分是通过引导听众观察并发现资源舱上与节点舱对接时使用的相同部件来猜测资源舱功能，进而介绍物资对接情况和相关技术。

（五）互动式讲解环节设置

这个案例主题是专业名词多、理解难度大、远离听众生活的航天领域，因此要想讲好讲完整的故事，兼顾通俗易懂和科学准确已经非常困难了，还要生动形象、激发听众兴趣更是难上加难，所以讲解中的互动环节设置非常重要，这决定了听众的留存时长和留存人数。和前三个案例一样，该案例也仅采用问题设置一种形式来与听众互动，但由于讲解涉及内容多、展项多，且讲解稿巧妙选择了很多听众不熟悉但又好奇的内容，这些内容又被挖掘出新颖有趣的角度，因此案例中提问视角多元，能够不断给听众带来新的思考方向，有效提升了互动效果。下面选择一些典型问题进行具体的分析。

（1）“我们来看一看这些火箭当中有一台，跟其他的在结构上不太一样，是哪个呢？”——事实型，难度低，类似游戏，互动程度高，能参与的听众多。

（2）“长征二号 F 火箭的可靠性达到了 0.97，安全性达到了 0.997，什么意思呢？”“当时的航天员已经能在天宫二号进行一个中长期的驻留，待多久？”——用数字激发好奇，维持兴趣。

（3）“刚才我们介绍了一级和二级，那半级是什么？”“神舟一号返回舱，在回来的过程当中，到底是左侧朝下还是右侧朝下呢？”——分析型，促使听众再次仔细观察展品，并深度思考。

（4）“为什么这种大型的实验舱段或者大型的核心舱要在海南发射？”——过渡，使听众从火箭结构、发射过程到了解发射基地的方向思考。

（5）“刚才在火箭里面神舟飞船明明是竖着的，为什么到这里变成横着的了呢？”“有些同学会说了，核心舱不是已经发射到太空当中去了吗？为什么会在中国科学技术馆出现？”——对比，引发认知冲突，激发兴趣。

（6）“为什么咱们小柱段上方的天线要朝向星空，而不是朝向地球表面……它到底在和谁进行通信？”——打破听众定势思维，引导听众思考。

（7）“比方说我们可以把自己想象成一个神舟飞船，如果想和前方的对接口来进行对接怎么办呢？”“我们的航天员对自己的工作场所，尤其是核心舱是非常熟悉的，为什么还需要这些指引给他指路呢？”——促使听众换位，设身处地思考。

（8）“在这里我们可以看到资源舱的尾部首先是一个圆孔，这里我问问大家：舱段、舱口到底是对接口还是停泊口？大家想一想，通过刚才介绍，我们是不是已经学会了，来观察一下周围……”——引导公众应用听到的知识，及时评价，获得成就感。

五、总结与思考

本章所选的四个案例，案例一以事件当事人视角讲述，案例二以科普工作者宣传和呼吁视角讲述，案例三以参观者视角讲述，案例四以科普工作者基于听众兴趣的视角进行航天知识与技术的科普，从不同的讲解角度，使得讲解员和观众的关系略有不同。案例一一波三折的事件发展极大地调动起观众的兴趣；案例二的专业解答解决了绝大部分观众关于山火难灭的疑问；案例三娓娓道来的参观体验拉近与观众的心理距离，观众似乎也在参观；案例四则不断用公众不熟悉但好奇的内容，激发并持续维持观众的兴趣，从而使观众在不知不觉中就了解了我国载人航天事业的“三步走”。

在所使用的工具方面，案例一仅使用 PPT，案例二使用 PPT 和树干横截面模型，案例三借助各种展品，案例四除展品外，还利用展厅背景，都很好地向公众传递了想要传递的信息。在语言和肢体表达方面，尽管四位讲解员的语速情感不同，但都契合他们与观众之间的角色定位及讲解内容，使得观众欣赏时不觉违和，理解时不觉困难，很快沉浸在活动之中。在互动式讲解环节设置方面，四个案例都采用问题设置的形式，但由于讲解的视角不同，问题在讲解中定位也不同，这当然导致不同的互动结果。

总体来说，无论是基于展示场所的展示类科普活动，还是非展示场所的展示类科普活动，在设计与实施过程中，选择主题时，一定要明确设计活动的初衷及预期目标，然后结合受众的兴趣点和关注度持续程度，合理选择讲解素材，确定内容容量，在恰当的讲解时长内，选择合适的表现方式或技术手段、道具等辅助内容。在此基础上，再思考如何有趣地、互动性地利用这些表现方式、技术手段、道具等有逻辑地、在预计的讲解时长内展开讲解内容。当然，基于展示场所的展示类科普活动和非展示场所的展示类科普活动在设计与实施时，也有各自的独特性。

对基于展示场所的展示类科普活动来说，科普场馆展厅/展品在设计之初，通常都有展览目的和设计逻辑，尽管科研院所实验室/实验设备的建设是为科研服务的，但也有成体系的专业内容作为支撑。因此，基于展示场所的展示类科普活动，其设计和实施重点是在利用已有展示场所资源的前提下，确定面向不同人群的讲解侧重点、讲解意图是什么。例如，面向青少年，可能是激发其对该主题或该专业的兴趣，使其初步了解概况或常识，培养其观察、分析、推理、判断等能力，在此基础上使其萌发出对专业领域的喜爱；面向成年人，可能是满足其好奇，引导其利用这个领域的科学理论、科学思维解决社会或生活问题，使其成为高素质的国家公民，从而推动社会发展。因此，基于展示场所的展示类科普活动对观众的影响更具系统性和更有专业深度。

对非展示场所的展示类科普活动来说，由于不受展厅/实验室等物理资源的制约，其设计和实施重点反而是选定讲解主题和内容、确定辅助道具。但不受制约也意味着没有大量可直接使用的资源，难以在短时期内开展对观众影响深刻的科普讲解，需要耗费大量的精力去准备内容和辅助道具，所以对于受众的影响通常是碎片化的，需要长期持续不断地定时创作才能形成系统的影响。若讲解实践间断时间长，观众的兴趣未被反复激发，容易转移关注点而不再多次参加这种活动，因此，系统性地开展好这类活动，对讲解员来说是巨大的挑战。因此，非展示场所的展示类科普活动更适合开展跟踪社会热点、关注公众生活问题等这类短平快的事件的科普讲解。

随着人工智能延伸到人类社会生活的各个方面，在隐私授权的前提下，使用人工智能分析受众的兴趣和需求，可调查数据样本范围更大，调查变得更容易、更快捷、更准确，这为展示类科普活动的设计解决了一大难题，使得所选择的讲解内容定制性更强，对受众更具吸引力。同时，人工智能技术可以加深和扩大交互的程度与范围，毕竟人力有所不及，讲解员的亲身互动可辐射的范围小，为保持讲解效果，实地讲解时人数受到较大限制，而人工智能技术能有效改善这一问题。在人工智能的参与下，展示类科普活动的传播效果可以得到较大提升。但不可否认，这也可能存在一些挑战和威胁。因为人工智能通常依赖于大量数据进行训练，这些数据可能包含偏见或误导性信息，如果这些数据被直接用于展示类科普活动，可能会对观众产生误导。还有人工智能所用的调查数据，可能会涉及用户隐私，加上人工智能无法像人类那样彼此建立情感连接，在科普讲解活动中可能难以及时调动观众兴趣，甚至不能处理伦理问题，这对于激发观众对科学专业的兴趣、热爱，培养他们有关科学与社会关系的正确认识存在威胁。所以，如果在展示类科普活动中利用人工智能，讲解员必须在技术、内容、交互方式、伦理等多个方面参与和检测，甚至深入研究和改进，充分发挥人工智能的优点，回避其缺点，以确保科普内容的专业性和趣味性。

无论技术如何发展，讲解员随时随地积累受众资料，丰富自身对于科普受众、科普内容的理性与感性认识，即使在人工智能时代，对于基于展示场所的展示类科普活动和非展示场所的展示类科普活动设计与实施来说，都尤为重要。因此，在参观场馆、利用社交媒体、社交往来时，都可以有意识地分析和积累不同人群的关注领域、兴趣喜好、思维方式、性格特征、目标导向，再结合自己的工作需求，或学业需求，或兴趣喜好，选定某个主题作为展示类科普活动设计的对象。可以从某个科普热点开始，然后逐步扩大活动所涉及的知识范围，提高思考深度，尝试多元化的展示方式。如此积累设计和实施经验，不断总结反思，有助于设计和实施更优秀的展示类科普活动。

想象一下：假设你将要写一篇讲解稿。那么，你的目的是什么呢？你打算面向哪一类人群开展？你将确定什么主题？你想要写什么内容？这些内容按照什么逻辑顺序展开？呈现这些内容需要多长时间？你打算在什么样的场所进行讲解？你需要用道具吗？道具有现成的吗？还是需要重新设计或者改良？如果你在展厅讲解，你选择好哪个展厅了吗？确定好重点讲解展厅的哪几项展品吗？为什么这么选？

讲解稿写好后，你认真审视过内容的科学性、严谨性和趣味性之间的平衡关系吗？面对冲突争议，有体现科学伦理性吗？注意和听众的互动了吗？有激发听众思考吗？你觉得讲解稿的语言通俗易懂、生活化吗？有趣吗？

确定好最终版讲解稿后，你有试讲过吗？试讲的过程中有感受到词语的顺畅度吗？你的语速在合适的范围内吗？你的语调是有感情的吗？在试讲的时候，你拍摄过视频，看过你的仪态吗？

在整个过程中，你打算利用人工智能吗？你充分利用了人工智能的优势吗？你有考虑过人工智能所呈现的内容的正确性吗？有去论证过吗？你有从伦理性角度去思考过使用人工智能的各种后果吗？

希望这些问题能让你对自己的展示类科普活动设计与实践有所帮助，非常期待你参与展示类科普活动的设计与实施，让我们一起不断审视它和推动它的发展，为科普事业作出贡献。

理解·反思·探究

1. 走入展厅或实验室，去倾听一次讲解，尝试用本章提及的展示类科普活动设计要素分析这次讲解的结构、语言特色，以及讲解员的表达呈现水平及与公众的交流情况等。

2. 选择一个你感兴趣的主题或者展览、展品，针对特定人群，尝试撰写讲解稿并实施讲解。

拓展阅读导航

1. 关注“全国科普讲解大赛”的相关内容。

2. 中国数字科技馆的“科普网视”板块，网址：https://www.cdstm.cn/videos/。

（本章由傅骞、罗跞共同执笔）

本章参考文献

伯纳德·希尔. 2018. 科学博物馆与科学中心——发展历史及其根源. 高秋芳译. 自然科学博物馆研究，(1)：84-92.

陈华蕾. 2022. 探讨多元化导赏服务体系的构建——以重庆中国三峡博物馆服务体系为例. 文物鉴定与鉴赏，(16)：84-87.

陈伟宏. 2021. 新时期博物馆的讲解与文化教育功能探析. 文物鉴定与鉴赏，(17)：153-155.

邓卓. 2020. 课堂提问框架在自然博物馆讲解中的运用. 自然科学博物馆研究，5(1)：30-38.

何进，吴悦琦. 2022. 博物馆师徒带教的实践与启示——以上海自然博物馆科普讲解为例. 科技传播，14(9)：31-35.

黄文娟. 2021. 博物馆讲解技巧与方法探讨. 文物鉴定与鉴赏，(5)：130-132.

黄翔. 2018. 从认识方式的视角理解科技博物馆的发展趋势. 科学与社会，8(1)：114-126.

季良纲. 2021. 科普讲解大赛的传播特点研究. 今日科苑，(2)：69-75.

姜惠梅，代雪晶. 2022. 信息定位型展览的讲解语言初探——以“衣冠大成——明代服饰文化展”为例. 中国博物馆，(2)：111-115.

刘立. 2015. 国际科技博物馆和科学中心的发展阶段、趋势及对我国的启示. 科学教育与博物馆，1(6)：401-404.

陆佩蓓，柏舜杰. 2019. 基于自然博物馆文明观展的行为研究. 科技传播，11(5)：200-204.

罗丹. 2021. 从观众心理学的视角探讨博物馆讲解艺术. 东方收藏，(19)：99-100.

邱成利，刘文川. 2015. 提高科普讲解能力的方式与途径初探——基于全国科普讲解大赛的分析. 科普研究，(5)：83-91.

王燕. 2020. 试论科普讲解的关键要素——选题. 科技传播，12（1）：1-6.

严建强. 2011. 信息定位型展览：提升中国博物馆品质的契机. 东南文化，（2）：7-13.

周燕川，刘邕. 2021. 关于科普讲解选题原则和信息有效传递的分析. 天津科技，48（6）：79-81.

朱幼文. 2014. 科技博物馆教育功能“进化论”. 科普研究，9（4）：38-44.

第四章

宣讲类科普活动的设计与实施

要点提示

本章阐述了宣讲类科普活动的内涵定义，从科学讲座、科学沙龙、科学表演等不同角度对宣讲类科普活动的特点进行了分析，并结合案例剖析，梳理了宣讲类科普活动的设计要素与开展流程，再从活动规划、方案策划、实施与评估全流程角度提供了提升宣讲类科普活动效果的路径与方法。

学习目标

1. 了解宣讲类科普活动的内涵与范畴。
2. 熟悉宣讲类科普活动的类型。
3. 理解不同类型宣讲类科普活动的特点及其设计要素。
4. 结合案例，能够初步掌握并应用宣讲类科普活动策划、实施的基本流程。

导入

展示类科普活动的开展依托于展览展品、科学仪器或辅助道具等各类资源载体，预先准备完整的讲解稿，活动形式与内容更加具象化。相对而言，以面对面交流为主的宣讲类科普活动在组织开展、资源调配方面具有显著的优势，其活动形式以科学讲座、科学沙龙为代表，是具有悠久历史的群体性科普活动，也是当前各类科普场馆、高校、科研院所以及其他各类社会团体最常开展的科普活动形式。

第一节　宣讲类科普活动概述

一、内涵界定

宣讲的意思是诵读讲解，旨在向特定受众介绍宣传某种知识、理念、经验等信息，是一种重要的信息传播和教育手段。从字面意思来看，“宣”即宣传，“讲”即讲述，宣传是目的，讲述是手段。具体来说，宣讲是利用特定的环境，主讲人通过对特定内容进行通俗易懂的阐述，以达到影响他人的态度、信仰和行为的效果，这种活动形式有助于促进人们对信息的理解和认识，推动社会的进步和发展。讲座是宣讲的主要表现形式，早在中世纪，讲座是欧洲大学中普遍应用的教学方式，是学术团体内部纯粹的教学形式。18 世纪，在英国的一些地方城镇出现了向听众收取费用的讲座活动，并成为普通市民文化生活的重要组成部分。这类讲座活动区别于大学的教学形式，突出以城市生活为背景，以消费市场为前提，以并不从事学术工作的业余人员为受众，成为面向公众传播与自然有关的学术知识的重要方式。讲座内容脱离了传统精英群体内部的纯粹思辨，理论知识现实应用的可能性不断得到发掘和强调。这种地方讲座活动在从市场中汲取自身发展养分的同时，也因为其以市场为导向的目标与行动，将自身影响力扩展至传统精英群体之外的整个社会，从而为此后技术革新的出现和应用提供了肥沃的社会土壤（征咪，2018）。

宣讲类科普活动是一种以宣讲者单向传播为主的科普活动形式。宣讲者可以是一位或多位专业人员，这与采取的活动形式相关。宣讲类科普活动与展示类科普活动的区别主要体现在宣讲内容的核心不是必须依托于固定的展品或实物。宣讲类科普活动通常需要能够容纳若干观众的固定空间，比如报告厅、礼堂、活动室、剧场等，并且由专业的科学家或科普工作者主持或主导活动的开展。随着信息网络技术的发展，越来越多的宣讲类科普活动也通过互联网进行直播或者录播，大大扩展了活动传播的覆盖面，显著增强了传播的效果。比如在“典赞·2018科普中国”十大网络科普作品中，科普作家关于癌症主题的演讲视频在首发平台腾讯视频“一席”栏目有超过5800万次的播放量（董泓麟和郑诗雨，2020）。

二、分类与发展

宣讲类科普活动是一种历史悠久的经典科普活动形式。从宣讲内容与组织形式来看，一般可以分为科学讲座、科学沙龙、科学表演等。其中，科学讲座通常以一个主讲人为主要宣讲者，科学沙龙与科学表演则可以同时有多人参与宣讲。

（一）科学讲座

科学讲座主要以科学家为核心，由科学家就某一主题进行报告。讲座形式的起源比较悠久，早期是一种学术研究的组织形式，随着中世纪大学的兴起而出现，并伴随着大学的发展被各个国家效仿（田仙贵等，2008）。随着科学技术的不断进步，科学讲座已经从组织形式转变为一种科学文化传播交流的活动形式，成为大学或科研院所的一项基本学术活动，在学习中产生了重要的影响。高等院校在注重学生专业学习的基础上，也提供了更多的讲座“学术大餐”，既提升了学生的综合素质，也丰富了校园文化。随着科学技术从小众走向大众，科学讲座成为科普的一种重要形式。

以科普为目标的科学讲座（也可称为科普报告）有别于学术类的讲座，更注重让听众掌握一些基础的科学方法、科学思维，理解专业科学技术领域的关键概念，及其对社会生活的影响、发展现状与前沿趋势，在内容上更注重趣味性，突出科学技术领域的发展历史，以及对人类生产、生活方方面面的影响。《全民科学素质行动规划纲要（2021—2035 年）》指出，“面向世界科技强国和社会主义现代化强国建设，需要科学素质建设担当更加重要的使命”。在我国大力推进终身教育体系、学习型社会构建以及建设世界科技强国的背景下，通过加强公众与科学家、专家的互动与对话交流，有助于促进公众对科学、技术、工程的理解，增强公众对科学的兴趣与认同，不断推动全民科学素质提升（董泓麟和郑诗雨，2020）。科学讲座为公众提供了与各领域专家直接对话的机会，在科普传播方面发挥着重要的作用。

科学讲座具有易于组织开展、投入相对较少的特点，成为最直接、最活跃、最生动、受众最广的一种科普活动，也是各单位开展科普工作的重要形式。最早的科普类科学讲座可以追溯到英国皇家研究院的少年科学讲座、圣诞科学演讲等系列科学报告，这些活动从 1825 年起坚持至今，仅在第二次世界大战期间中断了 3 年。该类讲座的选题非常广泛，通俗实用的内容生动有趣，使听众感受科学的无限乐趣，唤起他们对科学的热爱，开创了科普讲座的先河（董光璧，2013）。

开展面向公众的科普类科学讲座的意义在于紧跟不断前进的科学步伐，结合社会生活中遇到的科学问题，激发听众潜在的科学兴趣。伴随着新中国的成立与科学技术的发展，我国科普类科学讲座受到政府的高度关注，并不断地发展丰富。新中国成立之初，百废待兴，开展科普工作的物资设备、刊物出版等宣传手段和条件十分有限，这就决定了科普报告成为当时极为重要和广泛的科普手段。据统计，从 1950 年 8 月至 1958 年 9 月，全国科普在全国范围内共开展科普报告 7200 次，当时先后从国外回来的一批著名科学家（如竺可桢、高士其、钱学森、茅以升等），在开创我国优秀科普演讲报告活动中起到了领军和示范作用（王宁寰，2014）。随着我国经济社会的蓬勃发展，社会对科学知识需求更加强烈，科普工作越来越受到重视，科学讲座得到了广泛的发展。讲座对象从专业技术人员、工人农民向社会公众、青少年群体扩展，讲座内容从科技前沿向衣食住行等生活相关拓展，科学讲座成为各层次社会公众获取各领域知识、了解科技前沿、了解科技常识的重要途径。进入 21 世纪以来，科学讲座经历了从小规模的散点化到规模化、系统化、品牌化的组织过程演变，举办单位从科研院所逐步向博物馆、图书馆、科技馆、社区等社会机构拓展。尤其是以中国科学院院士和中国工程院院士为核心的“科学与中国”院士专家巡讲活动、以老科技工作者为核心的中国老科协科学报告团，在全国各地开展了广泛的科普讲座活动，产生了巨大的社会影响力。

2002 年，中国科学院为宣传《科普法》颁布，联合中央宣传部、教育部、科技部、中国工程院、中国科协共同发起了“科学与中国”院士专家巡讲活动，于 2003 年启动巡讲活动（倪思洁，2023）。20 多年来，“科学与中国”活动组织了一大批两院院士专家深入大中小学、工矿企业、党政机关、乡镇农村、部队军营，开展了 2000 多场科普活动，足迹遍布祖国大江南北，受众覆盖百万余人。2023 年 7 月，在“科学与中国”20 周年之际，路甬祥、王志珍、赵忠贤、杜祥琬等 20 位两院院士致信习近平总书记，汇报巡讲活动取得的成绩和体会。7 月 20 日，习近平总书记给“科学与中国”院士专家代表回信，对科技工作者支持和参与科普事业提出殷切期望。在“科学与中国”20 周年大会上，组委会主任、中国科学院院士杨玉良宣读了《“千名院士·千场科普”倡议书》，号召两院院士“每年至少参加一次面向社会公众的科学普及活动”，实现“每年有千名以上两院院士参与千场以上科普活动”的目标，呼吁两院院士走进大中小学、党政机关、西部农村、企业基层等，及时向公众普及科学前沿新发现和关键技术新成果。

2006 年，中国老科学技术工作者协会动员和组织离退休科学技术工作者积极参与《全民科学素质行动计划纲要（2006—2010—2020 年）》的实施，在长期面向公众开展科普报告活动的基础上，发起成立了中国老科协科学报告团，下设了 42 个分团。报告团凝聚了一批优秀的科普人才，为发挥老科技工作者的作用搭建了舞台。老科技工作者是党和国家的宝贵财富，通过组建科学报告团凝聚起大批热心科普、乐于奉献的优秀科技人才，形成了科普志愿者中的骨干和核心力量，成为优质的科普人力资源队伍。中国老科协科学报告团活动也为老科技工作者搭建了继续服务社会的广阔舞台，为老科技工作者体现个人价值、展现风采创造了机遇。自成立以来，各地老科协科学报告团积极动员老科技工作者，广泛参与面向社会各类公众的科普讲座活动。

为进一步面向青少年宣传弘扬科学家精神，中国科协青少年科技中心于 2020 年 9 月发起成立“大手拉小手科普报告汇”。科普报告汇是一个由高校、科研院所、全国学会、地方科协、科技企业中有影响力的科普演讲团组成的公益性科普报告协作平台，旨在团结引领广大科技工作者，以科普报告的形式面向广大青少年弘扬科学家精神，激发青少年的科学兴趣和好奇心，提升青少年的科学素质。通过科普报告汇为各成员科普演讲团提供协调和交流服务，包括对接各地中小学需求开展科普报告巡讲活动、定期组织成员演讲团专家开展线上线下的交流研讨活动，不断提高面向不同年龄青少年的科普报告水平和针对性。

科学讲座组织形式相对简单，受众面广泛，成为许多单位开展科普活动的首选形式。近年来在博物馆行业，各馆围绕不同的领域，发起了一系列科学讲座的品牌活动。比如，中国科学技术馆于 2015 年推出“中科馆大讲堂”，讲座选题紧跟社会热点，举办涵盖基础科学、航空航天、健康中国、保密教育、科学家精神宣讲等多个领域的讲座。上海科技馆主办的“上海科普大讲坛”是一项集权威性、科学性、前瞻性、开放性、公益性于一体的科普教育活动。自 2009 年成立以来，已成功举办 220 多场讲座，邀请 440 余位中外知名科学家为公众开展科学讲座，获得媒体广泛宣传报道，成为具有一定影响力、创新力和国际视野的公益性科普品牌之一。

（二）科学沙龙

科学沙龙是科学家、科普工作者、科学媒体人和定向邀约的公众齐聚一堂，就特定主题或议题进行面对面交流讨论的一种学术研讨与科普活动形式。

沙龙是一种起源于欧洲的历史悠久的交流聚会活动形式。沙龙最初源自意大利语单词 Salotto，后传入法国，成为法语中 Salon 的译音。它原指法国上层社会中豪华的会客厅，特别是那些将私人客厅变成著名社交场所的名媛贵妇的家。从 17 世纪起，巴黎的名人，包括戏剧家、小说家、诗人、音乐家、画家、评论家、哲学家和政治家等，常在这些沙龙中聚会，享受着轻松的氛围，一边欣赏音乐，一边畅谈各种感兴趣的话题（初枢昊，2004）。沙龙的概念在现代社会已经延伸到各种领域，不再局限于文化艺术界。它可以是任何主题明确的聚会，如品鉴、分享、讨论、表演等，旨在为参与者提供一个轻松的氛围和丰富的交流机会。现代沙龙是小规模的、议题简要的、非正式化的会议，多数是行业内部的聚集讨论。沙龙已成为促进思想交流、文化传播和专业发展的重要交流形式。

沙龙与讲座的核心区别在于讲座的重心是以主讲人单向讲述传播为主，而沙龙的重心在于交流。有些沙龙为聚焦主题，一般会安排若干主讲人根据话题开展讲座。科学讲座是主讲人的舞台，讲述过程中一般没有互动，之后或许有提问的时间，但是提问者和主讲人往往地位不对等，很难产生深度的交流讨论甚至观点的深度对抗；而沙龙主讲人的地位与每一位听众是对等的，听众可以对主讲的问题进行反驳和质疑。

科学沙龙早期着重指学术沙龙，是科研人员的一种小群体研究方式，旨在促进知识的分享和创新思想的碰撞，对学科的产生、学派的孕育、人才的培养都起到良好的孵化作用（许淳熙，1995）。最具代表性的例子是控制论思想诞生于20世纪30年代由罗森布鲁斯（Rosenblueth）领导的科学方法论讨论会，该讨论会每月一次在哈佛大学的餐厅中举行，控制论的诞生也被称为“餐桌上的思想火花”。

法国的布尔巴基聚会也是学术沙龙的典范。20世纪20年代，由于第一次世界大战的灾难性破坏，法国数学界出现了青黄不接、后继乏人的局面。当时有一批年轻人在法国科学界沉闷的气氛中得知德国、匈牙利、波兰等国的数学在飞速发展时，再也坐不住了。他们决心承担起复兴法国数学的重任，继承从费马（Fermat）到庞加莱（Poincaré）的光辉数学传统。他们组成了一个小组，以19世纪一位法国将军布尔巴基的名字命名，布尔巴基小组的活动形式是每年举行两三次聚会。在布尔巴基的成员中没有权威，谁都可以直抒己见，谁都不能在舌战中保持不败。每次会议都争论激烈，大喊大叫，以致外人误以为是“疯子集会”。就是在这种严酷的批评和争论中，“布尔巴基”把自己锤炼成了数学界的一个著名学派，他们之中的许多成员迅速成长为颇有影响的一代数学家（许淳熙，1995）。

现代的科学沙龙从单纯的学术交流不断向社会公众拓展，不仅是科研人员交流的场所，也是普及科学知识、提升公民科学素养的平台。科学沙龙通常由高校、科研院所或专门的社团机构组织，它们为科研人员、教师、学生以及感兴趣的公众提供了一个开放的交流平台，让人们可以就各种科学主题进行深入的讨论和交流。科学沙龙有助于科研人员交换思想、资源和研究方法，也是知识普及的重要渠道，有助于学术机构向公众传播科学知识，提高社会对科学的关注度和理解，也是激发创新的动力，为研究工作带来新的视角和灵感。科学沙龙已成为越来越多的高校、研究院所、社会机构推动科普工作的重要形式。

比如，中国科协于2006年发起的新观点新学说学术沙龙，联合全国各学会、地方科协、有关高校及研究院所共同举办，搭建了自由探究、鼓励学术争鸣、促进原始创新、平等交流的平台。经过多年的实施，新观点新学说学术沙龙已经成为一项高层次、重质疑、求创新的小型系列性学术交流活动，成为一种新的学术交流特色活动，在科技界和学术界产生越来越大的影响。

江苏省科学技术协会推出的“问道·科学沙龙”活动，紧紧聚焦国际科技前沿、国家重大需求，以及经济建设和人民生命健康等领域的热点难点问题，为专家学者、企业家、科技工作者等搭建多学科跨领域交流平台，分享学术思想和前沿科技进展，探讨新科技及其未来发展方向；交流研究学科行业内疑难问题的解决方法与途径；解读科技热点和政策，服务科技成果对接与转化，助力创新驱动发展。通过持续性举办系列活动，强化学术建设，以“四个面向”为指引，打造小型高端学术交流品牌，服务“科创江苏”主线工作，有效集聚科技人才服务江苏高质量发展。

由中国科学院依托丰富科技前沿资源推出的“新观点新学说学术沙龙”，联动各个研究院所，围绕空间科学、生态环境、前沿制造技术等科技前沿领域，组织老中青三代科技工作者广泛开展学术交流活动，已成为中国科学院的一项重要品牌活动，既促进了科学的传播，又助力了学术研究的发展。

（三）科学表演

科学表演是一种科学与艺术相结合的传播形式，也是一种独特的科学教育形式。科学表演类活动形式历史悠久，最早出现在欧美一些地区，逐步被人们接受和喜爱，也逐渐成为科学中心、科技类博物馆、科技社团的一种重要科普活动形式。一些科学表演类活动也被搬上了银幕、舞台，结合现代化的传播方式，呈现出更丰富的视觉效果。例如，1997 年轰动北美的科普幽默剧《比克曼的科学世界》（*Beakman's World*），主要针对中小学群体研发，目的是激发青少年潜能。该系列每集一个科学主题，共推出 88 集，通过喜剧演员演绎、卡通人物加盟，运用夸张的肢体语言、风趣幽默的解说、绚丽夺目的舞台设计、震撼的视觉效果，表达出“科学其实也很好玩”的理念（徐湮，2015）。由于其诠释了很多科学原理和自然现象，传播了科学知识，被誉为西方的“十万个为什么”。

科学表演通过借鉴很多艺术表演形式（如戏剧、舞蹈、相声、小品、脱口秀等），来诠释科学原理，传播科学知识，普及科学方法，弘扬科学精神与科学家精神，以一种富有感染力和互动性的传播方式使得科学更加生动、有趣和易于理解。通常表演者在演出过程中，通过演绎剧情、演示科学实验，揭示生活中的科学现象，从而激发观众对科学的兴趣和探究欲望。观众可以在观看表演的过程中，接受相关的科学知识，理解科学精神，并学会用科学思维辨伪存真。科学表演有多种类型，如科普剧、科学实验秀、科学魔术等，每种类型都有独特的特点和形式，但都以传播科学知识、弘扬科学精神为主要目标。

科普剧也被称为科学互动表演剧，是一种将科学知识与戏剧表演相结合的艺术化科普活动（季良纲和黄荣根，2019）。科普剧形式可以是话剧、歌舞剧甚至是京剧或地方戏等，是集合剧作、导演、表演、舞美、灯光等多重要素的综合性活动。科普剧具有完整的故事情节和鲜明的人物角色（或拟人化的动物、植物等），但除部分特别策划的大型剧外，在一般日常活动中科技馆、博物馆、学校社团等机构设计的科普剧情节相对简化，通常在一幕内完成。科普剧的创作核心是剧本与科学实验的匹配度，优秀的科普剧既不能缺少丰富、有趣的科学内容，也不能缺失完整流畅的剧情，否则难以达到预期的教育效果。科普剧通过戏剧化的手法，将科学实验和科普知识融入剧情中，能够让观众跟随故事情节的发展，了解科学概念、科学知识，甚至参与科学实验。科普剧的内容通常贴近生活，阐释中小学生实际面临的一些科学困惑，便于营造潜移默化的科学教育情景，有助于中小学生科学素养的形成。采用科普剧形式的课堂活动蕴含科学探究的教学过程，通过艺术化的编排与互动参与的形式，为学生亲身体验科学探究提供实践路径，有助于学生科学探究能力的提升，也有助于通过科学与文化融合促进学生全面发展（李欢和吕丁，2013）。

科学实验秀是一种通过一系列简单而有趣的科学实验，以互动或亲自动手的方式，使参与者直观地理解复杂科学原理的科普活动。这类表演活动通常以科学实验为核心内容，通过与小品、脱口秀等艺术表现形式巧妙结合，以通俗易懂的方式将复杂的科学知识展现给观众。在科学实验秀中，通常使用身边的普通材料作为道具，通过特殊的实验现象让观众在惊叹神奇的同时，理解其背后的科学原理。例如，“大象的牙膏”实验可以展示化学反应的快速进行，“火焰掌”实验则能揭示手掌着火却不会被烧伤的奥秘，“法老之蛇”实验更是将普通的白糖变成了令人惊叹的黑色火蛇。科学实验秀通过视听觉融合，有助于激发观众对科学的兴趣和好奇心，是一种寓教于乐的科学传播方式。

科学魔术是科学秀的另外一种拓展形式，是将科学原理与魔术表演相结合的艺术表现形式。它借助物理、化学、心理学、数学等多个科学领域的原理，通过巧妙的道具和表演技巧，制造出令人惊叹、变幻莫测的假象，使观众难以识破其中的奥秘。科学魔术的核心在于利用科学原理来创造奇迹般的表演效果。表演者通过深入研究和理解科学原理，运用特制的道具和精湛的表演技巧，将普通的物体或现象变得神奇而不可思议。例如，通过物理原理实现物体悬浮、穿透或变换，通过化学原理制造出令人惊叹的色彩和效果。同时，科学魔术也是一种富有互动性和探究性的科学传播方式，能够激发观众的好奇心和探究欲望，引导他们通过观察、思考和探索，发现魔术背后的科学原理。

作为我国科技馆行业重要赛事之一，旨在“为全国科技馆搭建学习交流平台，通过以赛代训，以赛促学，提高科技辅导员综合素质和专业技能”的全国科技馆辅导员大赛，从 2009 年第一届开始就把科学表演作为比赛项目之一，展示各个科技馆开发的精彩科学实验内容。随着科技馆科学表演形式的多元化，赛事又将科学表演细分为科学实验与科普短剧项目。其中科学实验注重实验内容的设计，以科学秀的形式进行展示；科普短剧则不拘泥于具体的形式，可以是科普剧、科学脱口秀、科普舞蹈剧等不同表现方式。科学表演竞赛项目从科学秀向科普短剧、科学脱口秀等多元化形式拓展，表明了科技馆行业在科普活动方面的创新探索取得了显著的成效。近年来，科学表演类的科普活动形式在资源内容、表演形式、人才培养方面快速发展，通过行业竞赛、校园科技节、科技博物馆日常活动等多种渠道，在全社会进行了广泛的传播，积累了一批优秀的科学表演类作品，培养了一批专业人才。

科学讲座、科学沙龙、科学表演是比较有代表性的宣讲类科普活动细化形式，但不同形式的特点有所区别，在主讲人员、交互方式、场地需求、策划周期、关键要素、活动对象等方面有些显著差异，如表 4-1 所示。

表 4-1　不同宣讲类科普活动主要指标的差异

对照指标 / 活动类型	主讲人员	交互方式	场地需求	策划周期	关键要素	活动对象
科学讲座	一人	单向为主，观众适当问答	相对较简单	较短	主讲嘉宾	全人群
科学沙龙	多人	嘉宾多人交互，观众适当交流	相对较高	适中	主题策划与研讨嘉宾	成人为主
科学表演	一人或多人	以不同形式与观众交互，交互程度较不同	科普剧形式、舞台要求较高	较长	剧本编排与实验设计	青少年为主

第二节　案　　例

一、案例一：科学讲座“中科馆大讲堂”之《〈流浪地球〉里的基础物理 2》

《〈流浪地球〉里的基础物理 2》是由中国科学技术馆“中科馆大讲堂”推出的一期科学讲座。

活动时间：2023 年 2 月 5 日（周日）10：00～11：30。

活动地点：中国科学技术馆一层报告厅。

主讲嘉宾：陈征，北京交通大学物理科学与工程学院副教授、中国科学技术馆科普讲师团副团长，2019 中国科学年度新闻人物，中国物理学会科普委员会委员，中国科普作家协会理事，北京市科普创作协会理事，“典赞·2019 科普中国”十大科学传播人物，第 21 届茅以升北京青年科技奖、北京市科学技术奖、全国科学实验展演汇演一等奖获得者；《加油向未来》等国内多档电视、网络科普节目策划、实验设计和执行人，抖音科普专家顾问团成员，“科普中国”专家顾问团成员，国内首个碳中和主题科普公园科普体系策划人，太空授课科普专家组成员。

活动背景：“中科馆大讲堂”是由中国科学技术馆推出的一项面向公众的公益科普活动，以提升公众科学素质为主要目标。大讲堂选题宽泛，紧跟社会热点，通过科学讲座的形式，力争为公众答疑解惑，引导公众关注科技应用，理解科技前沿。“中科馆大讲堂”自 2015 年 1 月创办以来，举办了涵盖多学科、多领域的科学讲座 600 余期，获得了社会广泛关注，逐步形成了以体验科技馆的青少年亲子家庭为核心的受众群体。结合中小学生的知识背景与兴趣特点，“中科馆大讲堂”对每一期讲座都在主题遴选、内容组织与互动形式方面进行详细策划，讲座得到观众的普遍认可，获得媒体广泛报道，科普传播成效显著。

《流浪地球 2》作为中国科幻电影里程碑式作品《流浪地球》的续集，在 2023 年 1 月 22 日上映后备受瞩目。电影以人类将面临末日灾难与生命存续的双重挑战为背景，以“流浪地球”计划的前传故事展开，影片构建了恢宏震撼的科幻场景视觉特效，强调了人类命运共同体、亲情、勇气、责任等主题，涉及了诸多基础物理的科学概念，如洛希极限、引力弹弓效应等，在科幻框架下进行了合理的想象与演绎，引发观众对科学的思考。该影片的上映再次掀起人们对国产科幻电影的关注热潮。第一部《流浪地球》于 2019 年 2 月上映后，围绕影片的热点话题，“中科馆大讲堂”特邀了陈征，围绕影片所涉及的科学概念，推出了《〈流浪地球〉里的基础物理》讲座。陈征将“大胆假设”与“小心求证”相结合，层层推进、步步论证，带领观众一起讨论影片中“往哪跑”“怎么跑”“球不坏”“人还在”等关键科学问题。以能量守恒、动量守恒为基本判断依据，将影片中呈现的大胆假设，通过力学、热学公式验算，逐一进行验证，力求将影片中大胆、浪漫而又基本符合科学常识的幻想，落地到严谨的科学验证中。借助《流浪地球》的热度，该期讲座推出后，受到了广泛关注，反响强烈，产生了良好的科普宣传效果。

四年之后，《流浪地球 2》再度引发社会关注，“中科馆大讲堂”第一时间策划围绕该影片的专题讲座，经过与陈征的多次沟通交流，邀请他围绕《流浪地球2》的视听特效，再次与公众一起探讨科学、文化与艺术的融合，宣传“大胆假设、小心求证”的科学探索过程。

活动概述：在本期讲座中，陈征首先回顾了四年前《〈流浪地球〉里的基础物理》讲座的重点内容提纲，带领观众一起回溯了《流浪地球》系列电影构筑的故事背景以及支撑电影逻辑的基础科学，再次强调了科学求真、艺术求美、文化向善的关系，并以科学思维的训练为喻，指出围绕科幻电影的讲座不是以科学知识的讲授为核心，而是要与大家一起探讨科幻电影在科学、文化与艺术之间的融合与平衡，从多元化角度来思考电影隐喻的科学与人文主题。

在讲座中，陈征从四个方面与大家一起分享了对《流浪地球2》的认识。

在讲座的第一部分，他强调科幻作品首先是文化艺术作品，体现了科学文化艺术的融合与妥协。他用了《西游记》这一耳熟能详的例子做比喻，让听众理解“是否科学和是否有价值是两回事”。他用白酒的度数来解释自己对科学知识与科普传播的辩证关系的思考，启发听众理解科幻电影中科学基础与人文演绎的融合。

在讲座的第二部分，陈征重点从科普的角度分享了视听感知中物理、生理与心理的关系。他强调电影是用画面和声音传递信息的文化艺术作品，但视觉与听觉是一个复杂的过程，经过大脑加工过程的处理，有些反映的不一定是真实的物理世界，借此进一步分析了人的视觉与听觉感知系统的一些基础知识，让大家进一步理解人的感知与客观事实的差异，感悟科幻电影如何利用这些原理，设计惊奇的影视特效。最后他指出，科幻电影要在有限的时间内用有限的画面与声音传递信息，只能做出一些妥协，在保证“情节需要”和“画面需要”的前提下，符合基本的科学精神、科学思想，尽可能地合乎科学逻辑。

在讲座的第三部分，陈征结合第二部分的观点，分析了《星际穿越》《阿凡达》《星球大战》等一些经典科幻电影中的镜头，用实际的案例说明科幻电影中的一些画面与科学事实之间的差异。

讲座的第四部分突出了本期讲座的核心观点，陈征用《流浪地球2》中的一些情节引申科学问题，如怎样建造一座太空电梯、核弹+相控阵能否摧毁月球、是否能够构筑数字生命的“元宇宙”等，指出科幻负责激发兴趣和提出好问题，在科学探索“大胆假设、小心求证”的过程中，科幻负责大胆假设，科学负责小心求证，工程技术负责实现。最后，他回顾了我国科幻电影在经济社会发展的大背景下，涌现出越来越多的优秀作品，希望更多观众支持国产佳作。他强调经过百余年来一代代科技工作者的努力和全民的支持，今天我国的科学技术水平进入了世界前列，但远远没有达到可以自满的时候，还需要更多人关注科学、学习科学、投身科学（图 4-1）。

图 4-1　《〈流浪地球〉里的基础物理 2》讲座现场图

讲座结束后，陈征老师与现场观众进行了互动，用生动有趣的比喻回答了青少年们提出的“太空电梯是如何推进的？”“有源和无源的相控阵雷达的区别？”“什么是洛希极限？”等富有趣味又会引发思考的问题。

二、案例二：科学沙龙“科学咖啡馆”之“探秘科学博物馆之美”

“探秘科学博物馆之美”是由中国科学院物理研究所“科学咖啡馆”推出的一期主题沙龙活动。

活动时间：2023 年 10 月 30 日。

活动地点：中国科学院物理研究所。

活动背景：“科学咖啡馆”是在科学技术部、北京市科学技术委员会、中国科学院科学传播局等单位支持下，由中国科学院物理研究所承办的跨领域科普交流活动。活动的目的在于提供一个轻松活泼的交流平台，让科研人员能够在此进行跨界交流，分享学术观点，碰撞思想火花，同时向公众普及科学知识，提高公众对科学的兴趣与认知（胡珉琦，2018）。

“科学咖啡馆”由科普专题报告与自由交流两个环节组成。每期活动都会邀请知名学者或科研人员作为主讲嘉宾，围绕某一科学主题进行半个小时左右的科普报告，内容涵盖物理学的各个领域以及与其他学科的交叉研究。在主题报告之后，参与者可以自由提问、讨论，与主讲嘉宾及其他参与者进行深入交流。在活动中穿插咖啡品鉴环节，让参与者在品尝咖啡的同时，享受学术交流的乐趣。

提到博物馆，人们常常会联想到历史与艺术，近年来，随着科学技术的进步与社会经济的发展，越来越多的科学博物馆出现在我们身边。科学博物馆与传统博物馆的区别是什么？如何通过科学博物馆展示科技文物，呈现人类历史上伟大的发现与重大科学技术飞跃？科学博物馆如何为公众提供奇妙的科学之旅，让他们体会到饱览知识的奥妙与尽享探索的喜悦？“科学咖啡馆”围绕这一主题推出了“探秘科学博物馆之美”专题活动。本期活动由中国科学院科学传播研究中心副主任邱成利主持，邀请吴国盛教授作为主讲嘉宾，中国科学院科学传播局、中国科学院文献情报中心、北京市科学技术研究院的部分专家莅临现场参与研讨，并组织了部分来自科学博物馆行业的观众与中国科学院的青年学生参加现场活动。本期主讲嘉宾吴国盛教授是我国著名的科学史专家、清华大学科学史系系主任、清华大学科学博物馆馆长。吴国盛以“走向科学博物馆”为主题，向与会人员介绍科学博物馆的概念及分类，带大家领略国内外著名的科学博物馆之美，并和与会专家、观众共同讨论交流“藏品的收集”“世界一流自然博物馆的标准”等相关行业问题（图 4-2）。

图 4-2 “科学咖啡馆”之“探秘科学博物馆之美”活动照片

活动概述：在主题演讲阶段，吴国盛首先分享了博物馆的基本概念与分类。博物馆是一种现代性的产物，具有三个基本功能，即收藏、维护和展示，同时也具有研究、教育和娱乐的功能。博物馆的现代性在于：它本质上是一种征服和控制的产物。比如人类征服自然的战利品，就是人类渔猎获得的动植物标本，这些是自然博物馆的主要展品。博物馆表达了现代的人性，其背后的基本诉求就是张扬意志、追求力量。现代博物馆主要有三种：历史博物馆、艺术博物馆和科学博物馆。早年的博物馆基本都是历史博物馆和艺术博物馆，科学博物馆从 20 世纪开始逐渐兴盛。19 世纪是第一个科学的世纪，博物馆作为时代精神的象征，脱颖而出成为博物馆的主流之一。2008 年，全世界观众最多的 20 个博物馆中，就有 6 个是科学博物馆。

普及基本概念后，吴国盛教授重点阐述了科学博物馆的分类。他指出广义的科学博物馆一般又可以分为三类。第一类是自然博物馆，主要收藏动植物标本和矿物标本，在 18 世纪首先出现，是工业革命后的成果，汇集当时欧洲殖民者派遣的博物学家在殖民地收集的各种标本。第二类是科学工业博物馆，主要展示科学仪器和工业制品。工业革命之后，科学技术发展十分迅速，淘汰的老旧工业制品就成了时代进步的象征，19 世纪英国为了彰显国力，于伦敦举办了首届世界博览会，会后，用于展示的工业制品便进入了科学工业博物馆。第三类是科学中心，这类博物馆的兴起是由于科学教育的发展，科学教育进入普通教育之后，一种面向青少年的基于互动型展品的科学博物馆诞生了，这类博物馆可以让观众动手体验科学原理和技术发明的过程，深受青少年欢迎。狭义的科学博物馆则特指第二类，也就是科学工业博物馆。

世界上有哪些著名的科学博物馆呢？中国又有哪些科学博物馆值得大家一睹为快呢？吴国盛首先介绍了世界著名的科学博物馆。自然博物馆方面，世界上前四大自然博物馆分别是：巴黎自然博物馆、华盛顿自然博物馆、伦敦自然博物馆和纽约美国自然博物馆。科学工业博物馆方面，伽利略博物馆久负盛名，是从乌菲齐美术馆分离出来的；法国工艺博物馆展陈了许多早期工业品原件；此外，伦敦科学博物馆、芝加哥科学与工业博物馆和慕尼黑德意志博物馆等，都是工业化之后展示工业遗产的重要科学工业博物馆。科学中心方面，发现宫起源于法国巴黎；影响力较大的是美国旧金山探索馆，探索馆由美国物理学家奥本海默的弟弟创建，它以物理实验为主模式，成为很多科学中心的模板，近半个世纪科学中心也在陆续探索融入其他的学科实验与多元化的展示方式。

随后吴国盛介绍了中国的科学博物馆情况。自然博物馆方面，中国的自然博物馆从民国时期就开始积累标本，比较著名的有上海自然博物馆、重庆自然博物馆等，正在筹建的国家自然博物馆新馆也非常值得期待。此外，经过多年的推动，每个省份都推出了科学中心模式的博物馆，但中国缺少科学工业博物馆，更准确地说，中国缺少综合性的科学工业博物馆。现有的科学工业博物馆，如沈阳的中国工业博物馆、北京的铁道博物馆等，多是地域性博物馆或者是某一工业门类的博物馆，具有一定局限性。正因如此，由吴国盛担任馆长的清华大学科学博物馆自 2018 年开始筹建，2023 年正式破土动工。

吴国盛教授在主题分享后，与现场的专家及观众围绕科学博物馆的相关问题展开了讨论。来自中国科学院文献情报中心科学文化传播中心的杨琳副主任提问："目前，国内缺乏相关制度，捐赠也还没有成为社会常态，各单位又不注重保存，怎么解决藏品的收集问题？"吴国盛教授认为："目前国内确实没有相应的规章制度，但各单位可以自己制定，我筹建清华大学科学博物馆时就向校领导请求，所有实验室报废设备处理前，给我看一下是不是值得收藏。我总结收集藏品有三条路：收、买、造。上面提到的就是收，收更多的是为未来而收；买就是直接购买，当然也会有一些困难，清华大学科学博物馆的建设离不开杰出校友的鼎力支持；造就是学术性地对文物进行历史性复原，不过这方面我们还缺少相关人才。"

北京市科学技术研究院的刘子亮问道："现在我们要建设国家自然博物馆，争取达到世界一流水平，那么世界一流自然博物馆是什么标准？"吴国盛教授回答道："自然博物馆的关键还是在于藏品，数量应该多一些，类型也非常重要，应该尽量丰富，收藏可以直接收购，也离不开馆际合作，不要只注重展陈技术，还是先丰富内核。第二就是要组织强大的学术队伍，有了学术专家的参与，既可以指导博物馆的建设，又方便开展学术研究。第三，我觉得要思考新时代博物馆的建设理念是什么，历史上著名的博物馆带来了许多理念上的突破，我们能带来什么？最后我们的国家博物馆应该具有世界眼光但又不能失去中国特色，立足于中国本土自然科学进展，尽可能包罗世界瑰宝。"

在热烈的讨论进入尾声阶段，中国科学院原科学传播局局长周德进总结道："首先我要向吴老师致敬，读大学时看过吴老师的著作，包括吴老师这些年在学术上的贡献，让我非常尊敬。第二，吴老师今天报告不长，互动不少，真正将博物馆的原始逻辑、哲学分类讲得非常透彻，我们做事要像吴老师这样坚持一步一个脚印，切不能急功近利，更不能忘掉本真。最后，吴老师今天提到，中国的科学工业博物馆应该由中国科学院来做，我想我们有这个责任，吴老师已经开了路，我们共同推动，听了吴老师的报告，我觉得我的内驱力更强了。"

三、案例三：科学表演《扭转乾坤》

《扭转乾坤》科学表演是第五届全国科技馆辅导员大赛科学实验表演赛一等

奖作品（侯易飞等，2018）。

《扭转乾坤》以“转动”现象为主题，通过由浅入深、由简到繁的几个相关实验，以人物串联简短的情节，演示转动相关的科学概念。科学表演由竹蜻蜓作为引子，把转动的概念带入演示过程中。演示实验主要包括以下几个方面。①小球提大球：在线绳两端分别悬挂一颗弹力小球和 4～5 个相对体积较大的篮球、排球与足球，表演时演出者通过转动绳子，利用弹力小球的离心力将绳子另一端的大球提起。②纸片切 PVC 管（polyvinyl chloride pipe，聚氯乙烯管）：通过制作一个圆形的纸质磨砂轮片，利用角磨机高速转动带动纸片，控制好操作角度，纸片能够将 PVC 管切割开。③链条飞轮：利用一个木质转轮框架，带动一个金属链条，利用高速电钻的转速带动木制轮盘的高速旋转，将链条分离后，链条由于旋转的惯性，通过离心力和摩擦力的作用，以圆形状态高速滚动前进。④角动量杠铃：设计一个约 15 千克重的单边杠铃，单手握着一端难以举起杠铃；但是利用电钻带动单侧杠铃片高速转动时，利用角动量守恒，单手可以将杠铃高举过顶（图 4-3）。

图 4-3 《扭转乾坤》实验现场表演照片

科学表演脚本

表演角色：侯老师：实验研发老师；Doremi：侯老师的助手；大壮：现场客串。

表演脚本：

侯老师：同学们，大家好！欢迎来到侯老师的实验室。今天，我们要做几个非常有趣儿的转动实验。比如这个，来，Doremi……哎！我的助手在哪里啊？

Doremi：来了来了！大家好，我是Doremi。

侯老师：你怎么又迟到啦！我的转动实验还等着你实施呢！

Doremi：您还说呢，咱们的观众太热情，把我堵在门口要签名，我好不容易才进来。不过您别着急，转动试验我找好啦，这不（Doremi放飞两个竹蜻蜓），怎么样？转动可以使物体飞起来！

侯老师：这竹蜻蜓不怎么样，太小儿科了，看看我的新实验。今天我们要用这小球把这四个大球举起来！

Doremi：小球举大球？不可能，您这球差距太大了。

侯老师：不可能？我的实验室口号就是：一切皆有可能！来，我来指导你来做。第一步，站在椅子上。第二步，握住塑料杆。第三步，转动。（Doremi自转）转球，不是你转。

Doremi：（球球起重机实验）哎！侯老师，这几个大球好像还真的提起来了！

侯老师：别加好像，就是提起来啦！

Doremi：这太神奇了，这是怎么回事啊？

侯老师：这就是中学物理介绍的离心力。

Doremi：离心力？

侯老师：对，它是一种惯性力，会让物体远离转动中心，而且它的大小与转速以及转动半径的平方成正比。

Doremi：哦！我明白了，小球高速转动，离心力增大，超过三大球的重量就会把它们提起来了。

侯老师：完全正确。这个实验有趣吧？它证明转动可以让物体的力量由小变大。

Doremi：有意思！

侯老师：你可不要小看它，它可以让物体发生让你意想不到的变化。比如说一张普通的纸。

Doremi：一张纸？这有什么意想不到的。

侯老师：我们今天就试着用这张柔软的纸来切断 PVC 管。（拿出 PVC 管）

Doremi：切开 PVC 管？您别逗了，PVC 这么坚固，我用菜刀都切不开（用菜刀试着切 PVC），别说您这小小的纸片了。这根本不可能！

侯老师：在我的实验室一切皆有可能。不信咱们就试试，举起管子。（纸切割 PVC 实验）

Doremi：哇，真的切开啦！

侯老师：厉害吧，离心力让纸充满张力，而且纸的边缘压强极大，可比你的菜刀锋利多啦。

Doremi：这么说转动能把软的东西变硬。

侯老师：有长进 Doremi，都学会总结了。

Doremi：嘿嘿。哎，等会儿，您这真的是纸吗？观众朋友们我们要不要来检验一下？（将纸撕下）我撕，我撕，我再撕！

侯老师：（拿起链条）咳咳。

Doremi：侯老师我错了，我不该弄坏实验道具，您可别打我呀。

侯老师：我没事打你干吗？

Doremi：那您拿链条干吗呀……

侯老师：嗨，这是我们下一个实验道具。

Doremi：嗨，吓死我了，原来是要做实验。（抢过链条）这回您来说，我来做。

侯老师：好，那请你把链条变成车轮滚动出去。

Doremi：车轮，滚动，我来试试。（转动链条）再来一次，链条太松了，这不可能啊。

侯老师：又说不可能？记住，一切皆有可能，来帮我把链条放在转盘上。接下来我要让转盘转动起来，再把链条甩出去。

Doremi：大家可要看仔细了。

侯老师：来，我们一起倒数五个数，我来把链条甩出去：5，4，3，2，1。（链条实验）

Doremi：链条跑出去的时候竟然是圆形的！真像个车轮！

侯老师：这也是离心力的作用，它使得松松垮垮的每段链条充满张力，所以才能够保持圆形。

Doremi：侯老师，又到了我 Doremi 总结时间了，原来转动还能使松弛的物体变紧，变紧，变紧。

侯老师：行了 Doremi，看你在台上上蹿下跳的，平时一定喜欢运动吧？

Doremi：喜欢啊，您看我这身材，一看就是敏捷型选手，我喜欢的运动可多了，跑步、乒乓球、羽毛球、游泳，我都喜欢。

侯老师：那可太好了，快来体验一下我专门为你打造的运动项目。（从桌子后面取出杠铃）

Doremi：这是要举重吗？这个项目我这纤细的身材好像不太合适吧。

侯老师：跟身材没关系，我的要求很简单，只要你单手将这个 30 斤的杠铃举过头顶就算挑战成功啦。

Doremi：要不我试试？

侯老师：试试。

Doremi：单手？那我得这样拿。

侯老师：等等 Doremi，要小聪明还是你行，我们的挑战只能握这边。（示范）

Doremi：握这边，谁行，谁行我服！

大壮：我行。

侯老师：哟，你看真有说行的，这是大壮老师，请大壮老师帮我们挑战一下。大家给他加加油，一二，加油！

大壮：（挑战失败）我也不行……

Doremi：你看侯老师，单手举起来，这根本就不可能！

侯老师：别着急下结论，我们今天的实验主题是什么，你再好好想想。

Doremi：转动？难道转动还能让重的东西变轻？这个绝对不可能。

侯老师：观众朋友们，还记得我们的口号吗？一切皆有可能，我们不妨试试。（杠铃实验）

Doremi：我竟然真的单手举起来了。转动竟然能让重的变轻，这是为什么侯老师？

侯老师：想知道为什么吗？我给你留个作业，去看看我们科技馆里的展品，你就能找到答案了。

Doremi：看展品，这个我最喜欢了。

侯老师：Doremi，实验做完了，我们还要总结一下。今天实验主题是转动，它能使小球的力量由小变大。

Doremi：转动还能使软的纸变硬。

侯老师：转动还能使松弛的链条变紧。

Doremi：转动还能使重的杠铃变轻！

侯老师：非常好！最后别忘了，在科学的世界，一切皆有可能！
合：我们的表演到此结束，谢谢！

第三节　宣讲类科普活动的设计要素与开展流程

一、活动的设计要素

（一）目标定位

首先要明确宣讲类科普活动的目标及活动实现的预期效果。比如，开展宣讲类科普活动是为响应社会热点、解释科学流言，还是普及科学知识、介绍科技前沿动态，以提升公众科学素质，抑或是激发青少年的科学兴趣，宣传科学精神、科学家精神，鼓励更多青少年走上科学之路。明确目标定位有助于确定宣讲类科普活动的主题和内容，推动后续策划工作。

（二）受众分析

有些组织者认为科学讲座、科学沙龙等流程简单，不需要太多的前期研究与策划，从而导致一些讲座出现内容设置不平衡、缺乏有效宣传等问题，使其不符合科普对象的实际需求，部分科普讲座难以发挥应有的作用，同时也浪费了听众的时间和讲座资源，出现“叫好不叫座”的现象。优质的科学讲座活动需要充分考虑大规模受众、跨年龄群体等多因素的影响，平衡学科专业和科普效果之间的矛盾，这对讲座人员的综合能力有更高的要求。中国科学院院士袁亚湘多年投身科普工作，他认为做科普有许多不易，每一次都要认真准备，不能千篇一律，尽量做到量身定制，哪怕只是加几页定制化的内容（赵广立，2023）。因此，在设计宣讲类科普活动时，明确活动的目标受众，分析他们的年龄、兴趣、知识水平等特征，深入了解受众的特点和需求，制定更具针对性的宣讲策略尤为重要。比如，开展垃圾分类环保主题的宣讲活动，以社区群众为受众对象，需要侧重于中老年人的需求和兴趣点来设计宣讲的内容与形式，要把环保与健康养生相结合，与日常生活相结合，通过有奖问答等形式来提升参与受众的积极性。面向学生开展科技前沿类的科学讲座，需要分析受众是中学生还是小学生，如果是小学生，则以图文、多媒体的形式，展示生动有趣的现象，把复杂的科学问题转变为他们能够理解的形象比喻，更加生动地进行传播，以激发兴趣为主；如果受众是中学生，则突出科技对生产生活的影响，把科技发展与学生的职业发展、个人兴趣、未来求学成长结合起来，激发他们未来致力于从事科技创新工作。

（三）主题策划

主题策划是宣讲类科普活动的关键点，主题新颖、响应社会热点、具有社会实用性，能够引起受众的共鸣，显著增强活动的吸引力。比如，在系列化的科学讲座主题策划中，可以涵盖物理学、化学、生物学、天文学等多个领域，确保内容的丰富性和多样性，既要有深度又要有广度，同时要符合参与者的年龄和认知水平。宣讲内容应深入浅出，既要有科学的严谨性，又要有通俗易懂的语言表达，通过案例分析、实验演示、动画视频等方式，使科学知识的传播更加生动有趣。科学表演的主题要突出趣味性，通过活动主题名称吸引受众，如"奇妙的悬浮""扭转乾坤"等，内容设计既具有科学性又具有观赏性，引发观众的持续关注。科普剧的主题要在分析目标受众群体的基础上兼具科学性、趣味性和艺术性，角色设定要生动鲜明，剧情要紧凑有趣。通过角色的互动和剧情的发展，将科学知识巧妙地融入其中，使观众在欣赏剧情的同时，能够学习到科学知识。

（四）活动形式选择

根据宣讲类科普活动的目标定位、受众特点及活动主题，选择适合的宣讲形式，如科学讲座、科学沙龙、科学表演等。科学讲座的形式相对固定，可以是一个演讲者或者多个演讲者，也可以适当增加交流环节。科学沙龙的活动形式可以采用主题发言、分组讨论、自由交流等形式，鼓励参与者积极发言、提问和分享经验；同时，可以设置互动环节，如实验操作、科技展示等，增强活动的趣味性。科学表演的形式更加多元，包括科学实验秀、科普剧、科学魔术、科学小品等；结合活动主题与受众群体的特点，选择适合的表演形式，比如宣传科学家精神可以用科普剧或小品形式，展现科学家科学发现的历程；面向中小学生普及科学知识、激发科学兴趣，可以使用科学实验秀的方式，通过增强体验与互动性，使表演更加生动有趣。

（五）宣讲者遴选与培训

宣讲者是影响宣讲类科普活动成效的关键因素，优秀的宣讲者可以显著提升科普宣传的效果。根据活动的目标、主题与形式，宣讲者应具备某一领域的丰富知识储备和一定的专业技能。结合活动的实施计划，有必要遴选宣讲者并进行适度的培训。比如，在科学讲座中，不同的科学家做科普宣讲的能力并不一样，甚至一些大科学家如果缺少适度的训练和准备，可能会带来讲座内容不符合受众需求或认知的问题，讲座的效果就会打折扣。科学表演对宣讲者专业技能的要求更多元，除了要掌握实验内容的科学原理，还需要具备一定的表演基本功，能够用风趣、幽默、感人的表演形态提升科普宣传的效果。

二、活动的开展流程

（一）策划阶段

首先制订宣讲类科普活动的整体策划方案。在明确活动目标的基础上，结合活动受众、内容主题，进行初步调研评估，确定活动形式，再制订详细的实施方案。例如，科学讲座或科学沙龙的活动策划要围绕活动目标、预期效果与实施周期，形成年度或者长周期的总体规划；每期单场活动要明确主题，遴选适合的嘉宾、受众对象，并初步确定活动地点、活动时间、组织方式等信息，为活动进一步推动筹备实施提供依据。科学表演策划根据不同的表现形式，形成相对完整的方案，如科普剧要明确剧情大纲、角色设定、舞台形式等基本信息；科学实验秀则需要明确主题，并确定核心实验，初步遴选辅助实验内容，形成基本活动脚本。

（二）准备阶段

根据策划方案，准备宣讲类科普活动所需的各种素材和工具，形成完整可实施的执行方案。科学讲座或科学沙龙要确定主讲嘉宾，遴选受众，优化活动细节，如时长、流程、场地，准备活动现场的设备，如投影仪、音响、提词器、实验器材、网络直播装备等。科学表演的准备阶段要更复杂一些。一方面，根据策划方案，组织专家研讨，优化完善剧本（脚本），确保剧情连贯、角色鲜明、科学知识准确，科学实验的效果突出、稳定可靠；另一方面，要准备表演所需器材、道具和服装，保障各个环节的实施效果，并组织后期排练，提升表演者的表演技巧，加深对科学知识的理解。

（三）宣传阶段

宣传是宣讲类科普活动的重要组成部分，要在总体方案中制订活动宣传计划，分阶段开展活动宣传工作。在活动准备工作完成前后，开展活动的前期预热，制作海报、网页动画（H5）、宣传册等多种宣传材料，通过新媒体、广播、电视等各种渠道对活动进行宣传以吸引目标受众参与。活动实施前要结合进度适当加大宣传力度，确保活动实施效果。活动结束后，要结合活动现场情况，适当进行后期宣传，形成持续的社会影响力。活动宣传应基于活动的总体方案，内容严谨，不应过度夸大，以免在实施后引发负面舆情。

（四）实施阶段

根据活动策划方案和活动准备情况，优化实施计划，并按预设计划流程组织现场实施。根据活动的类型不同，宣讲类科普活动的具体实施流程有所不同，实施细节有所区别。比如，在科学讲座或科学沙龙类活动中，开场致辞应简短，主要介绍活动主题、嘉宾背景，营造积极的氛围；嘉宾演讲与交流过程应注意语言表达的清晰性和准确性，同时结合生动的案例和实验演示，使内容更加易于理解；在互动环节，可以组织小组讨论或实验操作，让参与者提问或分享自己的见解，更加深入地沉浸式参与活动。科学表演的实施要按照预定的顺序和内容进行，通过生动的实验演示和有趣的互动环节，吸引观众的注意力。在演出过程中，要注重与观众的互动，穿插一些环节，让观众有机会参与进来。可以设置观众提问环节，让观众提出自己的疑问或分享自己的见解；也可以组织观众参与实验，让他们亲身体验科学的乐趣。活动结束前，安排总结发言，强调活动的意义和收获，现场适当收集参与者的反馈意见，以便对活动进行改进和优化。

（五）总结阶段

活动结束后，要及时对活动进行评估和总结，分析活动的优点和不足，为后续活动提供改进方向。根据不同的评估目标，可使用问卷调研、行为追踪、媒体评价等不同方式，线上与线下结合，充分了解观众对活动内容、组织形式、传播效果的评价，征集改进意见。问卷调研要结合活动形式与活动对象，聚焦问题设计，线上线下同步实施；观众的行为追踪评价多用于科学表演类强交互的科普活动，利用人工智能技术，追踪活动现场的观众，特别是青少年的交互反馈行为，评估活动的效果；媒体评价方式通过网络媒体平台，以及头条、微博、微信、抖音等新媒体，收集公众对活动的评价意见，提炼评价数据，有助于拓宽活动效果的评估途径，完善评估效果。

第四节 案例分析与总结

一、案例一："中科馆大讲堂"之《〈流浪地球〉里的基础物理 2》

科学讲座《〈流浪地球〉里的基础物理 2》策划组织实施的关键点如下。

（一）讲座选题新颖

首先，该期讲座以“《流浪地球》里的基础物理 2”为题目，以科幻电影的科学逻辑为切入点，主题新颖。其次，讲座在电影热映期间推出，响应了社会热点，第一时间吸引公众的关注；同时，讲座衔接起两部《流浪地球》电影的基础物理框架，从“往哪跑”“怎么跑”“球不坏”“人还在”等第一部的关键科学问题，到洛希极限、引力弹弓效应等新的科学概念，进一步诠释了电影的科学逻辑，回应了观众对电影内容反思与探究的需求，能够引发受众产生共鸣，显著增强活动的吸引力。

（二）讲座内容通俗易懂

第二期讲座继续上一期《〈流浪地球〉里的基础物理》的思路，在一些核心科学概念和知识、公式、计算方面不做过多的拓展，用通俗的语言简化说明洛希极限、引力弹弓效应等主要科学概念。讲座的篇幅重点集中在利用一些实例，让观众理解科幻电影在科学、文化与艺术之间的融合与平衡，强调在科学探索“大胆假设、小心求证”的过程中，科幻负责大胆假设、科学负责小心求证、工程技术负责实现三者之间的关系，进一步突出对科学探索精神的宣传。

以上分析的《〈流浪地球〉里的基础物理 2》仅是“中科馆大讲堂”的科学讲座案例之一，除了主讲人的选题、内容选择和表达风格之外，“中科馆大讲堂”作为中国科学技术馆推出的以科学讲座为主要形式的科普品牌活动，在组织管理方面也积累了很多经验，在主题遴选、活动时间、活动场地、观众组织、演讲者培训、活动实施等方面，构建了完整的方案。在组织过程中，“中科馆大讲堂”的工作人员注重与主讲专家的沟通，关注受众对象的认知特点，不断优化讲座内容，提升活动成效。主要表现在以下四个方面：一是讲座题目设计有亮点，避免学术报告似的题目，让公众产生畏惧情绪；二是讲座内容尽量避免出现过多学术性的专业术语，强调要与时下的热点事件相结合，做到深入浅出，语言通俗易懂，在强调科学性的同时，更注重趣味性；三是利用视频、演示实验等丰富讲座内容与形式，提高授课过程的趣味性，介绍一些学科领域的最新前沿科学成果、进展、发展趋势，激发公众探究兴趣；四是适当增加科学精神、科学家精神内涵的内容，讲座嘉宾可结合自身科学探索经历，分享求学或人生经历，引导青少年树立从事科学工作的志向。

二、案例二：“科学咖啡馆”之“探秘科学博物馆之美”

中国科学院物理研究所推出的“科学咖啡馆”活动通过鼓励不同学科之间的

交流与融合，促进知识的碰撞与创新，推动跨学科交流。该活动不仅面向科研人员，也面向普通公众开放，通过生动的报告和深度的互动交流，让科学知识不再遥不可及，增强了活动的科普效果。“探秘科学博物馆之美”的主题聚焦科学文化，探讨科学传播博物馆形式的分类、现状以及未来的发展趋势。该活动吸引了众多科研人员、学者及公众参与，形成了良好的学术氛围，为科学知识的传播与创新注入了新的活力。

（一）科学主题鲜明

“科学咖啡馆”自推出以来就聚焦科学领域，每期活动主题鲜明，既有“人工智能——上世纪 80 年代多层神经网络的‘文艺复兴’”“神奇动物在哪里”“和时间赛跑的激光”等科技前沿话题，也有“发现科学之美”“探秘科学博物馆之美”等科学文化传播主题。通过特邀嘉宾 30 分钟左右的主题报告，引发与会人员的跨界交流，在温暖浓郁的咖啡香气中，碰撞出思想火花，寻求科学传播的新思路、新方法，推动科普领域的学习与研讨、实践与反思。该期“探秘科学博物馆之美”邀请了国内著名科学史专家吴国盛教授带来专题分享，他以丰富的实例和深入的分析，向与会人员展示了科学博物馆的诞生、成长与未来。

（二）突出跨学科交流

“科学咖啡馆”注重跨学科的交流，每期活动邀请不同领域的科学家参与活动，在特邀嘉宾报告后，围绕该期主题开展讨论，通过与会专家分享各自的研究成果、科研经历和科学思考，鼓励跨学科的交流，促进不同学科之间的思想碰撞，拓宽与会人员的科学研究视野，有助于探索消除科学家与公众之间隔阂的科普新路径。该期“探秘科学博物馆之美”除了吴国盛教授的专业分享外，来自中国科学院文献情报中心、北京市科学技术研究院等不同单位和领域的专家，结合各自的研究背景，也对科学博物馆构建提出了聚焦的问题。吴国盛的进一步阐述，让与会者深入思考如何设计优质的科学博物馆开展科学传播。

（三）营造轻松活泼的交流氛围

“科学咖啡馆”起源于中国科学院物理研究所的休息室，是在休闲的环境下，以咖啡为媒介发展起来的一项学术交流活动。这种科学沙龙通过营造轻松活泼的氛围，激发与会专家、听众自由地提问和发表观点，与科学家进行深入的互动，更有助于开展跨学科交流，激发创造力和想象力。

三、案例三：《扭转乾坤》

（一）实验主题有特色

转动是我们日常生活中常见的现象，《扭转乾坤》通过常见的“转动”展示出一些生活中不常见的现象，强化认知差异，具有显著的宣传效果。《扭转乾坤》以单边杠铃高速转动产生的现象为研发基础，以这个核心实验作为项目主题的策划起点，围绕“转动”主题研发系列实验，编排形成一套由浅入深、由简到繁的演示内容，既突出了实验的核心概念，又体现出由简单到复杂的探究过程。

（二）实验设计强对比

《扭转乾坤》因比赛要求 8 分钟内完成，所以实验内容务必紧凑。在设计过程中，以转动产生的离心力、转动惯量等知识点为核心，遴选一批既体现转动特点，又便于实施的在日常生活中不容易见到的特殊现象。开场实验“竹蜻蜓”简单直观，让观众能够很快代入实验中。“小球提大球”以空间尺寸对比，突出离心力作用。“纸片切 PVC 管”与“链条飞轮”则是在高速旋转的状态下，纸片变得锋利，以及软的链条能够变成硬质的链轮，这两个实验利用了常见的物品，演示出在高速旋转下的特殊现象。最后再通过“角动量杠铃”实验，演示利用角动量守恒，单手将杠铃高举的特殊现象，对整个实验进行收尾。

《扭转乾坤》以“角动量杠铃”为核心实验，优化设计辅助实验，使整个表演过程由表及里、由浅入深，循序渐进吸引观众持续关注。辅助实验突出以常见材料作为道具，让观众更能融入实验场景。内容设计突出非常见的实验现象，比如一个小的弹力球与大篮球、足球相比，大小对比强烈，但是通过旋转离心力，用小球带动大球，也让大家耳目一新；纸片切 PVC 管与链条飞轮则是在高速旋转的状态下，利用日常的物品演示出常态下无法观察到的现象，让观众更深刻地理解转动对物体运动状态的影响。

四、总结与思考

宣讲类科普活动是科研院所、社会团体、科普场馆等广泛组织开展的常见科普活动形式，活动形式多元，组织难度差异较大。科学讲座相对简单，重点是做好讲座嘉宾的前期沟通，使讲座内容与受众对象匹配，并适当通过拓展交流互动环节与形式，增强过程吸引力。科学沙龙需要在主题策划、嘉宾协调、过程组织方面做充分的准备，团队配合与组织难度较高。科学表演既要有科学实验的基础能力，也需要具备相对专业的表演技能，筹备过程复杂，对实施条件有一定的要求，在一些科普场馆有专业团队进行研发与实施。

高质量的宣讲类科普活动需要进行充分策划与精心组织，优质的科普内容与优秀的宣讲者同样重要，如果科普内容与受众对象不匹配，距离生产生活过于遥远，难以引起观众兴趣，那么科普效果会显著不足。在组织形式上，需要多元化融合，将单一讲座与沙龙研讨融合，把实验演示与小品、脱口秀等形式结合，这是提升活动过程吸引力的重要举措。

从传播的路径来看，随着信息网络技术的发展，网络传播突破了地域限制，可以迅速将科普内容传递给全球范围内的受众，宣讲类科普活动要注重新媒体应用与宣传，发挥网络传播的倍增效应。网络传播互动形式多元，如在线问答、讨论区、直播互动等，有助于激发受众的参与热情，提升科普效果。同时，网络传播可以充分利用文字、图片、音频、视频等形式，使科普内容更加生动、形象、易于理解；网络传播便于实现个性化推送，根据受众的兴趣和需求，推送相应的科普内容，有助于提高科普内容的针对性和有效性；相较于传统的线下科普活动，网络传播成本更低，并且易于被受众分享，进一步扩大了科普信息的传播范围，有助于形成科普知识的正向循环，促进科学知识的普及。因此，宣讲类科普活动从策划设计阶段就需要统筹考虑线下与线上同步的传播过程，形成线上、线下相结合的全频道传播路径，扩大传播的覆盖面，增强宣讲的科普效果。

理解·反思·探究

1. 随着信息网络技术的发展，宣讲类科普活动已逐渐从单纯的线下向线上线下相结合的方式转变，互联网传播大大扩展了活动的覆盖面，显著增强了活动的宣传效果。作为一名科普活动的策划者，请结合案例，思考如何将互联网新媒体传播的形式应用于科普讲座的宣传与推广。

2. 科学表演是一种科学与艺术相结合的传播形式，是一种独特的科学教育形式，它以一种富有感染力和互动性的传播方式使科学变得更加生动、有趣和易于理解。请思考科学表演与传统文艺表演形式的区别，结合工作实际，围绕科学主题，策划科学表演的初步方案。

拓展阅读导航

1. 中国数字科技馆汇集了历届全国科技馆辅导员大赛的精选资源，以及科普讲座的录播视频，网址：https://www.cdstm.cn/。

2.“格致论道”的线上专栏汇集了各期讲座视频，网址：http://self.kepu.net.cn/。

本章参考文献

初枢昊. 2004. 沙龙的起源与公共性问题. 美术研究，(1)：93-99.

董泓麟，郑诗雨. 2020. 科普讲座在科技博物馆中的现状分析及发展思考//中国科普研究所. 中国科普理论与实践探索——第二十六届全国科普理论研讨会论文集. 北京：科学出版社：549-562.

董光璧. 2013-05-20. 科学演讲的魅力. 中国科学报，第3版.

侯易飞，高闯，邓亚超. 2018. 浅议科技馆实验表演的设计——以中国科技馆“扭转乾坤”为例. 科协论坛，(4)：23-25.

胡珉琦. 2018-04-06. 邱成利：用心研磨“科学咖啡”. 科普时报，第3版.

季良纲，黄荣根. 2019. 科普剧教育功能的实现与创新. 科学教育与博物馆，(6)：396-400.

李欢，吕丁. 2013. 科普剧：培养小学生科学素养的新视野. 现代中小学教育，(10)：48-51.

倪思洁. 2023-09-04.“科学与中国”20年：旧的回忆与新的起点. 中国科学报，第1版.

田仙贵，余树英，梅丽珍. 2008. 大学学术讲座的产生与发展. 宿州教育学院学报，(1)：60-61.

王宁寰. 2014. 做好科普报告的技巧和方法——“逆向教学法”探讨. http://www.kepu.net.cn/blog/wangninghuan/201904/t20190401_478021.html[2024-10-16].

徐湮. 2015. 表演类科学教育活动现状分析. 海峡科学，(12)：23-25.

许淳熙. 1995. 学术沙龙与科学研究. 科学学研究，(1)：76-79.

赵广立. 2023-11-17. 中国科学院院士袁亚湘：我更愿意给“普娃”做科普. 中国科学报，第1版.

征咪. 2018. 18世纪英国地方科学讲座的市场化及其影响. 学海，(1)：212-216.

第五章

体验类科普活动的设计与实施

要点提示

本章围绕体验类科普活动展开，尝试厘清体验类科普活动的定义，梳理其发展过程，旨在增加相关研究者、从业者对这类科普活动特点和潜力的认识。本章还结合当今时代的诸多特征和趋势，提出应当如何增加科普活动中的体验要素，同时提炼该类活动的设计原则、要素与流程，为科普从业者提供更优质、更具影响、更加可持续的受众服务，给予具有可操作性的借鉴。

学习目标

1. 了解体验类科普活动不同阶段的发展环境和外部动力。
2. 理解体验类科普活动的关键要素、特点与需求。
3. 掌握体验类科普活动的设计要素与流程。
4. 结合案例分析总结，运用所掌握的体验类科普活动设计要素进行案例设计。

导入

体验类科普活动是在传统科普模式（如宣讲类科普活动、展示类科普活动）无法满足受众多元化需求时产生的一种科普活动类型，具有互动形式更丰富、受众参与度更深、感性认识更浓厚等特点，近年来成为科普主体通过“体验”吸引更多受众的重要“增长极”。

第一节　体验类科普活动概述

一、内涵界定

体验是指通过亲身实践来认识周围的事物、获得经历。本书所指的体验类科普活动是以体验的观点和模式进行开发设计的科普活动，呈现形式包括角色扮演、沉浸式体验真实场景以及多感官触发认知体验、情感体验、交互体验等。与传统科普活动相比，体验类科普活动的受众亲身参与程度更深，互动形式更丰富，获得感性认识更多，通过体验学习科学知识，感悟科学思想、科学精神，激发对科学的兴趣和理解，能够让公众在科普活动中感受科学的魅力。从中可以看出，体验类科普活动具有两个关键特点。

一是受众必须亲身参与到体验过程中，亲自使用和观察体验的对象。这强调具身体验，既包括在场的身体参与，也包括在线的虚拟参与。这种参与必须让受众主动参与到科普活动中，从被动“动眼”“动身”到主动“动身”“动脑”，从而使受众的主体性和主动性提升到相当高度。但受众所具有的多元化自我意味着想要激发他们的主动性，就需要充分尊重其主体地位和个性化需求，增强活动对受众的吸引力，使其发挥在感知和思考上的自主性。例如，在面向儿童和青少年的体验类科普活动中，教育者的身份也往往从主导者变为引导者，活动的形式从课程讲授转变为融知识传播、能力培养、价值观生成、创造力提升、素质全面提高为一体，这对提高学生有效参与和社会竞争能力、培养国家需要的人才具有重要意义。

二是受众需要被激发出理性思考和感动、愉悦等美好的感性体会（任广乾和汪敏达，2010）。因此，须重视科普活动在感性层面对受众的刺激，借助还原真实情境、增加具身参与、营造多感官环境等形式，缩短受众与科学内容的心理距离，激发其产生同理心、认同感、共鸣感、成就感等多元化感受，从“动手”“动身”到“动脑”“动情”，在知识、情感等层面能得到较好的感悟。但受众所具有的多元化身份和动机（Falk and Dierking，1992）意味着想要激发他们的情感，需要注重趣味性、娱乐性的打造以及受众体验后的表达和成果展示。当然，将科普活动与体验紧密融合的过程中还须尤其注意娱乐性和教育性的平衡，不能一味地追求活动的情感满意度而忽视科普活动的学习本质。

体验类科普活动既有个体参与的类型，也有团体共同参加的类型，活动的效果如何是个体与环境，以及团体之间相互作用的结果。根据体验式学习理论，受众行为是某一时间与空间内主观的、内在的个体与客观的、外在的环境之间交互作用的结果，此时受众的学习处于反思和概括阶段。而对团体而言，个体的直接经验和认知地图在对话中分享，通过共同阐释而创造出共享的意义（李文君，2021）。社会文化理论也有相似的观点，其认为认知不是个人建构而是通过协作过程而得，本质上与个体同他人共同参与社会文化相关活动有关（Robbins，2005）。当受众与他人讨论或共同构建知识以形成对学习概念的共同理解时，就会发生协作式的意义构建（Soni et al.，2021）。

体验和探究在实践与研究中往往被一起应用和探讨。二者皆是教育和学习的基本类型，也都重视过程性，但体验更多强调主观上的情感、感受和理解，可以是对事物的直接观察、参与或操作，也可以是对某种情感、状态或价值观的深入理解和体验，强调参与性和情境性。在体验类科普活动中，从业人员可以对受众进行引导，激发其体验兴趣。探究则偏向对事物、现象本质的理性探索和认知，具有明确目标和动机驱动，重视理性、逻辑和客观分析，强调自主性和开放性，关注发现问题、解决问题和构建知识体系的过程，以及这种过程对个体和社会的影响。因此，在探究中，从业人员可以引发受众的好奇心和探究欲望并对其进行指导。体验式和探究式的学习也是相辅相成的。例如，体验能够支持探究式学习中的非智力因素[①]目标达成；探究能深化、拓展体验式学习中受众对现象、事物的认识和理解（王英和顾渊彦，2009）。在实际的学习和研究过程中，二者往往交织在一起，受众通过亲身体验来感受事物的真实面貌，同时通过探究来揭示事物的本质和规律。

二、发展脉络及分类

科普活动是多个领域、多种思想、多门学科的交点，因而体验类科普活动的发展过程也可回溯到四条主要脉络之中，这些趋势逐渐交汇，共同构成了体验类科普活动的发展环境和外部动力。

首先是科普理念的转变。20 世纪 80 年代之前的科普场馆等科普主体受到“缺失模型”的影响，认为公众缺乏科学知识，需要科普以毋庸置疑的单一科学事实、“自上而下”传授的方式予以补足（Miller，1983）。但随着科普界对受众主体性的日益重视，这一模型不断受到挑战，走出“缺失模型”成为学者共识。情感传播成为科普的突破口之一，那些能调动更多感官，并提供沉浸式、互动式体验的方式被认为更能有效传播（于凡和董关鹏，2024）。这些理念都对科普活动产生影响。

其次是以场馆为代表的非正式教育机构的转型。早在 20 世纪上中叶，奥本海默研究并提出“观众体验”（visitor experience），包含认知体验、艺术体验、探索体验和娱乐体验（李林，2014）。他将自身理念反映在旧金山探索馆的实践之中，认为“一件展品的价值不是由它自身的材质或科技含量决定的，而是取决于观众如何观察、聆听和感受它”（Oppenheimer，1968），他开发了大量“体验式展品”，以期达到展示与教育的统一。1993 年，约翰·福克（John Falk）、林恩·迪尔金（Lynn Dierking）提出场馆的观众体验模型，将观众体验提升到了一定的高度（Falk and Dierking，2013）。

再次是经济发展的转向。20 世纪 70 年代，美国著名未来学家阿尔文·托夫勒（Alvin Toffler）提出“体验”概念，认为随着产业演进，会出现以满足消费

① 非智力因素指不直接参与认知过程的心理因素，如情感、态度、兴趣、价值观。

者自我实现需求的体验业。90 年代，美国学者约瑟夫·派恩（Joseph Pine）和詹姆斯·吉尔摩（James Gilmore）提出体验经济追求的是消费者个性化感受的满足，重视消费过程的自我体验，满足消费者体验能够提升竞争力。彼时大多数科普机构仅将展览展示讲解、公众演讲等作为科普活动的主要形式，由科普人员单向输出科学知识和科学观点，公众被动接收，这很难在情感层面引发受众的认同和共鸣，体验经济的到来不仅影响商业和其他营利性行业，也使受众需求与科普发展形成相互推动的关系，从而推动体验类科普活动的快速发展。对于我国科普活动事业来说，一方面，新时代的公众需求产生了巨大变化，我国社会的主要矛盾已转为人民日益增长的美好生活需要和不平衡不充分的发展之间的矛盾，传统的科普手段已经很难满足受众需要；另一方面，各社会要素的活跃使科普主体需要与各类机构共同争夺受众，科普从业者为求得生存也急需提升供给水平，在科普中注入体验因素便是能够吸引受众、实现寓教于乐的绝佳方式。

最后是教育理念的转化。教育界对体验的关注更早，主要体现在体验式学习理论之中。例如，美国心理学家、教育家约翰·杜威（John Dewey）便提出“体验”是经验的主动因素。这一理论在 20 世纪达到鼎盛，让·皮亚杰（Jean Piaget）、库尔特·勒温（Kurt Lewin）、卡尔·荣格（Carl Jung）、卡尔·罗杰斯（Carl Rogers）等心理学、传播学学者发展了动态的、综合整体观的体验式学习模型（李文君，2021）。其中大卫·库伯（David Kolb）可谓集大成者，提出了“体验学习圈”理论，深度揭示了体验学习的过程和机理（图 5-1）。他认为体验的意义转换涉及两种辩证的加工方式：一种是内涵转换，即对个体经验的反思观察；另一种是外延转换，即应用或迁移个体的抽象概括结果。内涵转换所形成的意义还要经由外延扩大的过程去检验，学习过程也就是处理好具体与抽象、反思与应用之间的矛盾冲突历程。体验式学习强调让学习者亲身投入新的体验，对体验经历进行思考，从而吸收内容成为合乎逻辑的概念，最终运用到制定策略、解决问题中，这一概念和学习方式在为教育界广泛接受的同时，逐渐进入非正式学习领域，进而影响科普活动。

如今，“体验”在科普活动实践中已是被普遍使用的概念，诸如“体验式科普”“科普体验活动”等频频被提及。各领域的科普主体均广泛开展形式多样的体验类科普活动，极大地丰富科普供给，满足公众对科普活动的多样化需求。这些活动从教育本质来看包括以下三种主要类型。

一是游戏体验活动，即通过将科普游戏化让参与者以更具趣味性的形式学习科学知识、感受科学乐趣的科普活动。此种体验包括在科普活动中应用游戏化设

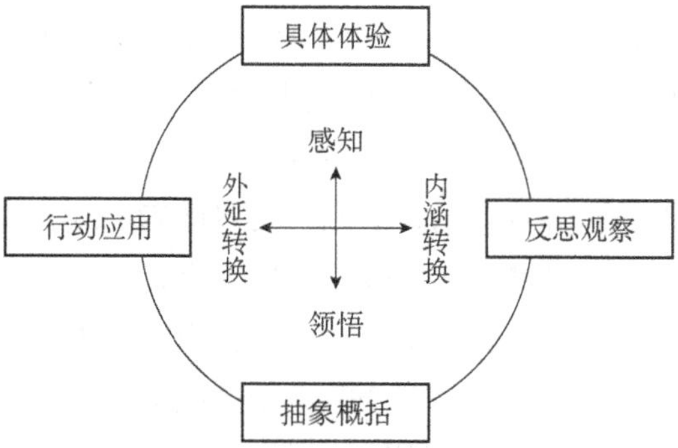

图 5-1　大卫·库伯提出的四阶段“体验学习圈”理论

计的展项、在科普活动中设置游戏和将科普游戏作为科普活动三类。其中科普游戏是以向玩家传播科学知识、科学技术、科学思想和科学方法为目的的应用性游戏（张光斌等，2021），与一般科普活动相比，具有较强的趣味性和娱乐性，与其他体验类活动相比，则具有很强的科学性，已逐渐成为科普活动的常见形式之一。不同载体的科普游戏，其开发设计和内容呈现有所不同，主要可分为线上电子游戏和线下桌面游戏。

二是创造体验活动，即让参与者通过观察、探索、制作、设计等方式来学习知识和技能的科普活动。科创工坊（或称创客空间）是典型的在科普场所创造体验的一种综合形态，其融合科学、技术、工程、艺术、数学等知识与技能，强调自由开放、创新创意、探究体验的学习理念，鼓励受众基于自身兴趣使用工具进行设计和制造，有助于创新和批判思维的形成以及问题解决能力的提高。科创工坊以创客（makers）、创客空间（maker space）和制作（making）为核心要素。创客即科创工坊的参与者，积极主动地参与到活动中，运用所提供的各类工具、材料和专业知识进行探索与实践创造学习。“制作”作为一种非正式的、由环境中可见的特征所引发的非指导性探索，已经成为满足人们好奇心和探求欲、激发创造力的一种方式，受众在科创工坊这个开放性平台中，通过在创造中学习可逾越正式学习与非正式学习之间的鸿沟。作为 STEM 教育方式之一，创客和探客（Tinker）等近似概念在实践中混杂在一起，共同构成了科创工坊的内在含义和外在形态。在实践中，科普主体还会将科创工坊与研学活动相结合，以科创课程为核心进行开发，增强了科普活动的市场属性。

三是身份体验活动，即让参与者通过角色扮演等形式亲身体验不同身份、情境和文化，以学习科学知识、促进理解和认同的科普活动。这类活动既可以由教育人员引导进行，也可以由受众自主学习。形式上既包括由工作人员扮演科学史中的重要人物与受众对话，让受众扮演角色体验原理和故事，也包括“剧本杀”“密室逃脱”等具有综合性、复杂性的角色扮演活动。身份体验型科普活动的效果与受众代入身份的程度有关，越来越多的科普主体探索参与更加深入、场景更加沉浸、体验更加新奇的科普活动。例如，实景探索活动，能够以独特的游戏体验和互动模式吸引玩家沉浸其中，也成为受到公众尤其是青年人群欢迎的社交方式。这类活动一般选取与场馆资源相关、具有受众吸引力的主题作为切入点，利用展厅这一独具特色的科普资源，充分融合场馆现场和故事场景，让受众在脱离现实的情景中以第一人称视角代入剧情，提供一种“异托邦”体验。同时，通过将故事背景设置任务作为探索动机，推动受众化被动参观为主动探索，并将展览、展项、展品及知识点巧妙“植入”活动构建的故事、元素和线索中，开发相关道具或充分利用受众自带设备的辅助活动，从而活化利用场馆资源，开发出极具观众吸引力的角色扮演活动，即便与搭建场景的剧本杀实体店铺相比也有很强的竞争力。

从研究层面来看，以中国知网（China National Knowledge Infrastructure，CNKI）为数据源，以“科普活动”“体验”为关键词，对近 10 年①的文献进行检索，剔除无关文献后共获得 330 篇文献。应用 CiteSpace 软件（6.3.R1）对其进行分析后发现：“体验”一词的内涵和外延也有所扩展，在实践语境下往往指代一种包含主体参与和感性认识的总体感受，从业者尤为关注体验中的互动要素；各科普主体已广泛开展体验类科普活动，公益性科普机构和植物园、动物园、地质公园等自然教育的科普主体对体验类科普活动研究的关注相较其他机构更多（图 5-2）。

在发表的文献数量方面，2014～2023 年研究文献数量总体呈现波动变化趋势，这代表体验类科普活动近年来一直受到关注（图 5-3）。从研究主题的发展脉络可以看出，对此类活动的研究也从对不同主体科普经验的总结逐渐转向对科普内容和形式的深入探讨。近 5 年各科普主体提升体验的形式有所扩展，虚拟现实、元宇宙等新兴技术在科普活动中的应用进一步增加了体验的维度，突破时空限制让受众产生了虚拟具身体验（图 5-4）。展望技术应用的未来，人工智能更具革命性，一是通过模拟人的认知、学习和解决问题的能力，为公众提供沉浸式的互动科普体验；二是成为虚拟的“科普传播者”，一定程度上能够在从业人员能力与精力有限的情况下助力科普活动；三是探知不同受众在科学探索和体验上的个性化兴趣与需求，从而提供量身定制的科普信息，还能对科普活动的效果进行实时分析和反馈，帮助科普工作者及时调整策略、提升效果。

① 数据采集的时间范围为 2014 年 5 月至 2024 年 5 月。

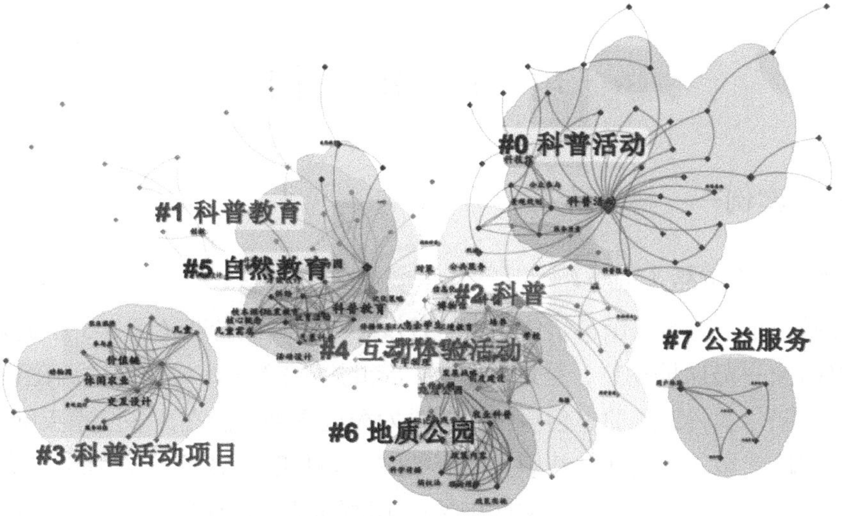

图 5-2　中国知网体验类科普活动关键词聚类网络

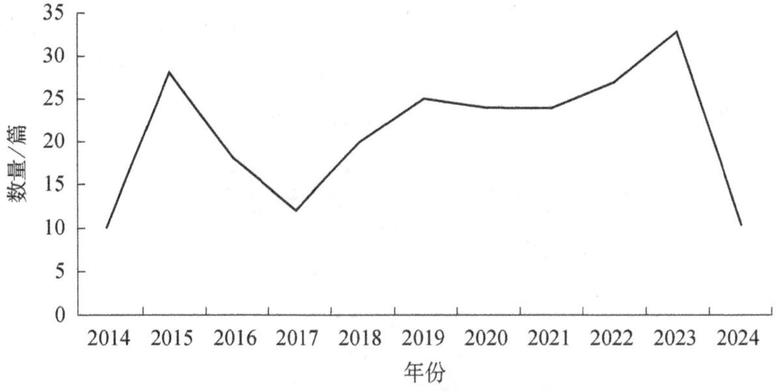

图 5-3　中国知网体验类科普活动研究年度分布曲线图（2014～2023 年）

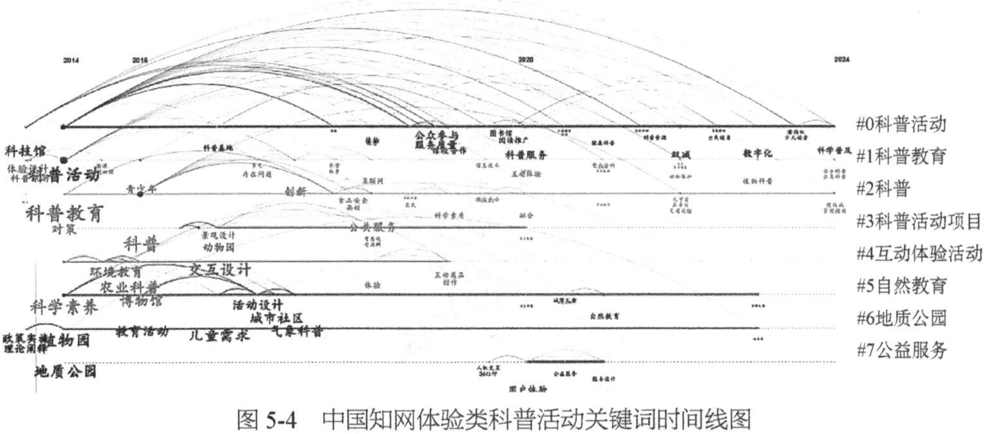

图 5-4　中国知网体验类科普活动关键词时间线图

第二节 案 例

一、案例一：科普游戏

（一）电子游戏《朱鹮》

该游戏是上海科技馆科学传播中心开发的一款网页游戏（图 5-5）。游戏主角朱鹮是国家一级保护动物，是地球上最古老的鸟类之一，被誉为“活化石”，但由于环境恶化、天敌威胁、自身特性等曾为极危物种，已在许多国家灭绝。1981 年，在秦岭南坡陕西省洋县八里关山区的姚家沟发现了最后 7 只朱鹮，这一生存奇迹与此处所提供的适宜生境密切相关：丰富的湿地资源提供了充足的食物，高大的乔木提供了栖身之所。在一系列保护措施之下，经过 40 年的努力，朱鹮从 7 只发展到上万只，书写了从灭绝到重生的生命奇迹。该游戏以此为背景，以“放置+生存”作为游戏机制，由玩家选择一只朱鹮，通过操作让其生存繁衍、与其他朱鹮互动，体验朱鹮四季的生命历程，维护种群繁荣。

图 5-5 《朱鹮》游戏主要界面

资料来源：https://www.snhm.org.cn/game/crested-ibis/

该游戏采用电子游戏的经典机制，对玩家而言非常容易理解和操作，同时也能保证其具有基本的娱乐性，并激发玩家的游戏动机。游戏设计通过机制、要素等方面与科学内容的对应实现了教育性与科学性的平衡：界面中的六边形上存在河流、草地、干涸的土地等生态环境类型，简明清晰地模拟了朱鹮的生存条件；游戏中所经历的一年中的时间变化与现实中朱鹮的游荡期、越冬期、繁殖期等阶段的时间长度比例一致，每个阶段的环境变化、资源禀赋和生存条件也与实际一致；玩家拖动食物放置在相应的位置供朱鹮食用，朱鹮食用或不食用相应的食物，与自然界的实际情况一致；界面中会出现的捕猎夹、农药等因素模拟了朱鹮在现实中会遭遇的威胁，玩家用特定卡牌抵消这些不利因素则模拟了现实中所采取的保护措施；游戏的最终结果是在玩家的操作之下实现朱鹮种群数量的增长，即对生态保护成效的直观输出，这与现实中生态工作者帮助朱鹮实现种族扩增的目标相一致（图 5-6）。由此，游戏高度凝练了现实中生态保护者们为朱鹮打造生境、提供食物、消除威胁的努力，通过操作和反馈的过程让玩家了解朱鹮的习性、生态保护的方法和路径，从而增进对自然生态的认识和理解。

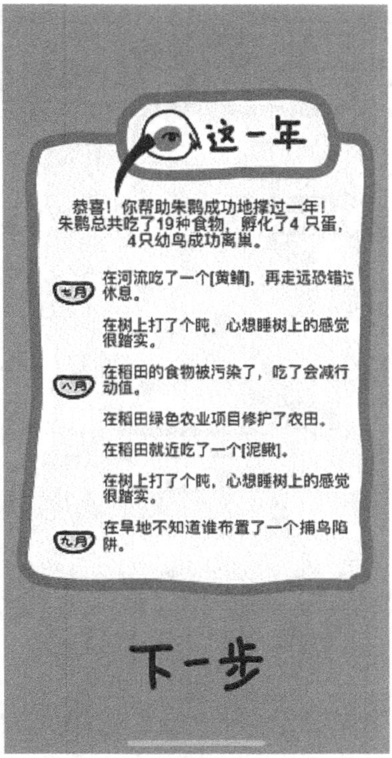

图 5-6　《朱鹮》游戏结果界面

资料来源：https://www.snhm.org.cn/game/crested-ibis/

（二）桌面游戏《大熊猫国家公园》

2023 年开始，上海科技馆开发了“中国国家公园”系列桌面游戏，旨在通过寓教于乐的方式，让玩家能够深入了解国家公园的自然景观、生物多样性以及生态保护的重要性，帮助公众提升对国家公园的认知度和保护意识。目前上市的两款桌面游戏均得到市场的强烈反响和玩家的广泛好评。

《大熊猫国家公园》为其中一款桌面游戏（图 5-7），基于大熊猫等生物栖息地破碎的现状，展现国家致力于通过建设国家公园重建自然生态系统、实现人与自然和谐共存的可持续发展。游戏以大熊猫国家公园中的 4 个旗舰物种（大熊猫、林麝、雪豹和欧亚水獭）为主角，从对应生存环境中提炼出竹林、森林、高山和河流 4 个栖息地板块，以板块拼接、数字计算和区域控制为机制，由 2～4 位玩家各自扮演国家公园的动物保护工作者，选择一个物种并为其开辟、连通栖息地，以形成生态连廊，为该物种获取充足食物、扫除生存障碍，使该物种生存繁衍、种群扩大，最终根据生态连廊的数量、种群数量等指标计算得分，得分最高的玩家获胜。

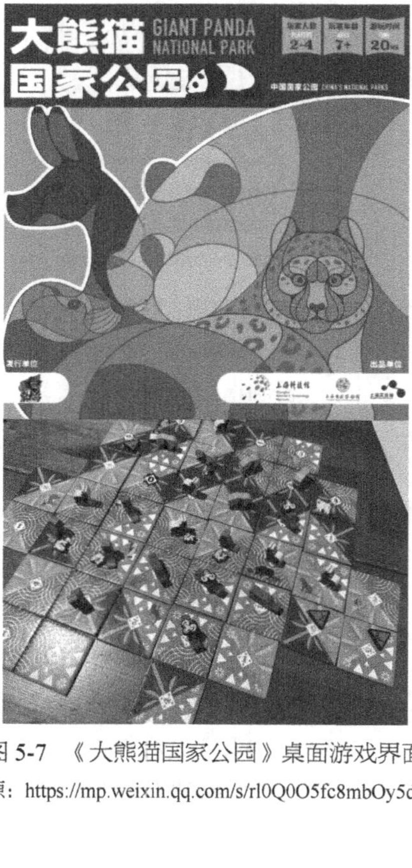

图 5-7 《大熊猫国家公园》桌面游戏界面

资料来源：https://mp.weixin.qq.com/s/rl0Q0O5fc8mbOy5dSqdcQw

二、案例二：科创工坊

（一）国外科创工坊纽约科学馆“设计实验室”

纽约科学馆遵循 STEM 教育传统，于 2010 年举办首届世界创客大会（World Maker Faire），推出一系列推广 DIY 文化项目，特别是制作项目结合了传统 DIY 形式（如手工艺、木工、金属加工等），也侧重于电子、机器人、新兴技术应用等工程导向的主题。2012 年，纽约科学馆开放了创客空间，2014 年在此基础上开放了设计实验室（Design Lab），贯彻“设计—创造—游戏”（design-make-play）的理念，这一理念的特点包括深度个人参与、个人选择、迭代设计实践、改进工作，参与者可以在这里研究“真正的东西”是如何运作的，从而解决问题，或是建造、改进、重新利用已有的发明创造。设计实验室面积约 10 000 平方英尺①，分为后台（backstage）、沙盒（sandbox）、工作室（studio）、树屋（treehouse）、创客空间五个区域，每个区域的规模、材料、封闭程度、特征和用途各有不同，形成了空间、工具、材料和内容丰富的科创工坊格局（图 5-8）。具体来说，各区域的功能如下。

图 5-8　纽约科学馆科创工坊

资料来源：https://architizer.com/projects/design-lab/

后台：参与者为基于表演的活动设计解决方案。例如，用索引卡片、棍子和胶带等工具将皮影连接起来。

沙盒：参与者建造能让人站立其中的坚固装置。例如，用木制暗榫和橡皮筋

① 1 英尺=0.3048 米。

建造大型结构。

工作室：参与者建造小型的桌面装置，并将创作成果融入合作项目中。例如，用纸板、电路、管道清理器设计制造一个有助于城市生活的装置。

树屋：多层的结构空间，参与者可在此进行垂直下降的实验和活动。例如，使用滑轮、拉链等探索在两层之间移动物体的方法。

创客空间：向受众展示如何使用工具将设计理念转化为原型（prototypes）。项目可分为开放式游戏和探索、课后与夏令营项目，以及指导工作坊（WA Contents，2014）。

（二）国内科创工坊厦门科技馆研学中心

厦门科技馆于2008年成立研学中心，以该馆展厅和海沧研学基地为教学载体，基于馆内400余项科技互动展品与外部优质资源，设计研发了环境与物质科学、航空航天、自然教育、生命科学、人工智能、系列主题研学、馆外合作项目、歌颂科学家等各大类研学营队课程，形成以“生活中的科学”“航空航天”“材料科学”“昆虫生态教育”“DNA生命探秘”“桥梁建构”“我的科学院”等特色品牌研学营队课程为主导、涵盖幼儿园中大班和小学全年段的系统化研学课程体系。

在实践平台方面，研学中心设有科创体验区，如位于海沧研学基地中的AI（artificial intelligence，人工智能）纪元体验区，可让参与者自主操控机甲大师、无人机，了解人工智能科技。该中心也有一系列品牌课程。例如，面向幼儿园中班至小学五年级学生的“乐i科学”课程，通过“玩中学”的探究式学习方法，引导参与者探究声、光、电、力、热等多个领域的科学内容，培养其像科学家一样思考，像工程师一样解决问题；面向幼儿园小班至小学六年级学生的“创E机器人”课程，引导参与者探究机械传动和计算机编程，采用项目式教学，以“做中学”动手实践的学习方式，通过对项目的探究和问题解决，培养参与者的动手能力和空间认知能力。

读者可登录 http://kjgpx.com/g/research 了解更多有关厦门科技馆素质成长中心研学营队的有关内容。

三、案例三：角色扮演

（一）科技类角色扮演活动“消失的科博士”

“消失的科博士”是上海科技馆开发的实景解谜活动，以神秘的“科博士”

离奇消失为背景，受众通过角色扮演，根据提示寻找线索解开谜题以完成闯关。该活动采用“手机端+文创产品端+现实场景端”三端联动（图 5-9），受众可以在手机端扫描二维码进入小程序，了解剧情进展，收到发布的谜题，在程序引导下跟随 IP 人物进行探索；在文创产品端，利用解谜书获取破解谜题的线索和道具；在现实场景端，通过观察、操作展项和相应的信息等进行实景搜索以寻找证据。活动还设置双角色模式，观众可以组队同时参与，分别扮演两位不同性格的主人公解锁不同的任务线，共同解开谜题。

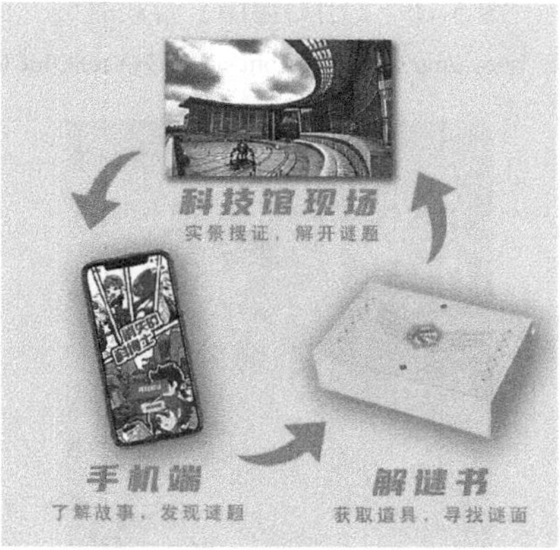

图 5-9　“消失的科博士”活动模式

资料来源：https://mp.weixin.qq.com/s/o4gJq4BR-UU_lbaBnViM8Q

该活动的开发是从科技馆内 12 个常设展区中选取了 4 个展区规划故事主线，主创团队成员先根据各自学科背景和工作经历，全面梳理场所中涉及的知识点，从中选出适合转化为游戏素材的知识点。再通过专业的第三方机构根据知识点进行剧情、谜题、任务线等的设计开发，最终确定了以“寻找科博士”为主线的故事剧情，以及涵盖生物、物理、数学、艺术等多个学科领域的 28 道有科普元素的谜题。例如，在“生物万象”展区，受众需要了解鸟类的相关科学知识，通过聆听鸟鸣声来破解背后隐藏的摩斯密码；在“探索之光”展区，受众则需要观察 α 粒子和 β 粒子被撞击的不同轨迹，从而找到走出迷宫的正确路线。

（二）自然类角色扮演活动《山海秘境》

《山海秘境》是浙江自然博物院开发的一款沉浸式“剧本杀”（图 5-10、图 5-11），创新诠释中华典籍《山海经》的文化内核，将远古神话与当代自然、生态、科学议题有机融合，结合基于位置服务（location-based service，LBS）、AR、AI 等最新技术构建虚实结合的探索场景，实现线下、线上联动，引领受众

图 5-10 《山海秘境》游戏海报

资料来源：https://mp.weixin.qq.com/s/Yxck7sXce8QJqCl6oT1h_w

图 5-11 《山海秘境》游戏界面

资料来源：https://mp.weixin.qq.com/s/Yxck7sXce8QJqCl6oT1h_w

探索自然生态的奥秘。活动设定为由于封印解除，上古凶兽被困在有神秘力量的博物馆建筑中，形成了山海秘境，它们一旦冲出博物馆可能危及自然平衡，参与者化身为守护者在博物馆内召唤山海神明，挑战关卡、收集线索，封印逃出的上古凶兽，守护自然万物。该活动在数字端即可进行，突破实体场馆接待容量限制，支持多线程任务机制，使参与者在时空选择与探索路径上拥有更高自主性，有效拓展了传统科普活动的互动维度。

读者可登录 https://mp.weixin.qq.com/s/1RbTBPGKSJKa9xKbBULGeA 了解更多有关《山海秘镜》的内容。

第三节　体验类科普活动的设计要素与开展流程

一、设计要素

体验类科普活动由教育者进行策划设计，在一定的空间中营造参与性的学习环境，让受众亲身参与并享受科学探索的乐趣，因此在设计要素中尤其需要关注受众、空间、教育者和活动这四个核心要素及其相互作用的过程和关系（图 5-12）。

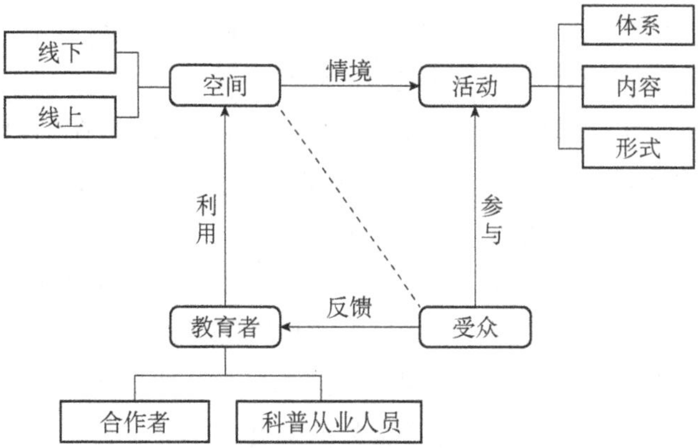

图 5-12　体验类科普活动的设计要素及其关系

一是受众。对受众主动性和感受性的重视让受众成为体验类科普活动的核心。根据开展科普活动的不同场所性质的差异，受众也有着不同身份，例如，对场馆来说是观众，对科普游戏来说是玩家，对旅游景点来说是游客。有研究者提出，博物馆受众基于不同的参观目的具有不同的身份“透镜”，大致有探索者、导览者、专业人士/发烧友、寻求“体验”者、“充电”者、寻求“关联”者等类型，这些身份是不断变动的，受众基于具体的情形和动机交替使用这些“透镜”（约翰·福克和林恩·迪尔金，2021）。

二是空间。空间是体验类科普活动所创设的学习情境的重要组成部分，具有体验感的空间对最终效果产生决定性影响。活动一般在展厅、教室、活动室等线下场所进行，近年来数字技术的发展则为打造线上体验空间增添了可能性。一方面，是线下空间展示效果和感官体验的升级；另一方面，是线上虚拟空间成为科普新形态，如承载虚拟展厅、科普游戏的网页、小程序、APP 等的线上空间。运用空间所营造的体验感可分为两类，一类激起真实性感受，如一些展览创造的身临其境的场景；另一类激起超越真实的感受，如迪拜未来博物馆中的沉浸式科学艺术装置，受众可以在混合现实的生态系统场景中观察热带雨林里数百种物种是如何存活、生长和影响我们的环境的。

三是教育者。体验类科普活动的教育者由科普从业人员及其合作者构成。科普从业人员是体验类科普活动在开发、策划、设计和实施过程中具有能动性的关键主体，能够利用空间、创设情境、开展活动，从而与观众进行互动。

四是活动。除了活动的受众、空间、教育者之外，体验类科普活动本身也是设计中需要考虑的要素。活动可大致分为如上文所述的游戏体验、创造体验和身份体验，可采取各种具有创新性的内容和形式，进而形成活动体系。

四个核心要素相互作用，彼此影响。教育者和受众是两大能动主体，其中教育者是开发主体，利用线上、线下空间为科普活动创设情境，以此为基础开发、实施科普活动；受众是参与主体，选择并参与科普活动，在创设情境下进行体验，并给予教育者活动意见反馈，教育者根据反馈在后续实践中对活动进行改进。为完善这一循环，可从四大要素入手。

从受众来看，鉴于受众身份和需求的极度复杂性，对体验类科普活动的设计应当将受众置于中心。一方面，思考目标群体的画像，从而进行针对性设计以触达大部分受众的需求；另一方面，尽可能探知受众个体的认知水平、先前经验和兴趣、同行者互动模式等信息，提升服务精准度。

从空间来看，首先，应当与所要营造的体验、传递的感觉相一致。例如，水族馆的桌面游戏让受众扮演渔民，反思他们的决策如何影响动物种群，将角色扮演活动安排在具有沉浸感的实景中，引发强烈的代入感。其次，体验空间应当能够促进受众之间的对话，从而激发更多的创新活力，线上平台同样是可以进行交流、形成共同体的空间。此外，体验空间还应当能够提供多种学习环境支持，满足不同受众的需求。

从教育者来看，大部分科普主体面临科普人才数量不足和结构性短缺的问题，可以借助企业、非政府组织、教育机构等多样化主体的力量，通过优势互补、跨界融合联合开发体验类科普活动。值得注意的是，在这类合作中，科普从业人员应当对活动主题、目标等科普的方向性内容进行把控，其他合作者主要从实施的技术等资源和方法方面提供支持。随着技术的发展，教育者在体验类科普活动中的角色也有了不同的实现路径。例如，在科普游戏中，教育者将自身融入程序设计之中为受众提供引导和帮助。

从活动本身来看，宜形成分众化的活动体系，以扩大活动覆盖面，让各类受众都能找到想要体验的科普活动。对单个活动而言，则需要考虑活动的内容和形式，应具有吸引力、趣味性和科学性，内容与形式相匹配并互有增益，活动能够激发受众主动参与，能为受众尤其是儿童、青少年提供脚手架协助和支持。

二、开展流程

体验类科普活动的一般开展流程是在设计原则的指导下进行主题选取、方案撰写，并进行资源组织，此为活动的准备阶段。活动的实施阶段则包括活动前、活动中、活动后的全流程实施与评估（图 5-13）。

（一）设计原则

结合体验式学习、场馆阐释[①]等理论研究，设计体验类科普活动应遵循以下六个原则。

参与性：以受众为中心，充分尊重受众体验及其主动性，使其在身体和心理上有一定程度的参与。

感受性：创造舒适的、具有包容性和多样性、能够容纳情绪和思考、能够充分激发感受的学习情境。

相关性：活动须充分结合受众的主观实践经验，加强科普活动与受众的关联度，引发受众参与兴趣和积极性，增强科普效果。

反思性：活动须促进对话，为行动和反思创造空间，能让受众对其经验进行反思和意义编码，同时吸收和运用信息。

评估性：评估是活动设计中容易被忽视但又不可或缺的一环，可以揭示受众是否从活动中获益以及获益程度。须在活动实施全过程中利用评估来持续改进和迭代活动。

综合性：体验类科普活动具有全面实现科普效果的潜力，须尽可能促进知识、技能、情感和态度的全面发展，培养综合实践能力，避免科普活动学习碎片化的情况。

---

① 场馆阐释是以场馆及其资源为基础进行的阐释，包括对展品的解释和展示、与观众的互动和沟通，旨在促进观众的理解和参与。阐释理论是假设人们通过把意义赋予他们所看到的东西，来积极地解释他们经验的一种理论视角。

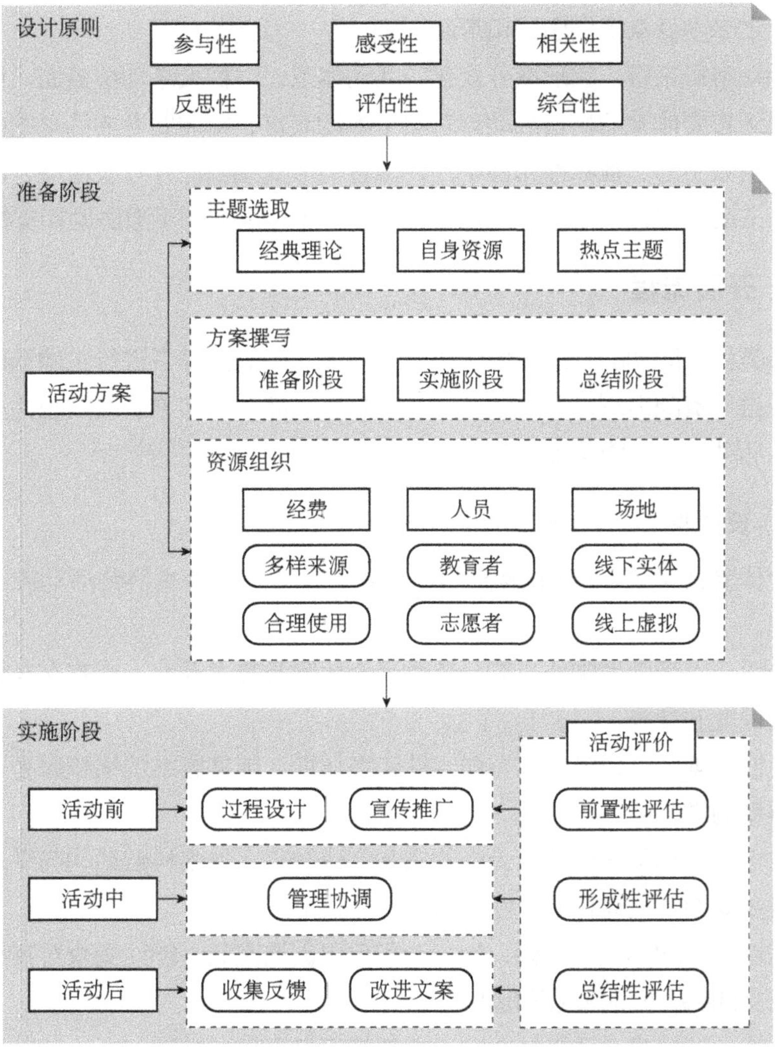

图 5-13　体验类科普活动的设计流程

（二）准备阶段

1. 主题选取

一是基于经典理论。选择那些能够深入浅出地展现科学原理、自然规律与技术应用的主题，这样不仅能够帮助受众建立起扎实的科学基础，还能引导他们用科学的眼光去认识世界，激发对未知领域的探索欲望。但此类主题容易同质化，需要在活动的形式和交互设置上下更多功夫。

二是基于自身资源。各科普主体可以根据所拥有的资源特色选取适宜体验的创意点开发活动。科普场馆可以从收藏的科技史见证物、标本、所开发的展品等出发选取主题，运用故事线进行串联，还原到藏品原有情境或展品相关情境中；科研机构可以基于自身最新研究成果的原理、过程、实现路径等进行策划；企业可以基于自身优势技术和产品等展开科普转化；其他科普机构则可以从专家库中或是其他优势资源所涵盖的主题进行开发，从而实现科技资源向科普内容的有效转化。例如，上海气象博物馆前身为徐家汇观象台，该观象台为中国第一座百年气象站，也是近代远东气象数据中心，承载了近代上海气象科学技术发展史，该馆收藏有大量珍稀气象古籍、观测仪器、航海模型等藏品，这些都是其优势资源所在。因此，科普人员从这一独特的历史积淀和文化底蕴出发，以这段历史为背景策划《水手日记》“剧本杀”，融合“STEM+”的教育理念，以当时与气象知识关系紧密的水手群体为主角，在故事情节中巧妙利用特色展项进行气象科普（徐晨等，2022）。

三是基于热点主题。热点主题既包括受众广泛关注的领域，如人工智能等最新科技进展，或是公共事件、争议和危机等，也包括自上而下推行的概念、行动等。这类主题最容易吸引受众关注，也最有需求和动力向公众传递最新的科学知识、回应关切，既能尽可能扩大科普活动的影响力，又能让受众在充分了解科学的基础上进行辩证思考，一定程度上减少对争议事件的质疑和阻力，从而取得较好的科普效果。但需要纳入考虑的是，体验类科普活动相较常规活动开发周期较长，对热点的响应速度较慢，对于过新且未经科学共同体充分论证的主题会存在科普资源较难取得、传播内容存在风险等问题，因此不建议追求过于即时和短暂的热点主题，在策划实施中也须注意规避风险，尽可能在相关专家的指导和把控下进行。例如，联合国可持续发展目标（SDGs）是近年来的热点主题之一，自发布起全世界各科普主体均围绕这一全球性号召开始行动，体验类科普活动就是重要的行动方式之一。开普敦科学中心（Cape Town Science Centre）以气候变化这一 SDGs 中的紧迫任务作为主题开发了气候变化社区日（Climate Change Community Day）活动，在活动中综合了科学表演、工作坊、研讨会等形式，尤其是让受众进行风力发电相关辩论的身份体验活动，让受众亲自制作太阳能烤箱，以及学习如何通过可再生烹饪方式拯救地球这一创造体验活动，让受众以亲身介入话题的形式全方位体验气候变化对个人和社会的巨大影响，充分感受气候变化与自身息息相关的重要性，从而引发受众对气候治理问题的思考。

2. 方案撰写

方案宜详细描述活动的组织流程及内容，包括准备、实施和总结三个阶段。

在撰写准备阶段，需要广泛收集材料，并根据目标受众特点提炼出主题，围绕主题寻找相关资源，明确科普活动脚本要求，确定拟参与的相关人员及分工，选取合适的活动场地，并说明如何设置以营造体验感、如何满足活动开展要求、如何保障安全，列出所需经费来源、材料清单，列明如何准备服装、道具、音响等设施设备以满足活动实施的要求。例如，针对同一学龄段的学生团体，可以对应课标设置内容，但注意增加真实情境和具身体验从而与正式教育进行区分，尽可能做到兴趣驱动、学科融合。在方案撰写实施阶段时，详细规划每个体验环节，如实验演示、动手制作、观察记录等，确保参与者能够全面参与。除此之外，列出一定的实施预案以应对突发情况和无法预知的受众需求，可设想如何根据事先可能获取的受众信息推测受众画像、进行“学情分析”后调整方案，从而提高体验的适切性。在方案撰写总结阶段时，则可以将小组讨论、复盘过程、分享感受等作为活动设计经验总结的方式，思考在活动实施过程中如何收集问题以巩固受众的参与成果，撰写活动评估方案以指导活动实施阶段反馈的收集，并以此为基础为后续进行活动改进与迭代提供数据支撑。

撰写方案还应关注两点：一是参与者的体验感受，要努力营造一个轻松、有趣、富有探索性的氛围，可以通过设置挑战任务、引入竞争元素等方式，激发参与者的积极性；二是要考虑到不同受众的不同需求，制订分众化的活动方案，在同一方案中也须充分考虑不同受众的需求，提供差异化的体验内容和难度设置。研究调查发现，当前科普活动多以年龄、职业、来源地等人口统计学特征，参观动机、知识结构等个人特征，伴随关系、参与程度等场馆参与特征这三个维度作为分众依据，大部分科普活动以年龄作为最具可操作性的划分方式，但科普从业者更认同以兴趣来区分目标受众，因此可根据具体情况编写分众科普方案（李无言和宋娴，2023）。

3. 资源组织

宜获取能够保证活动顺利开展、保证科普效果的所有资源。

一是多渠道筹措用于加强体验感的活动经费。由于体验类科普活动所需的开发经费相对较高，应多渠道筹措资金，除了可能的政府拨款、门票收入，还可尝试获得相关企业的赞助和社会捐赠。许多地区政府重视并扶持科普项目，可从中寻找机会，如上海科技馆多个项目取得上海市科学技术委员会的资助。

二是配备能够增强体验感的工作人员。确定活动的组织者和负责人，这些人员需要具备科普知识和组织能力，宜具有体验类活动的组织经验，能够与各方沟通协调确保活动的顺利进行。在确定组织者和负责人后，建议组建相关项目组，明确所有人员的任务和职责，同时建立有效的沟通机制，确保各方之间的信息畅通和协作顺畅。项目组以工作人员为主，考虑到可能面临人员不足的情况，可以招募志愿者协助进行活动筹备和现场管理，包括布置场地、管理物资、维护秩序等工作。在招募人员时，要明确其职责和要求，并进行必要的培训和指导，以提高工作效率和服务质量。根据具体的活动形式可引入相应的专业人员。例如，桌面游戏和“剧本杀”等活动须配备了解规则和相关知识、能够进行全程引导、具有一定演艺能力的 DM（即主持人）；科创工坊须配备手工制作、设备操作的指导老师，甚至可以让相关科学家参与到部分活动中，在确保科普内容科学准确的同时提升效果。值得注意的是，在科学技术飞速发展的当下，AI 等虚拟程序也可以扮演教育者角色，可以将其作为实施人员进行应用，组织策划人员则隐身其后，在预设的程序和算法中植入一定的流程与内容以确保活动的顺利进行。

三是准备能够营造体验感的活动场地。作为体验类科普活动的开展场域，场地可以分为实体和虚拟两种形态，其中实体场地应当充分利用场地内外空间，尤其是展览这一独特资源，具体的活动场地须根据活动的规模和性质，选择一个能够容纳所有参与者且符合活动需求的场地，如是否具备满足体验的设施设备和空间进行实验操作、模型展示或互动体验。同时须确保场地安全，消除可能存在的安全隐患，在活动过程中也要保持对场地的监控和管理，确保参与者的安全。还需做好场地的后勤保障工作，如饮水设施、卫生间、无障碍设施等，确保参与者在活动过程中能够得到基本的生活保障和舒适的体验环境。虚拟活动的“场地”是各类虚拟平台，可根据各平台的运行特点和算法特征等选择适合的场地，如是否具备能够满足活动需求的各种功能、推送机制是否合理等。

（三）实施阶段

1. 活动组织

为保证活动尽可能切中所有参与者的体验感需求，宜在实施过程中考虑活动的适应性，考虑到参与者的年龄、知识背景和兴趣差异，提供多样化的体验内容和难度设置，让每个人都能在活动中找到适合自己的角色和兴趣点，提高活动的吸引力和参与度。在活动前进行充分的宣传推广，提高公众对活动的知晓度和期待值。可以利用传统媒体、社交媒体、合作伙伴等渠道进行广泛宣传，吸引更多人关注和参与活动。宣传内容宜根据活动特点进行安排，例如，带有推理因素的角色体验活动可采用有悬疑感的标题和文案，科普游戏可以将游戏机制隐含在推送内容中。在活动现场，则要有专人负责管理和协调，确保活动的顺利进行。维持好现场秩序，引导参与者有序参与各个环节。同时，关注参与者的反馈和需求，及时调整活动安排以提供更好的体验。

2. 活动评估

活动评估对提升科普活动的体验感尤为重要。宜采用以活动评估为主的反馈、总结和改进的过程，以完成活动迭代。虽然在常规科普活动中，活动评价往往被置于活动结束之后，但事实上评估应当贯穿活动开发和实施全程。借鉴场馆受众评估，可全面采用前置性评估（front-end evaluation）、形成性评估（formative evaluation）、总结性评估（summative evaluation）（Bicknell and Farelo，1993）等评估形式形成贯穿活动前、中、后阶段的评估体系。方案设计时可进行前置性评估，以活动之前对受众特点和需求的收集信息来指导活动开发与设计；活动策划后可进行形成性评估，即招募受众进行多次小规模测试、收集受众意见并根据反馈修改完善活动；活动正式实施后，可进行更为正式的总结性评估，采用访谈等定性方法和问卷调查等量化方法。同一活动多次实施后可对比评估结果从而反复调整；线上线下同时进行的活动应当有针对性地收集两类受众的意见，并结合场地/平台特点进行分析。

第四节　案例分析与总结

一、案例一：桌面游戏《大熊猫国家公园》

在受众上，该案例在设计之初便确定了要保证科普的覆盖面和接受度，设置目标受众为尽可能多样的公众。鉴于游戏难度往往与认知门槛、认知成本成正比，与受众范围成反比，最终游戏将建议年龄设定为 7 岁以上，在主题选取、机制选择、规则设置和视觉设计中都根据广大受众的特点进行设计。

在空间上，该案例不仅可让公众自行购买成为玩家，即自行开展这一科普活动，成为科普的受众，也可将该游戏融入小学课堂、社区活动等，将科普游戏作为科普活动的形式接入多种场景，为公众输送高质量的科普资源。

在活动上，该案例作为单体桌面游戏，通过主题、内容和形式等多方面的精心设计保证娱乐性与教育性的平衡。一方面，通过引入竞争机制保证娱乐性：游戏为多人参与的竞争模式，将保护成效量化为最终得分，对玩家有很强的激励作用。另一方面，通过在游戏机制和关键元素中融入科学原理以保证教育性：4 个旗舰物种是大熊猫国家公园中诸多生物的代表，辅以生物特性、保护级别、生存状态的科普介绍，能让玩家对生物多样性产生认识；板块上的同种颜色区域面积对应栖息地大小，形成闭合的同色区域，这一设置对应了现实中生态廊道的建设；摆放所选物种的米宝（指示物）个数对应种群数量，其对各自板块面积的竞争对应生态系统中物种竞争栖息地的规则；玩家的游戏动机为通过栖息地、生态廊道、种群数量获取更高的生态保护分数，此目标与动物保护工作者的工作目的吻合；各物种与生境板块、食物米宝和障碍米宝的对应关系与现实中一致。例如，大熊猫对应竹林板块、竹笋和砍伐；游戏得分与板块中栖息地的完整、生态廊道的建设以及同时繁衍出的种群数量密切相关，能让玩家切实感受栖息地连通对动物生存的重要作用，对栖息地破碎的危害产生强烈共情。

二、案例二：纽约科学馆科创工坊“设计实验室”

该案例空间整体具有高度灵活性，露出的结构元素能够激发受众对 DIY 的敏感性，多样化的空间为举办各类 STEM 和基于项目的学习活动提供了无限可能，旨在激发其在迭代的创意设计过程中分享想法，并通过内置存储和展示系统反思已有的设计。较小的角落允许观察，没有桌子的开放空间则适合团体活动。活动区域的视觉设计既有趣又复杂。能够唤起参与者的童年想象力并重新构建创造力。

纽约科学馆的教育人员围绕这一科创空间，开发了分众化的教育活动体系，能够为各年龄段的儿童和成年人、各种经验程度的参与者提供各种项目活动。例如，“小小创客”（Little Makers）项目面向幼儿的亲子家庭，提供实验材料和设计相关课程。在课程中，亲子家庭一起制作木版版画，学习泡沫背后的科学知识，制作冰激凌，等等。周末工作坊面向学生，深度探索电路、工程工具、建筑项目和大小型开放式结构的创造，使其理解可扩展性（scalability）（Institute of Museum and Library Services，2015）。除了供受众在场馆内部参与，科创工坊的形态也延伸至线上，在官网免费提供丰富的创客教育资源，指导受众在社区中建造创客空间，或是回归创客运动的源头，教授受众如何将车库或是房屋改造成为创客空间。

纽约科学馆还通过专题研讨会召集政府、制作者、资助者、教育研究者、政策制定者等各方专家，从各自视角提出如何进行更好的创客教育的看法和建议，吸收研讨会成果迭代创客教育，从而保持了科创工坊的可持续性。

三、案例三：角色扮演活动《山海秘境》

该案例让任何受众都可通过微信小程序成为玩家，教育者提供的学习素材和设计意图都内置于手机程序之中，并通过以下三种主要方式提升活动的教育效果。

一是设置引发主动性的任务动机。案例通过营造被困在博物馆的上古凶兽一旦冲出就会破坏自然平衡这一危机情境，赋予玩家自然守护者的身份，充分调动其参与活动的正义感和紧迫感。程序中的内容超越展板等展厅中现有的文字信息，须受众通过剧情对白、AR 等拓展内容获得线索，促使观众主动而投入地探索。

二是塑造激发沉浸感的活动空间。一方面，将活动场域设置在以复原自然场景为主要展示方式的展厅，利用现有资源创造置身于野外环境之中的真实情境；另一方面，通过技术手段调动身体互动和更多感官参与，让观众产生具身体验。例如，应用定位技术让观众的位置与触发内容耦合，运用 AR 技术让真实场景中出现其他影像从而进行虚实结合的互动。此外，程序中设置的研究笔记等功能也能产生身份模拟体验。

三是嵌入巧妙的科普活动内容。该案例以神话作为主题，将博物馆对应“山海秘境”，神兽对应现实中的生物，从而将自然、生态和科学话题隐喻其中，既让受众学习神话故事的文化内涵、科学背景，也将自然生态与受众自身建立关联，引发其共鸣和共情。程序中设置的线索均巧妙结合浙江自然博物院的科普知识，从而实现寓教于乐的效果。例如，要找到“百毒不侵”的“平头哥”，就要带着问题去展厅内了解到底是谁生活在热带大草原上，喜食蜜蜂幼虫和蛹，又能抵御蜂毒、蛇毒。

四、总结与展望

本章分析了三种典型的体验类科普活动，总结已有的成功案例，达成这一目标的关键要素在于以下几个方面。

一是保证科学性。科普活动的目的在于传播科学知识、激发公众对科学的兴趣，即便增加了体验要素，科学性依然是活动设计并取得成效的基石和关键，即所有的活动内容、展示、互动环节等都必须基于准确、可靠的科学知识和原理。

因此，在体验类科普活动的策划和实施中，须充分考虑所传递的科学知识和开展过程的准确性与权威性，可邀请相关领域的专家或学者进行科学审核和指导，也可加强与高校、科研院所、高新技术企业中作为科普的“第一发球员”的科研工作者合作，促进其将准确、前沿的科技资源进行具有体验感的科普转化。

二是适度娱乐性。研究场馆受众的相关人员发现，受众到科普场馆的目的并不是单纯的学习，而可能是寻求某种形式的“休闲”，即“某种体验”，“教育+休闲”已成为科普场馆的主要职能（赵星宇，2020）。常规的科普活动更强调受众的学习者属性，体验类科普活动则能成为满足受众休闲娱乐需求的最佳方式。因此，活动策划时便可选取具有趣味性、娱乐性的内容，增加输出结果的开放性，在活动形式上借鉴市场化活动进行创新和突破，让受众有新鲜感，在科普教育和娱乐休闲中寻找平衡点，从而增强参与动力和兴趣，激发其好奇心和探索欲，使其感受科学乐趣，从而在未来更积极地学习和探索科学。

三是目标一致性。在体验类科普活动中，对动机的设置是增强体验感的重要手段之一，如科普游戏中的机制设计、角色扮演活动中的剧情推进。这一动机应当与所想要传播的原理和逻辑相一致，才能让受众通过体验自然而然地理解。例如，在科普游戏中将原理嵌入机制，让受众在游戏的奖赏激励之下通过游戏过程直接理解原理。

四是现实关联性。体验感的形成有赖于观众与另一种情境建立关联。要实现这种关联，一方面，可在多感官感受上高度模拟现实情境，包括历史情景再现和真实情景模拟，让受众产生生理上的具身体验，极大增强代入感。另一方面，可进行对话、问题解决过程等情景的模拟，让受众更直观地理解科学原理，从而提升理解和记忆的效果；在实践中感受科学的魅力，理解科学知识的实际应用；了解科学的多样性和复杂性，增强对科学的整体认识。例如，在科创工坊中设置高度还原真实实践的情境，让受众提升将事实和观念置入概念框架的能力，并检索知识进行运用，在各情境下能进行知识迁移。

五是受众触达性。体验的核心是科普活动在心理、情感层面与受众的接近和连接。而这一连接产生的前提便是探知受众的需求并予以满足，即其本质是分众教育。除了前文提及的传统分众手段，近年来随着科普活动质量和水平的提高，分众的颗粒度也有所提升，成功的体验类科普活动应在活动实施前、中、后均增强触达性。

展望未来，新技术将彻底颠覆分众教育的底层逻辑：通过面部识别、眼动捕捉等方式获取受众表情和动作等数据，或采集受众与触摸屏等设备的互动数据并反馈到后台，从而更精准、更便捷地了解受众的特点与需求；充分发掘线上线下不同技术应用前景和相应的传播路径，打通各种途径所获取的受众信息，通过算法得出受众最可能感兴趣的内容与最佳学习方法，在线上平台、移动应用中实时精准推送，使分众逐渐走向“微众”，与传统分众教育模式相结合，形成从标准服务到个性化定制服务全区间的分众教育体系，满足受众“广谱”需求。

从更宏观的视角来看，上述案例不仅仅是一系列成功的实践活动，也是当代科技进步与社会发展的缩影，反映出科普主体与当前发展环境、整体趋势的相互重构。随着文旅产业的蓬勃发展，科普主体开始积极探索与文旅资源的融合，为受众提供更加丰富多样的科普体验，成为体验类科普活动日趋多样的原生动力。新技术的不断涌现也为体验类科普活动注入了新的活力，通过充分应用互联网平台进行线上线下融合开发，引入虚拟现实、增强现实、人工智能等技术手段，科普活动也能够呈现出更加生动、逼真或是奇幻的效果，既丰富了受众的体验，又探索出了一条与传统科普活动不同的新赛道，从而在激烈的市场竞争中获得极佳的社会效益。

理解·反思·探究

1. 除了本章提及的案例，传统科普活动还能如何增加体验要素，使之转化为体验类科普活动？或是哪些其他领域的体验类活动可以通过增加科普要素，转化为体验类科普活动？

2. 在实践语境中，哪些体验类科普活动并未真正起到“体验+科普”的作用？应当如何让这类活动发挥实效？

拓展阅读导航

宋娴，等. 国内外博物馆科普教育活动案例与评析. 北京：中国科学技术出版社，2020.

本章参考文献

李林. 2014. 弗兰克·奥本海姆的博物馆观众体验研究理论与实践. 东南文化，5：110-115.

李文君. 2021. 体验式学习理论研究综述. 教育观察，1（4）：83-89.

李无言，宋娴. 2023. 科技场馆展教活动分众化的实践现状及改进策略探析——基于场馆教育人员的实证考察. 科普研究，18（2）：29-37.

任广乾，汪敏达. 2010. 体验式科普及其行为机理理论综述. 科普研究，5（4）：22-27.

王英，顾渊彦. 2009. 谈“探究”和“体验”的联系与区别. 体育教学，29（9）：21-22.

徐晨，刘波，夏凡，等. 2022.“剧本杀”在科技教育活动中的探索和实践——以上海气象博物馆《水手日记》为例. 科技传播，（10）：20-23，30.

于凡，董关鹏. 2024. 走出“缺失模型”：科学传播的“理智与情感”. 科学学研究，24（10）：2047-2054.

约翰·福克，林恩·迪尔金. 2021. 博物馆体验再探讨. 马宇罡，戴天心，王茜，等译. 北京：社会科学文献出版社.

张光斌，宋睿玲，王小明. 2021. 科普游戏导论. 北京：电子工业出版社.

赵星宇. 2020. 从教育到休闲：博物馆观众研究思路的转向. 博物馆管理，1：75-81.

Bicknell S，Farelo G. 1993. Museum Visitor Studies in the 90s. London：Science Museum.

Falk J，Dierking L. 1992. The Museum Experience. Washington：Whalesback Books.

Falk J，Dierking L. 2013. The Museum Experience. Revised. Walnut Creek：Left Coast Press.

Institute of Museum and Library Services. 2015. Open-ended exploration：“making” endless possibilities in STEM. https://www.imls.gov/news/open-ended-exploration-making-endless-possibilities-stem [2024-11-03].

Miller J D. 1983. Scientific literacy：a conceptual and empirical review. Daedalus，112（2）：29-48.

Oppenheimer F. 1968. Rationale for a science museum. Curator：The Museum Journal，1（3）：206-209.

Robbins J. 2005. Contexts，collaboration，and cultural tools：a sociocultural perspective on researching children’s thinking. Contemporary Issues in Early Childhood，6（2）：140-149.

Soni N，Darrow A，Luc A，et al. 2021. Affording embodied cognition through touchscreen and above-the-surface gestures during collaborative tabletop science learning. International Journal of Computer-Supported Collaborative Learning，16（1）：105-144.

WA Contents. 2014. New York Hall of Science Opens Design Lab. https://worldarchitecture.org/architecture-news/pncvm/new-york-hall-of-science-opens-design-lab.html[2024-11-03].

第六章

探究类科普活动的设计与实施

要点提示

本章首先概述探究类科普活动的内涵、发展过程、现状及分类，然后对设计此类活动须考虑的重点要素进行详细论述，并通过案例分析，阐明每个要素对活动效果的影响，最后还对人工智能时代背景下探究类科普活动的发展作出思考。

学习目标

1. 了解探究类科普活动的内涵与特征。
2. 理解探究类科普活动设计要素的重点。
3. 熟悉探究类科普活动的常见形式。

导入

科学的魅力在于它的未知性和探究性。探究类科普活动旨在通过引导参与者主动探索现象和问题，亲身体验科学研究的过程，感受科学发现的喜悦。无论是孩子还是成年人，都能在探究类科普活动中收获知识、增长见识。

第一节　探究类科普活动概述

一、内涵界定

美国《国家科学教育标准》对探究的定义是："探究是一种多维度的活动：需要做观察；需要提出问题；需要查阅书刊及其他信息资源，以便清楚什么已为人所知；需要设计调研方案；需要根据实验证据来检验已经为人所知的东西；需要运用各种手段来搜集、分析、解释数据；需要提出解答、解释和预测；需要把研究结果告知于人。探究需要明确假设，需要运用判断思维和逻辑思维，需要考虑可能的其他解释。"我国《义务教育科学课程标准（2022 年版）》中提出了"探究实践"的概念，并进一步明确了科学探究能力。该标准指出："科学探究能力体现在：理解科学探究的一般过程和方法；提出科学问题，并针对科学问题进行合理猜想与假设；制订计划并搜集证据，分析证据并得出结论；对结果进行解释与评估；准确表达观点，反思探究过程与结果。"随着社会发展，无论是教育系统还是科普场馆，都越来越认识到探究式学习的重要性。将探究式学习应用于科学教育和科普活动，实现由灌输式的被动学习向探究式的主动学习转变，既是创新人才培养的需求，也是社会发展的需求。本章将探究类科普活动定义为：从学科领域或现实生活中选择和确立主题，在活动中创设情景，设计实验场景或营造活动氛围，让学生像科学家进行科学研究一样，通过实验、体验、操作、调查等活动，主动发现问题、提出问题，并对收集到的信息进行分析、处理、表达与交流等探索实践活动，以获得科学知识，学会科学的方法和技能，提升创新能力，形成科学观念，培养科学思维与科学精神，逐渐发展科学态度和社会责任（教育部，2023）。

二、发展过程、现状及分类

（一）发展过程及现状

在西方科学教育的发展变革历程中，“探究”的思想由来已久，最早可以追溯到希腊哲学家苏格拉底的“助产术”和揭露矛盾的辩证法及法国思想家卢梭的自然教育主义，培根、赫尔巴特、夸美纽斯等思想家和教育家也在其论著中提到了探究的主张。但是，探究真正进入科学教育也就刚刚一个多世纪。1835 年，德国教育家第斯多惠在其著作《德国教师培养指南》中，把探究发现作为科学教育的理念和方法，倡导运用于科学教育中。但在 1900 年之前，大多数教育者把科学教育看作一种灌输式的学习，让学生学习知识，只有少数的教育者意识到探究对于科学教育的重要性。随后，英国化学家、科学教育家阿姆斯特朗也在其著作《科学方法的教学》中，提出要把科学探究发现的方法引入科学教学中，并全面研究了探究发现法的目的、原则、内容和具体实施。

最早提出在学校科学教育中运用探究方法的是美国著名教育家杜威。20 世纪初，杜威提出在学校科学教育中要用探究的方法，他主张“科学作为一种思维方式和认识态度，不仅是要学习一堆知识，同时也是一种学习的过程或方法”，并倡导“做中学”。杜威提出的探究法模式，为探究学习的正式提出奠定了基础。1925～1940 年，皮亚杰从儿童认知发展角度提出“发现心理学”理论，为探究学习提供了心理学的根据。

现代意义上的探究式教学源自 20 世纪中叶，这时恰逢美国“教育现代化运动”，“探究”作为一种科学教学的方式，其合理性越来越被教育者所接受，许多教育家、心理学家（如布鲁纳、皮亚杰、加涅、萨奇曼等）都对探究学习理论作出了贡献。1961 年，美国教育家布鲁纳从教育内容角度提出的“发现学习”理论与施瓦布从教育方法角度提出的“探究学习”理论，使探究式教育成为必然和可能。1963 年，加涅在《科学教学研究杂志》上发表了题为《探究式学习的要求》（“The learning requirements for enquiry”）的文章，为探究学习的实践研究奠定了基础。美国教育家、芝加哥大学教授施瓦布于 1964 年首先使用了“探究学习”（inquiry learning）一词，对探究学习作了大量的研究，并把“探究学习”确立为科学教学的方法，进一步推动了科学教育中“探究”观念的发展。到 20 世纪 70～80 年代，对于探究式教学的研究已经发展到模式建构及具体实施阶段。美国的教育理论家奥苏贝尔、施瓦布、萨奇曼提出实施探讨式教学模式，还有许多同时期的教育家（如日本的广冈亮藏等）对探究学习的理论和模式构建进行了探索。

总之，从 20 世纪 50 年代到 80 年代，随着心理学、教育学的发展以及教育变革，把科学理解为探究过程并将发展学生探究能力作为教育重点和着力点的观点，在世界范围内得到了广泛的传播。20 世纪 80 年代以来，在世界范围内的科学教育改革中，探究的思想更加受到各国科学教育界的重视，以探究式学习为基础重构基础教育课程成为世界各国课程改革的突出特点，各国不仅将探究作为一种学习方式，还将探究作为课程的内容标准。例如，美国的《国家科学课程标准》（1996 年）、英国修订的《国家科学教育课程标准》（2000 年）等课程标准中，都大力提倡探究式学习。探究式教学逐步被认可并成为开展科学教育最有效的手段。

我国对探究式学习的研究起步较晚，20 世纪 70 年代左右曾经有过探究式学习的提法，20 世纪 80 年代以来与探究式学习相关的改革也一直在探索和推动中，但成效不明显，并未显著改变接受式、灌输式的教学方式。直到 2022 年 3 月 25 日教育部印发《关于印发义务教育课程方案和课程标准（2022 年版）的通知》，在“科学课程标准”中明确把“探究实践”作为学生核心素养之一提出来，课程理念的“素质发展、课程内容、实践探究、学生发展”四个方面都对探究有明确要求，特别是把“掌握基本的科学方法，具有初步的探究实践能力”作为培养总目标之一。由此可见，当前我国已经高度重视探究式学习，探究式学习作为一种学习方式深入学科课程标准之中。

科普场馆开展科普活动与学校开设科学类课程是我国科学教育的两大主要途径。为此，科技馆界的同人们通过研发实施各类探究类科普活动，使广大观众特别是青少年通过探究类科普活动学习科学知识、掌握科学方法、培养科学思维。

国外探究类科普活动的开展早于我国。大约在 20 世纪 80 年代，特别是以加拿大安大略科学中心和德国慕尼黑德意志博物馆为代表，科普场馆开展了丰富多彩、富有成效的各类科普活动。我国科技馆从 21 世纪初开始尝试把探究式学习理念运用到科普活动中，如田巧玲（2009）在《以科技馆展览教育为依托，开展科学探究活动》一文中就提出在科技馆开展探究活动的可行性条件。袁品高、伍振武（2010）在《在科技馆进行探究式科普的探讨》一文中结合当时素质教育的特点，对探究式科普进行了分析，说明在科技馆进行探究式科普的现实需要，分析了探究式科普活动对科学素质培养的作用，并设计了两个典型的示例。2015 年前后，以国家自然博物馆、上海自然博物馆为代表的科普场馆，开始大范围推行探究类科普活动，同时在中国科协青少年科技中心组织的全国科普场馆教育项目培育中也产生很多优秀案例。这个阶段更多关注探究活动的策划和实施，如上海科技馆依托"动物世界"展区的极地生物展示资源，通过形式丰富的探究教育活动，开展"极地生存策略"活动，培养参加者探索实践、主动学习的精神，形成尊重事实、勇于质疑的科学态度（包李君，2015）。随着这些项目或活动开展取得明显效果，探究类科普活动表现出突出的独特优势，同时在这些项目实践中探究式学习研究不断深入，探究式学习逐渐被科技馆界所接受，并且有意识地被有效应用到科普活动实践中，全国科普场馆的各种探究类科普活动如雨后春笋般涌现，并在实施中得到进一步发展。到 2017 年，第五届全国科技馆辅导员大赛中就涌现出很多优秀的探究类科普活动，如展品辅导、科学实验等。

（二）分类

学校科学探究活动与科普场馆探究活动的分类不尽相同。在学校教育中，《中小学实验教学基本目录（2023 年版）》的探究实践活动类型涵盖观察、实验探究、测量、制作、种植养殖、体验、调查、模拟实验、观测、读图识图、工程实践等多种形式（教育部，2023）。科普场馆探究类科普活动的类型，从内容上看，有基于展品展项的探究类科普活动、基于社会热点和重大事件的探究类科普活动、基于节日特点的探究类科普活动、基于学校科学课标的探究类科普活动、基于问题的探究类科普活动、基于项目的探究类科普活动等；从开展形式上看，有科学课程、主题活动、研学等；从参考的教育理念上看，有 STEM（science，technology，engineering，and mathematics，科学、技术、工程和数学）、STEAM（science，technology，engineering，arts，and mathematics，科学、技术、工程、艺术和数学）、STREAM（science，technology，reading，engineering，arts，and mathematics，科学、技术、阅读、工程、艺术和数学）等；从采用的方式上看，有观察、实验、测量、制作、种植养殖、体验、调查、交流、读图识图、工程实验等。当然，这些只是纯粹地从不同角度进行简单分类，一个完整有效的探究类科普活动，往往是多个内容、多种形式和方式融合的结果。

第二节　案　　例

一、案例一："探秘电磁"教育活动案例①

（一）教学对象与学情分析

教学对象：本教育活动针对的具体教学对象是7～8年级及9年级尚未学习电生磁、磁生电概念的学生，适宜的受众人数为50人。

学情分析：7～9年级的学生，已经初步了解了磁极、磁场等基本概念，但该年龄段的学生缺少对电磁学体系的认识，不仅对电与磁之间的关系、电磁学的发展史及其在生活中的广泛应用了解甚少，而且此部分内容较为枯燥、抽象，学生的学习兴趣不高。该年龄段学生的观察、分析、归纳等能力已有所发展，具备较强的动手操作、独立思考、自主探究、自我反思能力。

（二）教学目标

1. 科学知识目标

认识电磁能、能量的转化等内容。知道通电导线周围存在磁场，知道大块导体放在变化的磁场中或相对于磁场运动会有感应电流。

2. 科学探究目标

观察物理现象，在观察和学习中发现问题，具有初步的观察能力及提出问题的能力；参与科学探究活动，学习用控制变量的科学实验方法拟定简单的探究计划与实验方案；尝试解释根据实验数据得出的结论。

3. 科学态度目标

乐于探究实验现象中的物理学原理，乐于参与观察、实验、制作等科学实践活动，有团队精神；培养敢于质疑、勇于求真、基于实证的科学态度和科学精神；聆听19世纪初科学家奥斯特、法拉第在实验过程中的趣闻轶事及实验历

① 资料来源：谭茗元，张丹，李春藜. 2019."探秘电磁"教育活动教案. 自然科学博物馆研究，（2）：73-79，91-92.

程，感悟锲而不舍、坚定执着的科学精神。

4. 科学、技术、社会与环境目标

树立将科学技术应用于日常生活、社会实践的意识。

（三）教学重点和难点

教学重点包括：通电导线周围会产生磁场，电流的方向会影响磁场的方向；接入闭合回路的导体在均匀磁场中做有效切割运动时，会产生感应电流，切割的方向会影响感应电流的方向，且切割速度越快，感应电流越强，反之亦然；学习控制变量的实验方法；领悟科学家做实验探究时锲而不舍、基于实证的科学精神。

教学难点包括：利用电能生磁、磁能生电的知识解释“电池小火车”在螺线管内奔跑的原因；利用电能生磁的知识，设计制作简易电动机；利用控制变量法制订磁能生电实验的探究方案。

（四）教学过程

本项目借鉴“5E”教学模式的5个环节——“引入”（engage）、“探究”（explore）、“解释”（explain）、“迁移”（elaborate）、“评价”（evaluate）设计了5个阶段的教学过程，将体验式学习、做中学、情境教学等教学理念和方法融入相应的教学环节中。

第一阶段：引入（5分钟）

[阶段目标]：激发学生兴趣，引入教学内容。

[学情分析]：虽然已学过一些电磁学知识，但课堂上多是说教一些书本上的概念，实验现象既少，又与实际生活中的电磁现象有一定距离，缺少实践中的感性认识和直接经验。

[设计意图]：以“电池小火车”有趣的实验现象，激发学生的学习兴趣，引出电与磁是否存在某种关系的课程主题。

[活动环节]：

教师活动：展示“电池小火车”实验。该实验的关键在于单独放入磁铁或者电池，小火车不会运行；但当两者组合放入铜线轨道，小火车便会运行起来。引导学生思考是什么给小火车提供了奔跑的能量。

学生活动：学生观察实验材料，提出磁能与电能一起才能让火车运行起来。

第二阶段：探究（20分钟）

[阶段目标]：通过体验展品“不听话的小磁针”“法拉第的探索”，设计实

验，探索电与磁的关系。

［学情分析］：同学们的日常学习多为课本学习，获得的是间接经验，很少有机会亲自动手实验获得直接经验。探究第二个实验即法拉第实验时，学生对磁感线的概念并不清楚，也就不清楚如何切割磁感线，因此不必多说“磁感线”的概念，要引导学生试验不同方向的“切割”，从而找到磁生电的各种因素。

［设计意图］：让学生面临与奥斯特、法拉第同样的问题，经历与奥斯特、法拉第同样的实验过程，感受奥斯特、法拉第的思维方式，通过亲身体验、亲身实践得以领悟“直接经验”，养成质疑、求真、实证的科学态度、科学精神等。

［活动环节］：

实验一：奥斯特电生磁实验（8 分钟）

教师活动：问题引导——指南针为什么指向地球南极？如果小磁针突然发生了偏转，这说明了什么？

学生活动：学生以小组为单位，利用展品“不听话的小磁针”进行实验。

（1）导线通电和断电瞬间，观察小磁针，我发现了什么？（例：小磁针发生旋转）

（2）思考小磁针只有在导线通电时才发生偏转，说明此时受到了磁场干扰，那么这个磁场是怎么产生的？（例：导线通电之后周围有磁场）

（3）改变开关的左、右闭合方向，我还能发现什么？（例：小磁针转动方向不同）

（4）小组归纳实验现象，并讨论结论。（例：通电导线周围产生磁场，干扰小磁针指向，电流方向不同，小磁针偏转不同）

（5）记录学习单（图 6-1）。

实验二：法拉第磁生电实验（12 分钟）

教师活动：看来同学们已经找到奥斯特发现的秘密了。奥斯特实验使人类第一次找到了电和磁的关系——电能生磁，这是近代电磁学的突破口，在当时引起了巨大的轰动，许多科学家投入其中展开研究。如果你们是那个时代的科学家，你接下来会想要研究什么课题呢？

学生活动：电能生磁，磁是不是能够生电呢？

教师活动：让学生观察展品组成，例如，展品由铝、铜、木三种材质的圆棍、夹有磁铁的铝轨、电流表组成。问题引导——电流表指针指向零有没有电流？指针偏转说明了什么？指针偏转方向又说明了什么？

学生活动：思考教师的问题，例如，指向零是没有电流的，指针偏转说明产

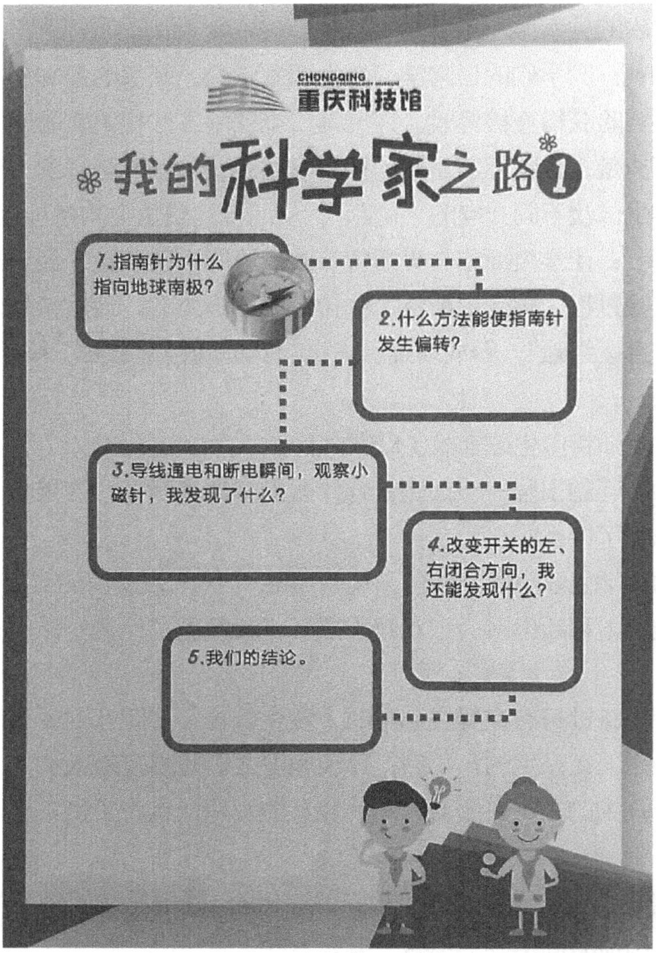

图 6-1　学习单《我的科学家之路 1》

生了电流，偏转的方向表明电流方向发生变化了。

教师活动：磁铁周围存在磁场。引导学生认识到金属棒是在磁场中运动的。问题引导——不同材料的圆棍选取哪种？圆棍在轨道上如何放置？如何操作才可能产生电流？操作速度的快慢会对电流产生影响吗？

学生活动：整理实验思路，设计实验。

教师活动：发放学习单（图 6-2）。

学生活动：完成实验并记录实验现象。然后小组讨论，根据记录的数据总结实验结论。

第三阶段：解释（5 分钟）

[阶段目标]：通过实验现象与结论，让学生总结规律，总结电与磁的关系。

图 6-2　学习单《我的科学家之路 2》

[学情分析]：通过第一、第二阶段的学习，学生能用自己的语言说明探究结果及简单理解，但很难将前面的经历与新概念建立关联，无法进一步深入理解。

[设计意图]：让学生对实验数据进行处理，培养学生对信息的有效性、客观性作出判断的意识，学生间的相互讨论交流有利于自身实验的完善，以保证实验数据的可靠性和准确性。

[活动环节]：

教师活动：组织分享与讨论，引导各探究小组选派发言代表，向其他小组介绍本组的探究过程、探究结果等，展示本组研究成果，鼓励其他小组进行提问或补充。

学生活动：展示本组实验成果，对其他小组的探究成果进行提问或补充。记录、整理本小组的探究结论。

第四阶段：迁移（10 分钟）

[阶段目标]：通过科学理论与工程实践相结合，探索电动机的发现过程，并感悟锲而不舍的科学精神。

[学情分析]：应试教育是说教式的，为了考试而学习，这导致学生学习的知识只是文字，学生不会主动寻找各学科之间的联系，更不会利用所学知识去解决生活中的问题。

[设计意图]：带领学生对知识点进行理解，引导学生思考如何将理论知识应用于实际生活中，像法拉第一样，对知识进行融合，并建立实验模型，而不是知识与实践分离。

[活动环节]：

教师活动：首先，让学生想想两块磁铁靠近会有什么现象。其次，让学生回忆今天所学知识：通电的导线对小磁针有什么影响？那么导线产生的磁场与磁铁的磁场相互作用会产生什么现象？最后，思考提供的每一种材料可能发挥的作用。

学生活动：根据以上分析，分小组讨论如何构建一个简易的电动机模型。

（1）利用电池与导线产生一个磁场。铜线连接电池正负极产生电流。因此，铜线在塑形的时候就必须注意与电池两极接触的位置。

（2）磁铁的磁场要与铜线通电后产生的磁场相互作用，才能产生机械运动。

（3）铜线需要找好重心固定，可以电池作为旋转轴，这样能够保证铜线与电池的接触，电池也能作为轴心支撑铜线。

（4）多次实验，以保证电动机模型能稳定转动。

教师活动：学生在探究的同时，老师从旁引导、答疑。

第五阶段：评价（5 分钟）

[阶段目标]：通过让学生解释课程开头“电池小火车”奔跑的原因，了解学生对概念的理解程度，并对学生在课程中的表现作出评价。

[教师活动]：提问：根据设计简易电动机的原理，现在谁可以解释“电池小火车”能在线圈中奔跑的原因呢？

[学情分析]：每个学生的理解水平不同，接受能力也不同，学习了新的概念，不一定就会应用新概念。

[设计意图]：鼓励学生利用课程中接收的新知识，“趁热打铁”解释开课时有趣的“小火车”现象，旨在让学生对知识不只是记忆，而是使用。促进知识的巩固与迁移，能够利用理论知识来解释现实生活中的现象。鼓励学生运用新概念和方法解决问题，形成实事求是、尊重自然规律的科学态度，勇于创新，乐于将

自己的见解与他人交流。

［活动环节］：

学生活动：尝试解释火车运行的原因。电池两端有磁铁，放置线圈中时，与电池接触的一端线圈会产生电流，电流会产生磁场，这个磁场与磁铁的磁场相互作用，就产生了磁力，使电池运动起来。

教师活动：教师回顾总结。

1）师生反馈

课程结束后对学生及负责教师进行访谈。访谈主要围绕课程的设计是否能帮助实现课程标准中的教学目标、学生通过课程体验是否能提高学习能力、探究活动是否有助于学生在校的电磁学课程学习等角度展开。

2）活动评估

为了解项目开展情况以及方便项目提升改进，设计了馆校结合教学活动满意度教师调查表，请教师填写。调查表包含总体满意度和知识性、趣味性、亲和力、课时达标等分项，并征求意见和建议。经统计，课程的总体满意率为100%；各分项中，知识性的非常满意率为97.73%，趣味性的非常满意率为98.86%，亲和力、课时达标的非常满意率为100%。

学生作为课程学习的主体，对其调查相对详细，为了解这次课程是否做到了激发学生的学习兴趣，是否加深了学生对电磁体系的认识，是否对学生电磁学习有所启发等，设计了"'探秘电磁'反馈意见调查结果评分表"（表6-1）。

表6-1　"探秘电磁"反馈意见调查结果评分表

对活动的评价	阶段一	阶段二	阶段三
1. 这样的教学活动很有趣			
2. 这样的活动让我对抽象知识的学习更有信心			
3. 科技馆的教学活动让我很快乐			
4. 通过这个课程，我对科学家的故事产生兴趣			
5. 在科技馆参与体验的经历给我留下深刻印象			
6. 活动中鼓励我们多观察、多动脑，寻找答案，得出结论			
7. 这些活动和内容不难，我都学会了			
8. 让我思考了以前不曾思考的问题，体会到了科学家的发现给人类带来的发展			
9. 想要把这样的活动分享给身边的朋友或家人			
10. 还期待参加此类活动			
学生对整个活动意见的平均值			

二、案例二：利用移动媒体技术引导基于静态展品的探究式学习——以展品“神舟载人飞船返回舱”为例①

（一）教学对象

教学对象：本教育活动针对亲子家庭，适宜的受众人数为20人。

（二）教学目标

1. 科学知识目标

了解神舟系列载人飞船返回舱内部结构及航天员活动，了解返回舱降落过程。

2. 科学探究目标

通过模拟探究活动，认识返回舱的结构及各部分；学会初步使用移动媒体开展探究学习。

3. 科学态度目标

激发对航空事业探究的兴趣。

4. 科学、技术、社会与环境目标

学会利用iBeacon在内的移动媒体技术获取信息和资源。

（三）教学重难点

教学重点、难点——iBeacon技术是一种精确的微定位技术，可自动推送相关信息至智能设备，支持iOS系统和安卓系统的开发。本活动利用包括iBeacon在内的移动媒体技术引导参观者运用手持移动设备（如智能手机）实现对展品的探究式学习。

（四）教学过程

第一阶段：导入（3分钟）

[阶段目标]：激发兴趣，导入问题。

[受众分析]：用户进入微信小程序查看展品照片，可看到“神舟一号返回舱”外观，却不了解其内部结构，会产生疑问。

[设计意图]：为吸引用户的注意力和激发学习兴趣，本案例采用了“挑战+

① 资料来源：崔胜玉，辛尤隆，郭鑫，等. 2022. 利用移动媒体技术引导基于静态展品的探究式学习——以展品“神舟载人飞船返回舱”为例. 自然科学博物馆研究，（3）：17-23，91.

角色扮演”的教学设计。

［活动环节］:

挑战：将该环节命名为“如何玩转这个展品？返回舱内部都有什么？”通过问题导向的方式，直观引导公众参与展品探究，从给定的三张图片中选择神舟一号返回舱 3D 透视效果图，选好之后，查验答案。通过营造悬念、设置挑战，激发探究兴趣。

角色扮演：“你是设计师，如何来设计飞船返回舱？”在载人航天史上，曾出现过几种飞船造型：球形（苏联“东方”号飞船返回舱）、锥形（美国“水星”号和“双子星”号飞船返回舱）、钟形（苏联“联盟”号和中国“神舟”号飞船返回舱）等。“如果你是飞船返回舱设计师，你会如何设计呢”？通过“角色引入”的形式，激发用户对神舟一号返回舱构造的学习和探究欲望。

第二阶段：引导探究，寻找答案（10 分钟）

［阶段目标］：本阶段通过问题或建议的形式给予用户恰当引导，带领用户探究神舟一号飞船返回舱造型及内部构造的相关答案（图 6-3）。

图 6-3　神舟一号飞船返回舱造型

［受众分析］：探究的过程就是不断试错的过程，用户在不断选择、修正的过程中构筑对返回舱构造的深入认识和了解。

［设计意图］：在微信小程序“全景看返回舱”界面，通过模拟返回舱设计和

试验的过程，引导用户进行分析思考，从中悟出科学原理。

［活动环节］：

模拟返回舱设计：展品辅导界面将对用户的设计提出明确的要求，例如，节省空间，便于安装在运载火箭的顶部；减少飞行阻力；方便航天员在火箭发射后发生故障时离开；防止在返回地面的降落过程中发生翻滚；等等。用户可以在锥形、钟形、球形、圆柱形等返回舱外形中进行选择，设计成某种造型后，小程序会演示在安装、发射、飞行、返回地面的过程中产生的不同结果；用户还可以换一种造型，查看又会产生什么样的结果。如果没有配重，或未将配重设置在返回舱的底部，又会产生什么结果。接着引导用户思考：为什么会产生上述结果？为什么除了第一代“东方”号飞船之外，后来美国、苏联、中国的返回舱都要设计成底大头小的不倒翁形状？

视频讲解：①引入情景，两个外形相同的飞碟，一个底部增加配重，一个没有配重，从高处落下，抓拍飞碟落下的过程，一个平稳下落，另一个在空中下落过程中不断翻滚。②问题导入，返回舱采用一头大一头小的钟形外形，是为了避免返回舱在下落过程中翻滚？③原理解释，返回舱在进入大气层后，作用在返回舱上的空气对返回舱产生压力，这些压力可以合成一个对返回舱任何一点的力和力矩，但是在返回舱上有这样一个点，对该点求合力时有力而没有力矩，这个点就叫作气动力中心。通过合理设计仪器设备的布局位置以及增加适当的配重，可以将返回舱质心配置在返回舱气动力之前的一定位置，可保证返回舱至少存在一个稳定点，不会一直翻滚，从而形成一个稳定的再入姿态。

第三阶段：拓展探究

［阶段目标］：促进公众对展品展示内容有更加全面的了解，同时鼓励公众将概念应用于新的情境中，获得更多信息和技能。

［受众分析］：不同的受众关于返回舱所关注和感兴趣的知识点是不同的。

［设计意图］：让不同的参与者了解自己所关心的关于返回舱的相关知识点。

［活动环节］：

拓展探究 1：全景看返回舱。在本环节设置返回舱仿真模型，用户可以随意点选模型上的按钮，了解返回舱模型的相关文字内容，全面认识神舟一号返回舱。例如，可以了解返回舱防热层的材质、降落伞的数量及面积等相关内容。针对其他用户关心的问题，则采用原理图、模型、动图等形式，并配上尽可能精简且突出重点的文字进行解释。

拓展探究 2：“三轴旋转滚环”。用户可以通过亲身体验，了解如何训练航天员在太空失重环境中的眩晕控制能力，深刻地感悟返回舱稳定飞行的意义。

第四阶段：评价反馈

[阶段目标]：对整个活动效果进行评估。

[受众分析]：参与者在多媒体软件的协助下自主开展探究活动，探究效果如何并不知晓。

[设计意图]：本环节设计可考查参与者对展品的掌握程度，引导参与者举一反三，进行知识的迁移。

[活动环节]：

热点大讨论：引导用户利用自己在这一活动中学到的新概念和技能来思考问题，主题是："如果让你担任载人登月、登陆火星的设计师，你会如何运用本次所收获的知识、方法、思路来进行设计？"引导用户在微信小程序留言，引导用户从着陆器造型、返回舱主体结构、气动外形、生命保障系统、再入热防护材料、回收、可重复使用等多个角度进行研讨，深入思考载人航天科技的发展。

三、案例三：植物怎样传播种子①

（一）教学对象与学情分析

教学对象：三年级和四年级学生。

学情分析：在二年级时，小学生已经学过语文课文《植物妈妈有办法》，知道一些植物种子的传播方法（蒲公英靠风，苍耳靠刺，大豆靠炸裂），但他们的知道仅限于了解了相关知识，很少有实际观察过的。虽然学校的植物角里种了好多凤仙花，秋天收获种子时让每个孩子都去参与，他们有亲自动手采集凤仙种子并发现种子自身弹射传播方式的经历和感受，但也仅限于个别认识。在能力方面，三四年级的学生已经学会了绘画、文字记录等，已经初步接触过课外阅读搜集资料的学习方式，但是还从来没有经历过到植物园里观察、搜集资料并实地上科学课。

基于发现的这些问题，笔者深入思考如何充分利用植物园资源上好这节科学课，本课科学概念与科学观念到底是什么，怎样把"种子外形结构特点与传播方式相适应，又与环境相适应"的科学概念作为本课设计追求的核心。

① 资料来源：2022 年"奋进科普新征程"全国科技馆联合行动"同上一堂科学课"资源包一等奖获奖案例，作者为北京中学陈颖文。

（二）教学目标

1. 科学知识目标

知道植物传播果实和种子有四种方式，知道种子的结构特点与传播方式相适应，并且初步意识到植物种子传播方式与其生活环境密切相关。

2. 科学探究目标

通过调查研究，模拟活动，认识种子的形状与传播方式相适应；学会初步观察、搜集资料并进行简单记录；初步学会归纳概括不同传播方式的种子的形状特点。

3. 科学态度目标

能够喜爱多样的植物种子，对种子的传播方式有探究兴趣。

4. 科学、技术、社会与环境目标

学会尊重每一种植物及其生活环境。

（三）教学重难点

教学重点：建立种子传播的四种方式及其与环境相适应的认知模型。

教学策略：利用大报告单在植物园观察、调查研究；观察种子的传播精彩大片，专家讲解。

教学难点：

（1）引导学生观察植株高度与种子传播方式的关联，可直观理解“生物适应环境并反作用于环境”的科学观念。

教学策略：引导学生利用放大镜观察苍耳外形，观察苍耳植株高度，做不同高度小动物从它身边经过的模拟实验，教会学生学习的基本方法。

（2）学生现场有效观察、搜集资料进行记录。

教学策略：以授课老师为主导，需要两位科学老师现场帮忙指导学生，邀请博物馆专家现场答疑。

（四）教学过程

第一阶段：引入（聚焦话题，调取学生已有认知）

设计意图：调动学生已有认知，展现植物传播种子的方法。

教师活动：有一次老师上山采集标本，看到了这样两个奇怪的现象，学生观

察图片（图 6-4），教师提问：你看到了什么？引导学生说出在高高的房顶上长出了一棵植物，在一个树洞里还长出了绿色的小苗。思考：这些植物是怎样跑到高高的房顶以及树洞里的？

图 6-4 高高的房顶以及树洞里长出植物

学生活动：学生大胆猜想，回答“风”“小鸟”等。

教师活动：今天我们就一起来研究植物怎样传播种子。在二年级语文课文中，我们已经学过“孩子如果已经长大，就得离开妈妈，四海为家，牛马有脚，鸟有翅膀……”植物靠的是什么呢？刚刚有的学生已经回答了，那除了靠风，靠小鸟，还可以靠什么办法？

学生活动：学生回答“自己”“水”。

第二阶段：观察、探究（建构苍耳外形特点与传播方式同环境相适应的认知模型）

环节一：探究建构苍耳外形特点与传播方式相适应的认知模型。

教师活动：“苍耳妈妈有个好办法，她给孩子穿上带刺的铠甲。”同学们，你想看看小苍耳到底长什么样吗？今天老师给大家准备了小苍耳，快打开纸包，按照从内到外的顺序仔细看一看，如果你觉得看不清楚，可以使用放大镜帮你观察。比一比，谁观察得最仔细。注意：轻拿轻放，不要扎伤手。

学生活动：孩子打开纸包，仔细观察（图 6-5）。

教师活动：谁来说一说：你看到的苍耳是什么样子的？

学生活动：汇报观察结果，如“全身都长着带钩的小刺”“向外的头上刺又尖又长又粗”，填写观察记录单。

图 6-5　苍耳种子

教师活动：提问——“同学们，由小苍耳种子的样子你能推想它怎样传播到别处吗？”哦，用小刺上的钩子钩到动物的皮毛上被带走。（设计意图：帮学生明确苍耳种子靠什么样的动物带走。）

环节二：探究苍耳植株的外形特点与传播方式相适应的认知模型。

教师活动：提问——“同学们，请思考一下，这种植物为了传播种子，它的种子具备钩子，那这种植物的植株应该长得多高呢？长到脚踝那么高行吗？长在大树上行吗？”

教师活动：提问——“如果你是这棵植株上的小苍耳，推测一下你一般被什么动物带走？（小兔子、小羊、小牛）为什么？”

教师活动：出示一棵苍耳，请三名同学分别当小兔子、小羊、小牛，出示玩具，让学生抱住玩具，按实际动物高矮模拟小兔子走过、小羊走过、小牛走过，看看谁能带走小苍耳。

学生活动：学生模拟活动，然后拿起小动物让学生观察动物身上所挂住的小苍耳。

师生小结：生活在野地里的苍耳有比我们这株苍耳高点的、矮点的、大点的、小点的，苍耳的种子就能被矮点的、中等的、较高的带皮毛的动物帮忙带走。看来，苍耳生长的钩刺和植株高度都是有一定的科学道理的。

第三阶段：利用自然博物馆展览展品进行研究（在博物馆内观察、搜集资料并完成报告单）

教师活动：提问引出下一环节，“那么，其他的植物种子是什么样的？它们又能凭借什么方法来传播自己的种子呢？”自然博物馆给我们专门准备了一个种子传播方法的展区，那里有好多种植物种子的标本，而且向我们介绍了各种植物种子传播的方法，下面我就要请同学们到博物馆里去观察植物种子的样子，调查它们是怎样传播种子的（图 6-6）。

图 6-6　学生在博物馆里观察标本并完成学习单

第四阶段：表达与交流

教师活动：刚刚大家一起在种子传播角落里认识了那么多种子，认识了它们的传播方法。哪个组愿意把你们的调查结果和大家做个分享呢？两个人合作，一个人讲，一个人给大家展示。学生每汇报一种种子，教师就通过 PPT 出示种子及植物图，并把汇报完的报告单板贴在黑板上。

学生活动：

（1）风传播调查组汇报（图 6-7）。学生汇报萝藦种子外形结构与传播方式时，教师出示并现场演示萝藦种子随风飘飞的场景。（让学生有亲眼见的体验感受，对于带毛飘飞种子的传播方式有深刻的认识。）

教师活动：风传播调查组汇报完，引导学生观察报告单进行归纳总结：这些靠风力传播的种子有什么共同的特点？

板书：轻，有毛或有翅。

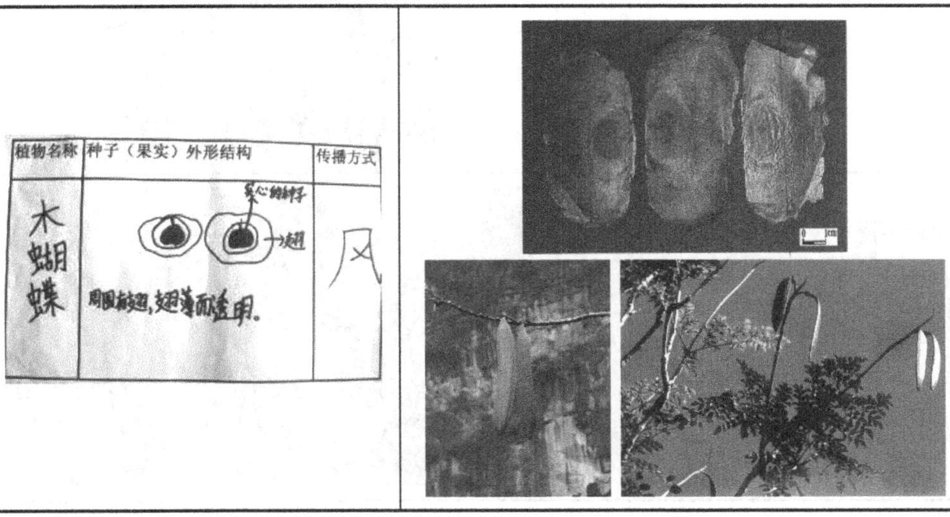

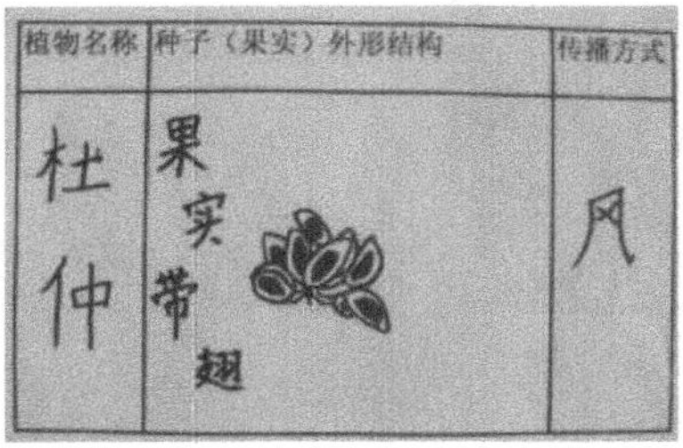

植物名称	种子（果实）外形结构	传播方式
杜仲	果实带翅	风

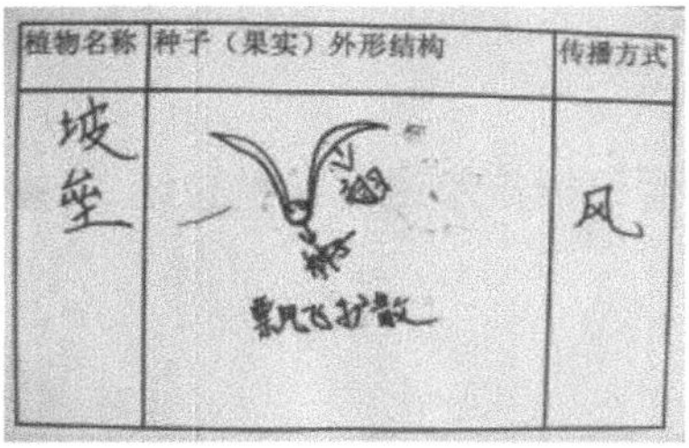

植物名称	种子（果实）外形结构	传播方式
坡垒	翅 飘飞扩散	风

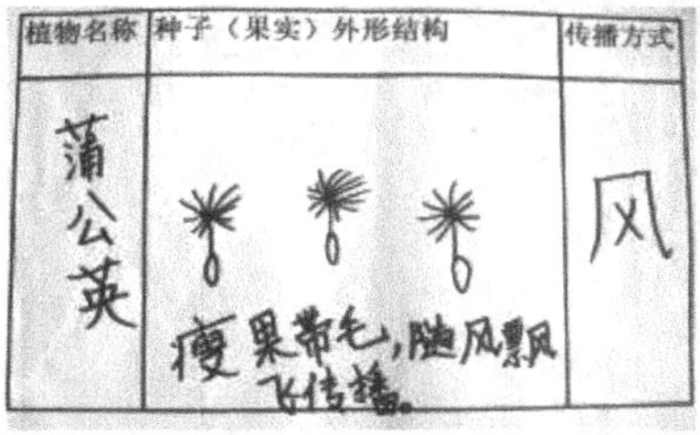

植物名称	种子（果实）外形结构	传播方式
蒲公英	瘦果带毛，随风飘飞传播。	风

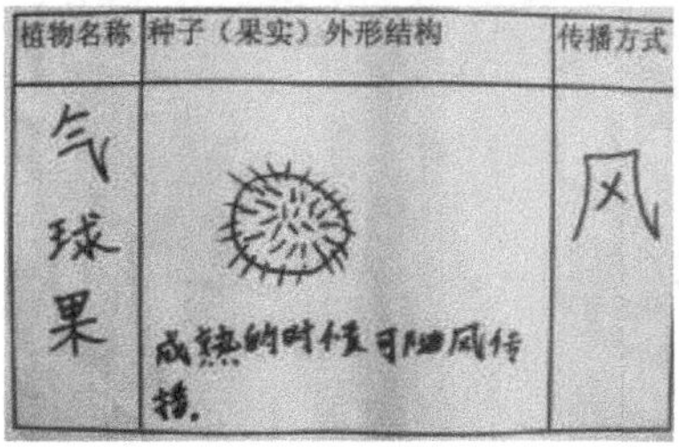

植物名称	种子（果实）外形结构	传播方式
气球果	成熟的时候可以风传播。	风

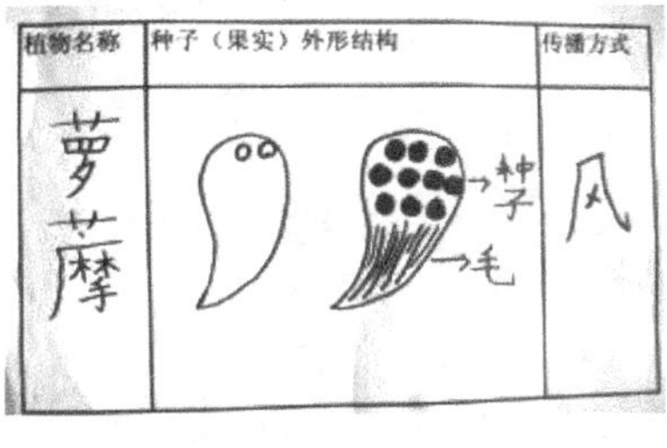

植物名称	种子（果实）外形结构	传播方式
萝藦	→种子 →毛	风

图 6-7 风传播调查组的汇报情况

（2）动物传播调查组汇报（图 6-8）。

图 6-8　动物传播调查组的汇报情况

教师活动：引导学生观察大报告单，进行归纳分析：靠动物传播的种子有什么共同特点？让学生意识到如果植物像苍耳一样挂在动物皮毛上传播种子，那么植物通常不会很高；如果植物靠鸟传播种子，那么种子或果实通常比较美味，并且在较高的树上等。

板书：有钩刺或美味。

（3）自身传播调查组汇报（图 6-9）。

图 6-9　自身传播调查组的汇报情况

教师活动：引导学生观察报告单并思考归纳：靠自身传播的种子有什么特点？

板书：容易炸裂、弹射。

（4）靠水力传播调查组汇报（图 6-10）。

图 6-10　靠水力传播调查组的汇报情况

教师活动：引导学生观察报告和PPT，归纳靠水力传播的种子的外形结构特点。

板书：内有空气，种子坚硬外壳。

第五阶段：拓展迁移（进一步验证已有认识，完善科学认识模型）

教师活动：播放录像——要求仔细观察视频中的植物种子形状及其传播方式是不是和我们调查的一样，关注一下植物的样子和生活环境。

学生活动：学生简单说一说自己在视频中的发现，对种子的外形结构与环境关系有更加丰富的认识。

专家活动：评价提升（图6-11）。

图6-11 专家点评

（1）对同学在研究过程中的表现进行点评。

（2）明确今天学生所研究的这么多种子只是植物界中非常小的一部分。

（3）明确植物种子的外形结构、传播方法与环境的重要关系。

（4）让学生意识到每种植物都需要一定的环境，要保护植物不能随便改变它们的环境。

专家：因为这些植物在地球上已经生活了好多年，在上百万年的生活过程中已经和环境有了一个长时间的适应。它因为生长在这样的环境中，因此进化出了自己独有的传播方式。每种植物都需要一定的环境，要保护植物，不能轻易改变它们的环境，因为植物也在不断地灭绝。因为环境在不断变化，它为了适应新的环境必须改变一些特性，如种子的传播方式，才能继续生存在大自然中。

（5）提示学生生活中多加观察，验证所学。

专家：种子的传播方式非常多样、美妙，同学们也要学习种子的精神。鬼针草、蒲公英我们在周围环境中就能发现，希望同学们做有心人，到自然中去发现这些植物，验证我们的知识。同学们要学习种子适应不同环境和逆境的能力，不断学习科学知识，武装我们的头脑，使其变成我们的“翅膀”，等我们长大时就能飞向远方，发展我们的事业，为祖国作贡献。

教师活动：（小结）我们同学真厉害，短短时间内学到了这么多知识，知道了每种植物种子都有自己的外形特点，与其相对应就有固定的传播方式。看来植物生长方式都有它们自己的科学道理呢！将来我们再进行科学观察的时候一定要多想想：这是为什么？让我们在不断地探索发现、不断地思考过程中进步，成为真正的小科学家。

第六阶段：拓展应用及学习效果测评

你能运用我们之前学习过的种子传播方式的知识，观察铜钱树种子（图 6-12）的结构特征，并推测出铜钱树种子的传播方式吗？

图 6-12　铜钱树种子

第三节　探究类科普活动的设计要素与开展流程

信息技术和人工智能的快速发展对教育提出新要求，即培养的人才要具有学习能力、创新能力和社会责任感，能够整合多学科知识，创造性地解决实际问题。这就意味着传统的单一学科教学方式无法跟上时代发展的步伐，跨学科学习逐渐走进人们的视野，有助于学生在复杂情境中应对挑战，形成适应未来社会发展的生存能力和竞争力。因此，跨学科理念在探究类科普活动设计中也具有关键意义。它突破单一学科界限，整合多学科知识与方法，为探究活动提供更全面的视角与创新思路；观察、提问和表达是探究类科普活动设计的重要因素与环节，精准的观察是探究活动的起点，有效的提问能激发探究动力与方向，清晰的表达则贯穿于探究活动的始终；实验场景的设计是探究类科普活动的关键环节，一个精心设计的实验场景能精准模拟现实状况或者创造特定条件，以便有效检验假设、收集数据并得出可靠的结论。基于此，本章认为探究类科普活动的设计要素与流程包括：跨学科理念的应用，观察、提问和表达，以及实验场景的设计，下文将进行具体阐述。

一、跨学科理念的应用

首先我们需要厘清跨学科概念与跨学科理念的区别。跨学科概念是指能够应用于科学和工程领域的通用概念，如“系统”“模式”“结构”“多样性”等。这些概念超越学科界限，强调学科之间的连贯性和系统化，也更有利于学生进行科学实践（张彩霞，2017）。跨学科理念则是跨越学科的思考和行动的基本观念或者原则，它从本质上反映活动策划者对于世界、人类生活和社会现象本质的认识与理解。

跨学科理念在探究类科普活动中的应用，主要概括为以下几个方面。

一是确定跨学科主题。以真实的社会项目和问题情境为主题，将跨学科的内容、思维能力发展与真实环境联系起来。主题可以涵盖多个学科领域，如环境保护、人类文明、健康与生活等，可以结合学生的实际生活经验、社会热点和社会问题，考虑学校和社区特色等，重要的是考虑现有的资源，确保主题的可操作性和可行性。

二是制定综合学习目标。根据跨学科主题，制定综合学习目标，这些目标应该涵盖多个学科领域的知识、技能和思维能力，如信息素养、批判性思维、问题解决能力、创新能力、自主学习和探究能力、社会责任感和全球意识等。

三是设计跨学科任务。为学生设计跨学科任务或项目，让他们通过实践来应用和整合不同学科的知识与技能，如可以进行实地调查、设计实验、创作作品、项目汇报等。这些任务可以促进学生主动学习和合作学习。

四是运用多元评价方法。采用多元评价方法来评估学生的学习成果，不仅要关注学生对学科知识的掌握，还要评价他们在跨学科思维、问题解决和合作等方面的能力。多元评价方法主要有形成性评价、总结性评价、学生的自我评价、同伴评价、教师评价等。运用多元评价方法，可以培养学生的综合能力。

采取上述策略，教师可以设计与实施有效的跨学科探究类科普活动，促进学生的跨学科学习和思维发展。同时，教师要根据学生的反馈和教学效果进行调整与改进，不断优化教学过程。

二、观察、提问和表达

观察、提问和表达是探究的重要环节，三者相互促进、相互关联。观察为提问提供了素材，提问引发了深入的思考，表达则将理解传递给他人。三者相互作用，共同形成了探究的过程。

（一）观察

观察是探究学习的第一步。通过对某种实物的观察，尤其是对现实事物的差异与矛盾的观察，对比已有生活经验和认知，能引起学习者的认知冲突，从而激发其产生疑问，提出问题并开展后续的活动。

在探究类科普活动中，教师引导学生观察需要注意以下几点。

（1）明确观察目的。观察任何事物时，都要有明确的目的，即观察什么，为什么要观察，这样才能把观察的注意力集中到事物的主要方面，抓住其本质特征。

（2）掌握观察方法。观察的方法很多，如顺序观察法、对比观察法、长期观察法等。可以根据不同的观察对象和任务，选择合适的观察方法。

（3）做好观察记录。观察时要及时做好记录，以便分析和总结。记录的形式可以多样化，如文字、图画、表格等。

（4）理论联系实际。要将观察到的现象与已有的知识相结合，进行分析、比较、判断，从而提升观察的效果。

（5）养成观察习惯。要养成自觉观察的习惯，随时随地观察周围的事物，不断提高自己的观察能力。

（二）提问

提问贯穿探究全过程，对于学习者来说，好的提问能激发兴趣、明确观察对象、激发思维、考察理解程度；对于教师而言，提问可以组织教学环节、检查教学目标和效果等。好的问题能充分反映教师的教学理念、教学技能和教学智慧。在探究类科普活动中，教师可以根据不同的教学目标设置不同的问题，如表 6-2 所示。

表 6-2　问题的类型及举例

问题类型	问题	分析
引发思考的问题	为什么地球的大气层对生命至关重要？	这个问题需要学生进行分析和推理，思考大气层对生命的保护作用，如阻挡紫外线、维持温度等
产生联系的问题	你能想到一个日常生活中的例子来说明牛顿第三定律吗？	这个问题让学生将牛顿第三定律与实际生活联系起来，促进他们对该定律的理解和应用

续表

问题类型	问题	分析
开放式问题	你认为人类应该如何应对全球气候变化？	这个问题鼓励学生表达自己的观点和想法，培养他们的批判性思维和解决问题的能力
情境设置问题	如果你是一名医生，你会如何诊断和治疗感冒？	这个问题设置了一个具体的情境，让学生在医生的角色中思考如何应用所学知识来诊断和治疗感冒
培养多元视角的问题	从不同文化角度来看，对这个事件会有怎样的解读？	这个问题鼓励学生从多元的文化背景和观点出发，思考一个事件的多元性

当然，问题也可由学习者在观察过程中自觉提出。例如，上海自然博物馆的“恐龙化羽飞天”教育活动，以“恐龙盛世”展区的鸟类展柜为依托，将恐龙化石、恐龙模型、有羽毛恐龙模型、鸟类骨骼标本、鸟类标本等藏品进行强烈的对比，促使观众产生诸多科学问题：恐龙真实的样子是影视作品中的那样，还是应该有羽毛的？（提出疑问）恐龙与鸟类有什么关系？鸟类是由恐龙演化而来的吗？（做出假设）恐龙羽毛状外表与鸟类羽毛的形态有差异，那么其功能有哪些差异？（探究生物结构与功能的关系）

值得注意的是，教师在提问之前，应当仔细设计问题，确保问题与教学目标和学习内容有关；在提问时要清晰表达问题，确保学习者能够理解问题的含义，避免使用模糊或者复杂的措辞。提出问题后，教师要给学生留出思考的时间，避免过快地给出答案以打断学生思考或者思考不深入；学生回答之后要尊重学生的观点，给予积极的反馈。通过巧妙地设置问题和提问，教师将有效引导学生开展探究，促进学生思维的发展，提升教学效果。

（三）表达

表达是将思考所得的结果用语言语音语调、表情、行为等方式反映出来的一种行为，是观察、记忆、思维、创造和阅读的综合运用。在探究类科普活动中，表达的形式是多元的，表 6-3 是几种常见的表达形式。总而言之，最有效的表达形式取决于具体的情境、目的和受众，根据具体教学目标选择最适合的表达形式可以更好地实现教育的效果。

表 6-3　表达的形式及特点和应用

表达形式	特点	形式及适用情境	例子
语言表达	语言表达即口头表达，它能够直接、即时地与同伴和教师进行交流，可以通过声音的语调、语速、停顿等方式来增强表达的效果	回答问题、小组讨论、演讲、辩论、项目汇报等情境	在“植物如何传播种子”中，学生经过仔细观察不同种子的外形特征，做出表达：“苍耳表面有细钩刺”等

续表

表达形式	特点	形式及适用情境	例子
书面表达	通过书写进行表达，它能够反映学生思维的准确性、逻辑性，同时也利于保存和日后查阅参考	如学习单	“探秘电磁”中的学习单填写
艺术表达	艺术表达能以创造性的方式表达情感、观点及结论。它可以触动人的情感和想象力，引发共鸣和思考	通过绘画、摄影、音乐、创意手工、角色扮演等艺术形式表达	“植物如何传播种子”中引导学生利用地理知识和彩泥、绘画等绘制植物种子的外形及主要特征
数字表达	数字表达是一种使用数字和数据来传达信息与观点的表达方式，在现代社会中越来越常见。具有精确性、可量化性、可验证性和客观性等优点，有助于更好地理解和分析问题	通过数据统计等形式，也包含使用数字化工具等	在“电磁探秘”案例中，引导学生统计实验数据，并对实验数据进行分析

三、实验场景的设计

与实验场景的设计密切相关的是“情境”概念，准确把握“情境”概念至关重要。何为“情境”？本书第二章剖析了国内外情境的相关理论，情境学习理论认为学生在非正式场景下的学习受到个人、社会文化、物理空间三方面情境的影响。个人情境指学习者已有的经验与知识积累对学习发挥的作用，包括动机欲望、兴趣、知识经验等关键因素；社会文化情境指在不同的社会文化交融中，个人经验融入其中汲取信息，从而提升学习效果；物理空间情境指现实的学习环境，重点在于物理环境的作用，如照明、环境、物品等都会影响学习的过程。故选取以下对“情境”的定义：能够激发学习者及其所处学习共同体的学习动机，促使其以探究实践为主的学习行为自然产生，进而建构认知的物理环境与社会环境（孟佳豪等，2021）。其中物理环境主要包括仪器、工具、材料等物质实体，以及由实物组成的自然风貌、实验室、工厂等环境生态，也被称为物质实体环境；社会环境可具体分为社会生活环境和历史文化环境。社会环境以物理环境为基础支撑，物理环境通过社会环境传递人类的智慧、实践、思维、方法、精神、价值观、责任感等内隐信息，二者构成相互依存不可分离的有机整体（孟佳豪等，2021）。

物理环境是创设实验场景的基石，是由各类科普场馆中不依附于其他主体而客观独立存在的事物组成的学习环境，诸如材料、工具、仪器、设备、标本、自然现象等相关藏品、展品以及围绕其建设的实验台、实验室等“实物”本身。它们本身承载着历史文化，联系着社会生活，记录了科学家们在其所在的文化背景、科技水平下，观察、思考、实验、反思、总结，运用科研工具在思辨与探索中进行科学实践，从而获得科技新发现的艰苦、伟大、震撼的科技史诗（朱幼文，2017a）。例如，“旋转的金蛋”案例（陈闯，2016）中小实验的设计就是基于展项创设的实验场景，模拟了科学家探究科学原理的经典实验情境，兼顾显著性和直观性两个原则，这样的实践情境能够激发受众像科学家一样思考。例如，探究“电流磁效应”知识点的实验为奥斯特意外发现电流磁效应的情境，即通电直导线靠近小磁针时，小磁针发生偏转；探究“磁生电”知识点的实验为法拉第发现电磁感应的情境，即磁铁切割磁感线的运动能使电流表示数发生变化；探究“涡电流”知识点的实验为傅科发现涡电流的情境，即加磁场后金属块停止摆动的时间缩短。

社会生活环境是创设实验情景的外延。社会生活环境是指与物理环境相关联的经济、政治、文化、心理、环境等因素在当今社会现象与实际生活场景中的反映。社会生活环境是场馆学习情境的外延与迁移，将认知融于生活，体现社会、科技、生活、文化之间的关联。

值得一提的是，探究式学习是以学习者为主体的自主学习，教师起引导辅助作用。不同学习者原有的认知结构存在差异，导致针对同一现象或问题，会有不同的思考，产生不同方式的探究。因此，科普场馆探究式教育活动要允许学习者自己掌控学习，以根据自己的想法创设所需的探究设计，通过不同情况的对比，思考分析得出结论。例如，“旋转的金蛋”（陈闯，2016）展项涉及涡电流的知识点，探究影响涡电流大小的因素时，受众可能会提出多种不同的影响因素，如磁场强度、金属片大小、金属片形状、金属片重量等。因此，在针对知识点设置该展项的探究式体验内容时，活动设计者准备了多种形状、大小、材质的金属片，并设置了可调整间距的磁铁，使受众可以根据自己的想法，通过不同情况的对比，思考分析得出结论。

总之，科普场馆中开展的探究类科普活动应充分发挥馆藏品、展品的独特教育价值，逐步搭建物质实体情境、历史文化情境、社会生活情境的基本框架，为学习者呈现真实场景，将体验式学习与探究实践活动融入情境之中，为探究注入灵魂。

第四节 案例分析与总结

一、案例一："探秘电磁"分析

（一）活动目标

该案例针对9年级《物理》中电和磁部分的教学内容，围绕"探究电和磁的关系，了解电磁学发展史"主题，利用重庆科技馆磁电展区的展品和辅助实验器材、科技制作等教学资源，在教学理念"基于实物的体验式学习、基于实践的探究式学习"的指导下，采用"5E"教学模式，综合运用体验式学习、做中学、情境教学等教学方法，利用展品体验与实验、制作相结合的活动形式，以达到"了解电与磁的关系"和"了解物理学及相关技术发展的大致历程，学习科学家在科学探索中的研究方法，并能在解决问题中尝试应用科学研究方法"的教学目标。

（二）配套工具

该活动案例配套资源为重庆科技馆基础科学展厅磁电展区，此展区展示面积近1000平方米，有展品21件（套），融科学性、知识性、趣味性于一体，再现了电和磁的经典实验及科学家事迹。此外，还有以下配套工具（表6-4）。

表6-4 "探秘电磁"的配套工具

序号	品名	规格	数量
1	不听话的小磁针（展厅展品）	—	1个
2	直导线切割磁力线（展厅展品）	—	1个
3	充电电池	5号	50节
4	强磁	直径14毫米	50粒
5	铜丝	直径1毫米	若干
6	木棒	—	1根
7	学习单	自制	50张
8	尖嘴钳	—	5个
9	假发	—	50顶
10	蝴蝶领结	—	5个

（三）基本流程及探究技巧

第一阶段是引入，这部分的主要目标是激发学生兴趣，引入教学内容，主要用到以下探究技巧：①创设问题情境——通过“电池小火车”这一违背日常经验的现象形成“认知冲突”，从而营造有趣味、有悬念的“问题情境”，激发学生学习、探究的欲望。②引导观察——引导学生仔细观察单独放入磁铁或电池以及组合放入时小火车在线圈中奔跑的现象，现象与自身认知产生冲突，从而激起探究的兴趣。③引导提问——通过观察，猜测电池小火车可以奔跑的原因是什么，有可能是因为电和磁，进一步提问：电和磁之间有什么关系？此类问题是启发思考的问题，便于进一步提出假设。

第二阶段是探究，这部分主要通过体验展品“不听话的小磁针”“法拉第的探索”，设计实验，探索电与磁的关系。

实验一：奥斯特电生磁实验

探究技巧：①创设情境——教师辅以假发、蝴蝶领结等道具，使大家仿佛回到 200 多年前，让学生扮演奥斯特和法拉第等科学家，去探寻电与磁到底存在什么样的关系，重现科学发现的历史情境，从而更全面地了解和掌握科学原理，同时也让实验更具有吸引力。②问题引导——以层层递进的问题引导学生观察导线通电时小磁针的变化，以及金属棒在轨道上运动时电流表的变化，引导学生逐步思考，归纳总结答案。③学习单——学习单是一种有效的表达形式，在该环节，小组分工协作，根据实验参数利用控制变量法设计实验方案，记录实验数据和结果，最终验证电能生磁、磁能生电的假设。

实验二：法拉第磁生电实验

探究技巧：①问题引导——奥斯特实验使得人类第一次发现了电和磁的关系——电能生磁，在当时引起了巨大的轰动，许多科学家纷纷投入其中开展研究。假如你是当时的科学家，你接下来想要研究什么课题？这是一个情境设置问题，让学生从科学家的视角去思考如何从已知的“电生磁”科学发现中提出高质量的科学问题，培养提出问题的能力。②观察引导——“观察引导+控制变量”是开展探究的重要环节，通过控制变量引导学生观察改变材质、速度、方向时电流表的变化，从而引发进一步思考。③问题引导——教师通过问题引导，一步步引导学生思考：电流表指针指向零有没有电流？指针偏转说明了什么？指针偏转方向说明了什么？不同材料的圆棍在轨道上如何放置？如何操作才能产生电流？操作速度快慢会产生电流吗？④表达引导——教师引导学生描述观察到的实验现象并且填写学习单（表 6-5），用以检查学生在探究过程中思维的准确性、逻辑性。

表 6-5　磁生电实验学习单

任务	我的操作	我的发现	结论
试试看，谁能产生电？	木棒		
	铜棒		
	铝棒		
换姿势，电流还在吗？	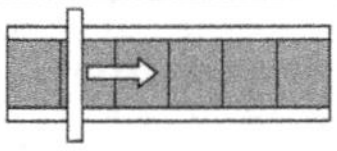		
	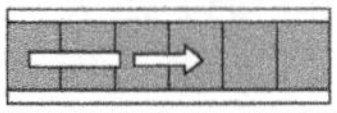		
切切看，电流往哪走？	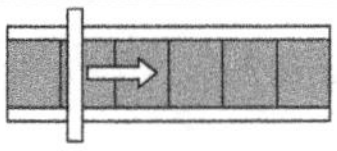		
	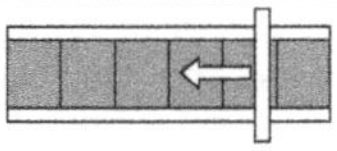		
加速度，电流怎么变？	慢速切		
	快速切		

第三阶段是解释。该阶段的主要目标是通过实验现象与结论，让学生总结规律，总结电与磁的关系。

探究技巧：语言表达——此阶段教师组织学生分享与讨论，引导各个探究小组发言，介绍本组的探究过程和结果，鼓励其他学生进行提问和补充。用小组讨论的形式让学生展开讨论，汇报展示本组的实验设计，评价其他小组的实验方法，在实验方法上取长补短，让实验结果更加完善、准确。同时，小组讨论的表达方式还能培养团队的合作能力和沟通能力，是一种有趣且高效的表达形式。值得注意的是，小组讨论时教师要充分发挥作用，整体上掌握讨论进程，合理点评，鼓励多样性的观点，同时要控制时间，最后进行总结和归纳，让学生对讨论结果有清晰的了解。

第四阶段是迁移。该阶段的目标是通过科学理论与工程实践相结合，探索电动机的发现过程，并感悟锲而不舍的科学精神。

探究技巧：①跨学科理念的应用——此阶段教师给学生设计跨学科的任务，即利用磁生电、电生磁的原理应用于电动机的简易制作，跨学科任务的设置让学生通过实践来应用和整合物理科学、工程实践等方面的知识与技能，由科学理论探究延伸至工程实践。②问题引导——此阶段需要教师通过问题引导学生思考和朝着解决问题的方向努力，电动机要转动，需要有相互作用力，如何提供相互作用力呢？提供作用力的来源是磁场相互作用，一个磁场为磁铁磁场，另一个为电生磁的磁场。通过这种引导来帮助学生初步建立模型。

该案例最后阶段是评价。此阶段的目标是通过让学生解释课程开头“电池小火车”奔跑的原因，了解学生对概念的理解程度，并对学生在课程中的表现作出评价。教师开展师生互评，设计“‘探秘电磁’反馈意见调查结果评分表”。

探究技巧：跨学科理念的应用——此阶段跨学科理念的应用主要表现为教师开展多元化评价：对学生的原理掌握情况进行结果性评价，判断学生的理解程度和掌握程度；引导学生小组互评，从同伴的角度了解自身的优点和不足；开展师生互评，让学生对老师的教学有更多的反馈，帮助老师改进教学方法，提高教学质量，同时也让学生更加积极地参与到学习中；设计“‘探秘电磁’反馈意见调查结果评分表”，用表格和打分的形式使得反馈调查结果更加准确、可靠和完整。

二、案例二：“神舟载人飞船返回舱”教育活动

（一）活动目标

该活动以中国科学技术馆中的静态陈列型展品“神舟载人飞船返回舱”为研究对象，基于 iBeacon 技术及微信平台，开发信息化辅导资源平台，根据“5E”学习教育理论，设计探究式学习辅导资源内容，将原本隐含于静态展品之中的科学技术内容形象化、感知化、趣味化，使用户通过微信“摇一摇”，实现探究式学习，提高展教过程的互动性和用户学习的积极性，实现深度学习展品展示内容，这是利用物联网技术优化科技馆、博物馆展教的一种实践。

（二）配套工具

该活动在中国科学技术馆四层“太空探索”展厅进行，展品由神舟一号飞船返回舱实物、操作台、围栏组成。操作台上放置有两个平板电脑，借助增强现实技术实现 3D 透视效果。

（三）基本流程及探究技巧

第一阶段是激发兴趣，导入问题。

探究技巧：①问题引导——在第一个环节挑战“如何玩转这个展品？返回舱内部都有什么？”中，用户使用手机设备进入微信小程序查看展品照片，可看到神舟一号返回舱外观，通过问题导向的方式，直观引导用户参与探究展品，即从给定的三张图片中选择神舟一号返回舱 3D 透视效果图，选好之后，查验答案。

该环节引导用户根据已有的认知选择自己认为的返回舱内的照片，当查验答案之后，答案与已有认知之间产生认知冲突，进一步激发用户探究的欲望，同时也引起了用户的注意。在第二个环节，设置假设性问题“你是设计师，如何来设计飞船返回舱？”通过“角色引入”形式，激发用户对神舟一号返回舱构造的想象力和进一步学习探究的欲望。②情境创设——在第二个环节“你是设计师，如何来设计飞船返回舱？”中，用户通过观看载人航天史上曾出现过的几种飞船造型，即球形（苏联“东方”号飞船返回舱）、锥形（美国“水星”号和“双子星”号飞船返回舱）、钟形（苏联“联盟”号和中国“神舟”号飞船返回舱）等进行认知铺垫，接下来通过“角色引入”形式创设情境，激发用户对神舟一号返回舱构造的学习和探究欲望。

第二阶段是引导探究，寻找答案。在该阶段，用户重点探究神舟一号飞船返回舱造型及内部构造。

用户在微信小程序界面对锥形、钟形、球形、圆柱形等返回舱外形进行选择，设计成某种造型后，演示其在安装、发射、飞行、返回地面的过程中产生的不同结果。在微信小程序“全景看返回舱”界面，通过模拟返回舱设计和试验的过程，引导用户进行分析思考，从中悟出科学原理。

探究技巧：①问题引导——该阶段主要通过问题或建议的形式给予用户恰当引导，带领用户探究神舟一号飞船返回舱造型及内部构造的相关答案。例如，用户在微信小程序界面对锥形、钟形、球形、圆柱形等返回舱外形进行选择，设计成某种造型后，演示在安装、发射、飞行、返回地面的过程中产生的不同结果。如果没有配重，或未将配重设置在返回舱的底部，又会产生什么结果。引导用户思考：为什么会产生上述结果？为什么除了第一代“东方”号飞船之外，后来美国、苏联、中国的返回舱都要设计成底大头小的不倒翁形状？一次次搭建是一次次试错的过程，也是一次次探究的过程，通过一个个问题和及时演示后给出的答案实现用户能及时修正自己原有的认知，搭建新的认知图式。②创设情境——在原理解释的视频中，引入情景，两个外形相同的飞碟，一个底部增加配重，一个没有配重，从高处落下，通过结果对比，引导用户归纳返回舱的设计要点。

第三阶段是拓展探究。用户随意点选“全景看返回舱”模型上的按钮，了解返回舱模型相关文字内容，全面认识神舟一号返回舱。体验“三轴旋转滚环”，真实体验太空失重环境下的眩晕控制能力。

探究技巧：跨学科理念的渗透——在“全景看返回舱”这一环节，为了让用户对返回舱有更加全面的认识和了解，界面综合了各个领域的知识和模型，用户可以了解到与新材料领域的相关知识——返回舱防热层的材质，了解到数学领域的相关知识——降落伞的数量及面积，了解到生命科学领域的相关知识——返回舱内的生命保障系统，了解到计算机相关知识——返回舱的控制系统、通信系统等。针对一些较为复杂的问题则采用原理图、模型、动图等形式，并配上尽可能精简且突出重点的文字进行解释。

第四阶段是评价反馈。该阶段设置“热点大讨论”环节，引导用户在微信小程序留言。

探究技巧：①问题引导——该环节设置假设性问题“如果让你担任载人登月、登陆火星的设计师，你会如何运用本次所收获的知识、方法、思路来进行设计？”引导用户利用刚刚学到的新概念和新技能来思考问题。②引导表达——主界面引导用户在微信小程序留言，通过表达检验用户对新内容的理解和应用情况。③跨学科理念的应用——引导用户从着陆器造型、返回舱主体结构、气动外形、生命保障系统、再入热防护材料、回收、可重复使用等多元角度进行研讨，深入思考载人航天科技的发展。

三、案例三：植物是怎样传播种子的

（一）活动目标

该活动以“植物是怎样传播种子的”为主题，充分挖掘博物馆课程资源，从课程标准着手挖掘核心概念和科学观念。先通过观察、模拟实验帮助学生建立认知模型，利用模型认知方法，培养学生学会学习，提高观察能力、搜集资料的能力、合作分析资料的能力，在大量实证资料积累的基础上自学归纳概括方法，总结出“种子外形结构特点与传播方式相适应，又与环境相适应”的科学概念，从而渗透科学观念。

（二）配套工具

自带音箱（声音要大，要美），PPT（自然博物馆中各种种子及其生活环境照片），从野外移来的苍耳，3 个带皮毛的毛绒小动物玩具（小兔子、小羊、小牛等）。

录像视频：《种子的旅行》，来自《科学资料库》之《生命世界 2》。

分组材料：B4 纸质记录单每组至少 4 张，最粗的黑色记录笔每组 2 支，夹子每组 2 个，放大镜每组 2 个。

（三）基本流程及探究技巧

第一阶段是引入。该阶段的目标是聚焦话题，调取学生已有认知。

探究技巧：①情境创设——教师通过图片，创设学生熟悉但容易忽视的现实生活场景，建构与生活经验的联系，激发兴趣，引出话题；②观察引导——教师引导学生仔细观察图片内容，学生发现图片中“高高的屋顶上长出了一棵植物”“一个树洞里还长出了绿色的小苗”，从而激发学生的疑问“植物是怎么跑到房顶上和树洞里的呢”；③问题引导——教师引导学生提出问题“这些植物是怎样跑到高高的房顶以及树洞里的？”引发学生大胆猜想和假设“有可能是风吹上去的”“有可能是小鸟把种子衔上去的”；④跨学科渗透——教师引入二年级语文课文中“孩子如果已经长大，就得离开妈妈，四海为家，牛马有脚，鸟有翅膀……”相关内容，联系到本课，植物靠的什么呢？引导学生将所学内容融会贯通。

第二阶段是观察、探究。该阶段的主要目标是建构苍耳外形特点与传播方式同环境相适应的认知模型。

环节一：建构苍耳外形特点与传播方式相适应的认知模型。该环节教师出示苍耳实物，引导学生观察。

探究技巧：①观察引导——教师用简洁的语言为学生明确观察的目标——“苍耳的样子”，明确观察方法——“按照从内到外的顺序仔细看”，引导学生使用观察的工具——“放大镜”，引导学生做好观察记录等，从而在潜移默化中教会学生观察的基本步骤和要素。②多形式表达——学生通过语言组织汇报观察结果——“全身都长着带钩的小刺”“向外的头上刺又尖又长又粗”；通过填写观察记录单，表达观察到的细节。值得一提的是，教师选择苍耳作为观察材料，是因为它的外形结构典型及传播方式新颖，而且大多数孩子都知道它有刺，但不知道有钩，需要仔细观察才能看得到，适合训练学生的细致观察能力。

环节二：探究苍耳植株的外形特点与传播方式相适应的认知模型。在该环节，教师首先提问——“同学们，请思考一下，这种植物为了传播种子，它的种子具备钩子，那这种植物的植株应该长得多高呢？长到脚踝那么高行吗？长在大树上行吗？”教师出示苍耳植株，学生大胆猜测回答，教师进一步让学生选择毛绒玩具，模拟动物在苍耳植株间行走。

探究技巧：①创设情境——教师利用苍耳的植株和小兔子、小羊、小牛的毛绒玩具，创设情景模拟不同动物在苍耳植物间走过的情形。三名同学分别当小兔子、小羊、小牛，学生抱住玩具，按实际动物高矮模拟小兔子、小羊、小牛走过，看看谁能带走小苍耳。真实情景的创设能够有效激发学生的学习动机，促使以探究实践为主的学习行为自然产生，进而建构新的认知。②问题引导——由苍耳植株的高度思考什么动物会将苍耳种子带走，从而引出下一环节。③跨学科概念的渗透——“结构与环境相适应”本身是一个跨学科概念，教师引导学生总结苍耳种子的外形结构与生活环境相联系，从而帮助学生建立外形结构与环境相适应的跨学科概念。

第三阶段是利用自然博物馆展览展品进行研究。该阶段的目标是在博物馆内观察、搜集资料并完成报告单。

该阶段教师提问引出下一环节“其他的植物种子是什么样的？它们又能凭借什么方法来传播自己的种子呢？”请学生们到博物馆里去观察植物种子的样子，调查它们是怎样传播种子的。教师带学生参观调查，及时督促学生记录，掌握学生完成报告单的情况，学生开展实践调查。

探究技巧：①创设情境——教师利用自然博物馆资源，通过不同植物及其种子的图片、视频、实物等创设调查研究的情境，学生化身小小植物调查员在其中开展观察、记录、猜测等探究活动。②观察引导——教师作为调查督导员，引导学生观察的重点，“尤其观察种子（果实）的外形结构特点”，进一步实践观察的方法。③多形式表达——教师引导学生通过文字和图画将所观察到的特点记录在观察记录表里，通过表达，检查学生观察的细节。

第四阶段是表达与交流。在该环节，教师组织学生汇报交流和展示，学生开展分组汇报和展示。

探究技巧：①表达引导——教师引导学生用准确、简洁的语言说清动物的名称、外形、传播方法，推想它的植株或生长环境应该什么样。汇报自己的调查结果，同时引导学生从调查资料中归纳总结规律。②观察引导——教师引导学生观察不同传播方式的种子的外形特点，例如，观察风传播调查组调查的种子（蒲公英、铜钱树、气球果等），其外形共同特点是“轻”“有翅膀（或羽毛）”；动物传播调查组调查的种子（鬼针草、狗尾草等），其外形共同特点是“有钩刺”或者“美味”；自身传播调查组调查的种子（喷瓜、大豆等），其外形特征是种子容易“弹射”“炸裂”；靠水力传播调查组调查的种子（椰子、莲、菱角等），其外形特点是“中空”“壳硬”等。通过接触自然博物馆内大量植物种子的标本，用已建立模型去认识更多植物的种子，大大拓宽了学生的视野，培养了其观察和归纳概括能力，提升了认识，形成了明确的科学概念，并且对各种种子的外形结构与生活环境关系有了初步认识。

第五阶段是拓展迁移。该阶段的目标是进一步验证已有认识，完善科学认识模型。教师播放视频，学生简单说一说自己在视频中的发现，教师总结，专家点评。

探究技巧：①观察引导——在该环节，教师播放视频，要求学生仔细观察其中植物的种子形状及其传播方式是否和我们调查的一样，关注植物的形貌和生活环境。通过观察视频中更多的植物的种子形状及传播方式，进一步印证归纳和猜想。②问题引导——教师归纳并进一步提出问题——“每种植物果实、种子都有自己的外形结构特点，和这种外形结构特点相对应就有一定的传播方式，那么为什么植物会有多种多样的种子和多种传播方式呢？这对绿色开花植物具有什么重要意义呢？”③跨学科理念的渗透——跨学科理念的渗透体现在两方面。一方面是多元的评价主体。该案例除了教师评价、学生互评之外，还有专家点评环节，专家评价给学生的探究活动给予了及时的正向反馈，主要概括为以下几点：①点评学生的过程表现；②明确植物种子外形结构、传播方法与环境的重要关系；③意识到每种植物都需要一定的环境，要保护植物不能随便改变它们的生存环境；④提示学生在生活中多观察，验证所学。另一方面是综合学习目标的实现。通过整个探究活动与专家点评，学生意识到地球上的植物与环境相互适应、相互作用的关系，意识到大自然的多样性和美妙，进一步渗透环境伦理和可持续发展等社会意识，最终实现科学知识，科学探究，科学态度，科学、技术、社会与环境的多元培养目标。

四、总结与展望

当前，全世界都在经历由科学技术主导的巨大变革，特别是在计算机、人工智能科学领域和生命科学领域。生产力的革新正以前所未有的速度推动产业整体升级与社会进步。面对新变化、新场景，科学探究的目标、内容、方法都应以现代最新科学的视野进行规划整合，借鉴全新教育理念和方法，充分体现科技、教育和人才一体化的培养方式，培养能够适应当代乃至未来生活环境，新时期面向未来的科技创新型人才：一是在探究目的和方法上培养学生生存于新时代所必需的素养，如信息技术素养、创新素养等；二是依赖大数据与新技术，为每名学生量身定制多学科、跨学科的新型探究式大单元课程体系；三是利用大数据、人工智能、虚拟与现实等先进技术的特点，通过情景化、问题化、任务化，让学生在更加真实的问题情境中开展探究学习，促进学生探究式学习方式的变革，增强课程的综合性、现实性。

未来已来，机遇与挑战并存，我们将在新时代的宏观视野下，立足教育本质和规律，继续为探寻高质量的科普教育路径贡献智慧和力量。

理解 · 反思 · 探究

请回想一次你参加过或者想象中的探究类科普活动，并分析这次活动在激发你的科学兴趣、培养科学思维方面设计了哪些探究环节。假如让你组织一场面向小学高龄段学生群体的探究类科普活动，你会选择什么主题？会怎样设计活动流程和内容？参考案例中探究技巧的应用分析，自行设计一个探究类科普活动案例。

拓展阅读导航

1.（法）让–亨利 · 卡西米尔 · 法布尔.《昆虫记》. 北京：中国大百科全书出版社，2003.

2.《义务教育科学课程标准（2022 年版）》.

（本章由路建宏、仝鲜梅、张晓肖共同执笔）

本章参考文献

包李君. 2015. 依托展示资源的教育活动项目探索与实践——以上海科技馆“极地生存策略”教育活动为例. 科学教育与博物馆，(4)：267-272.

陈闯. 2016. “分解–体验–认知”——探究式展品辅导开发思路. 自然科学博物馆研究，(4)：46-52.

教育部. 2023. 开足开齐探究实践活动 保障科学课程育人质量. http://www.moe.gov.cn/jyb_xwfb/moe_2082/2023/2023_zl24/202311/t20231123_1091840.html[2024-12-24].

孟佳豪，郝琨，柳絮飞. 2021. “情境–体验/探究–认知”——科技类博物馆学习情境营造模式. 自然科学博物馆研究，(4)：19-27.

田巧玲. 2009. 以科技馆展览教育为依托，开展科学探究活动. 科技风，(12)：76.

袁品高，伍振武. 2010. 在科技馆进行探究式科普的探讨//中国科普研究所. 中国科普理论与实践探索——2010 科普理论国际论坛暨第十七届全国科普理论研讨会论文集. 北京：科学普及出版社：292-298.

张彩霞. 2017. STEM 教育核心理念与科技馆教育活动的结合和启示. 自然科学博物馆研究，

（1）：31-38.
朱幼文. 2017a. 教育学、传播学视角下的展览研究与设计——兼论科技博物馆展览设计创新的方向与思路. 博物院，（6）：70-80.
朱幼文. 2017b. 基于科学与工程实践的跨学科探究式学习——科技馆 STEM 教育相关重要概念的探讨. 自然科学博物馆研究，（1）：5-14.

第七章

大中型科普活动的设计与实施

要点提示

本章首先简要介绍国内外大中型科普活动的发展现状，然后重点围绕全国科技活动周与全国科普日，梳理我国大中型科普活动的设计要素与开展流程，最后结合案例分析提炼活动要点，为相关从业人员提高活动策划组织水平、丰富活动内容、创新活动形式、提升活动效果提供参考借鉴。

学习目标

1. 了解国内外大中型科普活动的起源、发展过程与现状。
2. 掌握大中型科普活动的设计要素与开展流程。
3. 熟悉大中型科普活动的常见组织形式。

导入

2022 年 9 月，中共中央办公厅、国务院办公厅印发《关于新时代进一步加强科学技术普及工作的意见》，要求各级党委和政府要履行领导责任，为全社会开展科普工作创造良好环境和条件，发挥重大科技活动的示范引领作用，举办科普惠民活动，展示国家科技创新成就。科技部、中央宣传部、中国科协印发的《“十四五”国家科学技术普及发展规划》明确指出，要“组织科技活动周、全国科普日、公众科学日、科技工作者日等国家重大科普示范活动”，推动科普工作全面发展，提升科普活动的社会参与度、影响力和群众满意度。

第一节　大中型科普活动概述

一、内涵界定

大中型科普活动通常是由政府或社会团体发起，联合动员科技社团、科研院所、学校、企业、科普教育基地、社区等机构单位广泛参与的科普活动，是面向全社会或特定群体在某一固定时间段集中开展的主题鲜明的科普展览展示、科技传播、科技服务、科技宣传、科学体验、技术普及和推广等综合性科普活动。大中型科普活动没有明确的以参与规模为依据的分类定义，当前一般将参加人数在 1000 人及以上 5000 人以下的视为大型科普活动，5000 人及以上的视为特大型科普活动（任福君等，2020）。大中型科普活动可以是面向全国的，也可以是面向地区的，其特征是以全体社会成员为目标受众，有明确主题，活动形式多样化，活动内容丰富，资源使用复合化、综合化等（张志敏和郑念，2013）。

大中型科普活动投入经费较多，需要动员全社会参与，其内容丰富、公众参与度高、活动覆盖面广，是公众接触科学、认识科学、参与科学的重要途径，是激发公众科学兴趣、推广科学技术应用、推动科学文化传播、提高公民科学素质、推动科技创新和社会发展的重要举措，具有较高的社会影响力。大中型科普活动既包括科技活动周、全国科普日、公众科学日、科技工作者日等国家重大科普示范活动，也包括结合世界地球日、环境日、海洋日、气象日等国际纪念日及文化和自然遗产日、全民国家安全教育日、航天日、防灾减灾日、节能减排周、安全生产月等专题日开展的形式多样、各具特色的主题科普活动。此外，还有一些大型科普活动是以竞赛形式组织的，主要由政府机构、社会团体、大型企业等单位发起并面向特定受众群体，通过竞争性比赛的方式开展。此类活动最显著的特点是具有一定的激励作用，一般通过竞赛评选、竞技等方式，激发青少年的好奇心，使参赛者有机会相互交流、展示自我和提升能力。

二、发展过程与现状

（一）大中型科普活动的起源

最早的大中型科普活动起源于英国，与英国皇家学会、英国科学促进会两个组织的推动密不可分。

1778 年英国皇家学会举办的夏季科学展是世界上最早宣传科技发展成果的大型科普活动，举办的目的在于向公众展示科研成果，推动学术交流。通过举办科技讲座、专题讨论会、科研成果展览等，英国皇家学会向社会宣传科学家取得的重要成果，吸引公众的关注，为获得政府支持进行广泛的宣传。

夏季科学展的举办与 17 世纪以来英国科学技术的进步有着紧密的关系（徐桑奕，2023）。17 世纪的英国成为欧洲科学界的领军者，这个时期的英国科学家（如牛顿、虎克、玻意耳等），为现代科学理论奠定了基础。英国的学术机构逐渐完善，1662 年皇家学会的成立为科学家提供了一个交流研究成果、开展实验的场所（张建红，2019）。17 世纪的英国在技术领域取得了显著进步。蒸汽机、珍妮纺织机、气压计等重要发明都在这个时期诞生，这些发明为后来的工业革命奠定了基础，推动了人类社会的发展进程。作为科学界的最高殿堂，英国皇家学会将激励科学教育、激发人们对科学研究的兴趣作为重要责任之一，夏季科学展的推出成为英国皇家学会传播科技知识、培养公民科学素养的重要活动。这项自1778年持续开展的活动，不仅给英国的科学家及研究机构提供了展示自己研究成果的舞台，更为广大民众尤其是青少年提供了一个了解尖端科技、激发科学热情的难得机会。通过展览以及与顶级科学家面对面的交流，人们不仅可以对英国科学的发展状况有一个大致的了解，同时也可以对世界科技的前沿领域有更直观的认识。夏季科学展成为英国皇家学会传播尖端科研成果、促进学术交流、提升全民科学素养的一项重要活动。

除英国皇家学会外，成立于1831年的英国科学促进会通过组织科学会议、科学讲座，开展科学交流，促进公众理解科学、工程和技术的发展对社会的影响，对科学技术获得普遍关注，消除阻碍科学进步的公共的不利条件发挥了突出的作用（柯遵科，2010）。1831年，英国科学促进会举办第一届年会，不仅有学术交流、辩论，还安排面向公众的演讲以及其他活动，激发了当地公众的强烈兴趣，并吸引了他们的积极参与，这次会议成为一次盛大的科学的节日。因此，这届年会也成为英国最早的科学节，也是世界上最早面向公众开展科学技术知识普及的大型科普活动。科学节作为英国科学促进会的年会，每年分别在英国不同的城市举办，年会将科学家们集中起来，彼此共同讨论他们在各自领域的突破性工作，更重要的是与广大公众进行交流。正是通过这些年会，一些重大的科学进展被公之于众。比如，19世纪40年代的焦耳热功当量实验、贝赛麦的炼钢工艺（1856年）、瑞利和拉姆齐首次发现惰性气体——氩（1894年）、奥利弗爵士在几百码[①]距离进行无线传输的首次公开亮相（1894年）、约瑟夫·约翰·汤姆森发现电子（1899年）。人们印象最深刻的是1860年的牛津年会，赫胥黎与塞缪尔·威伯福斯就达尔文的进化论展开了精彩的辩论。英国科学促进会自成立以来，已经成为推动科学发展、促进科学教育进步、加强国际科学合作的重要力量，它不仅提供了一个跨学科的交流平台，还通过各种活动和倡议，加深了公众对科学的理解。

英国的夏季科学展、科学节为世界各国开展面向公众的科普活动提供了借鉴，不仅涌现出爱丁堡科学节、曼彻斯特科学节等大型综合性科普活动，也把科学节的形式引向了世界各地，成为世界各国开展综合性科普活动、提升公民科学素养的重要形式。

① 1码=0.9144米。

（二）大中型综合性科普活动的发展现状

1. 欧美大中型科普活动的发展

随着人们越来越重视科学技术对社会的影响，开展面向大众的科学传播工作，提升公民的科学素质，受到世界各国政府的高度关注，一批以科学节、科技周、纪念日等形式组织的大中型综合性科普活动在世界各地出现，尤其是在欧美一些科技发达国家，成为开展大众科学传播的重要形式。

1）英国的科学节与科技周

英国皇家学会与英国科学促进会组织的夏季科学展与科学节在宣传科技成果、促进公众了解科技前沿技术方面，取得了突出的效果。特别是英国科学促进会的年会活动，经过多年的变化，已经成为一个公众普遍认可的科技节活动。每年 9 月在英国中心城镇的大学轮流举办的科技节，通过一系列讲座、展览、互动活动等形式，吸引公众积极参与，探讨最新的科技发展及其对人们生活的影响，向公众展示科学的魅力，提高公众对科学的兴趣和认识。例如，1995 年在英国北部主要城市纽卡斯尔举行的科技节，围绕“发现与发明”主题，开展了 350 场演讲、辩论和讨论活动，内容涉及自然科学、社会科学、工程和医药，讨论的课题从天文学的新发现、粒子物理到治疗癌症过程中化学药剂的使用，甚至包括婚礼风俗的发展与婚礼蛋糕的历史等生活主题。围绕科技节主题还举办了多种类型的公众活动。例如，“亲自动手”实习班的活动与国家科学课程同步，大约 6000 名 8～13 岁的学生参与活动体验；周末的家庭活动日吸引约 3000 名公众体验科学实验、观看街头剧场表演等各类活动（姚昆仑，1996）。科技节得到媒体的报道，受到社会的广泛关注。

英国科学促进会组织的科学节，是以协会年会的形式在一个地方开展的活动，虽然社会影响力较大，但参与规模和覆盖面有限，而且活动经费投入较多，为了让更多公众理解科学，英国科学促进会向英国政府提议在全国举办科技周活动。在英国政府的支持下，1994 年正式在每年春季举办全国科技周。科技周动员了各类学会、教育部门、博物馆、中小学以及其他各类团体积极参与，举办丰富的科学活动。科技周的活动场地涵盖报告厅、教室、博物馆、展览中心、大学与科研院所实验室、天文台、商业街、图书馆、剧院等各类场所，活动形式有科普讲座、动手体验、科学演示、科技展览、参观辅导、街头表演、媒体科普等多种类型，为公众提供了近距离接触科学，深入了解科学、技术、工程和数学等领域知识的机会。1995 年科技周的活动项目有 3000 多项，参与人数超过 100 万人次；1996 年的科技周活动项目有 5000 多项，参与人数超过 200 多万人次（姚昆仑，1996）。

英国科学节与科技周不仅是一个科学知识的传播平台，而且是一个社会交流和文化融合的场所，它让公众有机会近距离接触科学家，了解他们的工作和生活，增进对科学的理解和尊重。同时，促进了科学与社会、科学与文化的交流和互动，为科学的发展和应用奠定了更加广泛的社会基础，展示了科学的魅力和价值，推动了科学普及和社会进步。

2）法国科学节

法国科学节是由高等教育和科研部于 1991 年发起，旨在促进科学普及，增强公众对科学的兴趣和认识的年度活动，每年 10 月在全国范围内举办。科学节每年在法国上百个地区举行一系列丰富多彩、互动性强的科技活动，如展览、实验室开放参观、科学体验、研讨会、戏剧、科学沙龙等，让普通民众也能参与到科技中来，拉近科学与公众的距离，加深对科学的理解和认识，使科学知识不再遥不可及，而是成为人们生活中不可或缺的一部分。

在法国科学节期间，政府动员博物馆、科研院所等机构对公众开放，全国各地举办数千场免费活动，让公众有机会近距离与科研人员和科技工作人员交流。图书馆举办科技类图书沙龙，科研实验室邀请公众参与实验操作体验活动，面向青少年举办科普讲座、科学实验课，培养学生的科学素养和创新能力。法国科学节已发展成为法国入秋后一个群众性的节日，每年吸引大量家庭参与，上百万民众参加各类活动。为加强国际交流，法国科学节还曾在中国举办专场活动，如 2021 年法国科学节 30 周年之际，法国驻华大使馆推出相关活动，推动中法科技工作者的交流。

通过多年的努力，法国科学节已经取得了显著的成果。越来越多的法国人开始关注科学、热爱科学，并积极参与科学活动。科学节促进了科研人员与公众之间的交流与合作，推动了科研成果的转化和应用，已成为法国乃至全球范围内推动科学普及、提高公众科学素养的重要平台之一。

3）澳大利亚科学节（周）

澳大利亚科学节（周）是一个全国性的科学普及活动，旨在提高公众对科学、技术及其在社会、经济发展中作用的认识和了解。1993 年，首届澳大利亚科学节在堪培拉举办。经过政府推动，澳大利亚广播公司，澳大利亚科学教师协会，澳大利亚教育、技能和就业部，澳大利亚工业、科学和资源部以及联邦科学与工业研究组织等单位与科学节有限公司建立了伙伴关系，共同参与科学节的组织。其中澳大利亚联邦科学与工业研究组织、堪培拉技术学院、澳大利亚科学院、澳大利亚国家科学技术中心等单位在科技节期间同步推出专题展览。

澳大利亚科学节每年 8 月中旬在各大城市举办，活动名称在各州有所区别，在首都堪培拉称为“澳大利亚科学节”，而在其他州则称为“澳大利亚科学周”。首届科学节吸引了约 7 万名访问者参与其中的 65 项活动。经过多年的发展，澳大利亚科学节（周）已成为一项重要的年度科学普及活动，在提高公众对科学、技术及其促进社会、经济发展的认识和了解，激发民众和年轻一代对科学的兴趣和探知欲，促进并加强社区、研究机构和行业间的合作与交流等方面发挥了重要作用。

澳大利亚科学节（周）期间，各地会邀请诺贝尔奖获得者、知名科学家等科学界精英参与，举办主题生动的科学演讲和展览。各类科研机构、教育部门设置展台或活动区域，开展各种科普宣传、动手体验、赠送或销售科学纪念品等活动。澳大利亚科学节（周）内容丰富、形式多样，提高了公众对科学的认识和兴趣，推动了科学知识的普及，促进了科学家、教育工作者和公众之间的交流与合作，增强了澳大利亚在国际科学领域的影响力和竞争力。

4）美国公众科学节

美国公众科学节起源于美国科学促进会 1989 年在旧金山召开的年会。美国科学促进会成立于 1848 年，是一个科学与工程学会的联盟，有近 300 个分支机构和超过 14 万名会员，是世界上著名的科普组织，“提高公众理解和正确评价科学方法在人类发展进程中的重要性和前景的能力”是其重要的目标之一（兰翠玲和刘峰松，2001）。

在 1989 年的年会上，美国科学促进会在旧金山地区的观测站、劳恩斯科学会堂、加利福尼亚科学院和旧金山动物园等不同场所组织了一系列面向公众的科普活动，包括著名的“Wizard 先生”[电视人物唐·赫伯特（Don Herbert）] 的报告、登月舱全比例模型展示，以及生物发现实验室参观等各类活动，这些互动的体验，让公众感受到科学是有趣的，而不是不可企及的、难以理解的。这次活动成功地将几个重要组织联合起来，共同为中小学生提供丰富的科学实践项目，受到媒体的广泛关注，不仅促进了公众对美国科学促进会的了解，也成为推动科学与公众互动的重要载体。此次美国公众科学节成功举办之后，美国科学促进会决定在每年召开年会的同时组织公众科学节活动，华盛顿、芝加哥、波士顿、旧金山、亚特兰大、巴尔的摩和西雅图等许多城市都承办过公众科学节活动。例如，有的公众科学节活动将主办城市的科学资源集中到一起，帮助中小学生理解科学技术在生活中的重要性，并推动学生和老师们学习如何应用当地资源，如在水族馆、植物园、科技博物馆、动物园和大学实验室等开展科学教育实践。

进入 21 世纪之后，在公众科学节的带动示范下，美国城市科学节发展迅速，加上美国 STEM 教育计划的推行，科学节的发展达到了空前繁荣的状态。如今在美国举办的大大小小的科学节有几十个（罗丽娜和姜萍，2018）。如在华盛顿举办的美国科学与工程节、纽约的世界科学节、白宫的科学节、美国剑桥市科学节、费城科学节、圣地亚哥科学节等。有个别州或更小的城市也有自己的科学节，像密歇根州科学节、得克萨斯州科学节、东兰辛科学节（东兰辛市是密歇根州的一个小城市）等。目前美国科学节已经形成一套成熟的模式，每年在美国各地都有丰富多彩的科学节活动，当地民众积极地参与，进一步促进了美国公民对科学的参与和理解。

其中，美国科学与工程节是一个以科学和工程技术为主题的大型公益科普教育活动，2009 年开始在美国华盛顿特区举行。该科学节的目的是通过一系列丰富多彩的活动，激发年轻一代对科学和工程技术的兴趣与热爱。该活动每两年举办一次，吸引了众多政府科研机构、大学、公司等各类社会组织参与，参展单位超过 500 家。丰富的活动内容吸引了大量观众参观，每届活动有超过 100 万人参加。美国科学与工程节通过科学和工程技术相关展览、互动体验活动、科技讲座论坛、科普教育课程等形式，让观众亲身感受科技的魅力，体验科学的乐趣，激发探索的欲望，提高科学素养。

随着城市科学节的发展，美国在 2009 年成立了科学节联盟，将几十个独立的科学节联合起来，增加信息交流和资源共享。科学节联盟先后获得美国国家科学基金会、斯隆基金会、西蒙基金会等基金会的资助，进一步推动了城市科学节的发展壮大。

5）德国科学日

德国科学日由德国科技促进协会主办，是德国规模最大的科学节（李宏等，2019）。科学日是由一系列展览、互动体验等活动形式组成的一个盛大的科普活动，旨在让公众更深入地感受科学的魅力。科学日每年 10 月举办，包括项目展览、技术洽谈、国际合作、餐会、科学交流等活动。除首届在德国弗莱堡举办外，其余各届均在欧洲公园举行。

德国科学日的活动形式与内容主要包括以下几个方面：①科普展览。包括各种科学实验、技术展示、科学装置等，内容涵盖机械、物理、光学、化学、生物等多个领域，参展单位近 100 家，其中 90%来自当地，10%为国际参展商。②互动体验。为学生提供动手实践的机会，如让学生组装电子灯、提取香蕉中的DNA 等。③讲座与研讨会。邀请科学家、教育家等进行演讲，分享研究成果和教育经验。④科技竞赛。举办各种科学竞赛，如科学马拉松比赛，鼓励学生运用科学知识和技能进行创作与实践。德国科学日通过多年的举办，已经成为德国乃至欧洲范围内具有影响力的科普活动之一。德国科学日活动不仅提高了公众对科学的兴趣和认识，还促进了科学家、教育工作者和公众之间的交流与合作。通过展示德国在科学、技术和创新方面的成就与实力，增强国家的国际影响力和竞争力。

科学节、科技周、科学日等形式是世界各国广泛开展的公众性大型综合科普活动。丹麦高等教育与科学部发起并组织了丹麦科学节活动，动员全国约 200 所（家）大学、教育文化与科研机构，组织近 700 场各式各样的活动，推出“预约科学家”特色活动，由公众预约科学家，进行免费的专业报告。俄罗斯 1999 年为纪念科学院成立 275 周年，将每年 2 月 8 日设立为俄罗斯科学日。葡萄牙议会于 2016 年批准创立了全国科学家节，在葡萄牙著名科学家若泽·马里亚诺·加戈的诞辰日 5 月 16 日举办，庆祝科学界对促进知识和社会进步所作出的贡献。欧盟委员会于 2005 年发起“欧洲科研人员之夜”活动，每年 9 月最后一个星期五，动员每个欧盟参与国，由政府、学术组织、科研机构或商业公司策划活动，邀请当地的科研人员参加，为公民提供了解科学的机会（李宏等，2019）。

2. 我国大中型科普活动的发展

我国大中型科普活动起步相对较晚，进入 21 世纪以来，以全国科技活动周、全国科普日为代表的大中型科普活动产生了广泛的社会影响，中国航天日、地球环境日、气象日、防灾减灾日等专题型科普活动开展频率越来越高，每年举办的各类科普活动有数亿人次参与，活动覆盖面越来越广，公众参与度越来越高，社会影响力越来越大。

1）全国科技活动周

为提高我国公民的科学素质，将科技前沿成果向公众进行宣传普及，全国科技活动周于 2001 年批准设立。全国科技活动周由科技部、中国科协会同多个部委共同组织实施，每年 5 月的第三周在全国范围内举办，通过一系列科普活动，提高公众的科学素养，激发公众对科学的兴趣和热爱，推动科技创新和社会进步。

全国科技活动周的前身是 1989 年开始的全国青少年科技创新活动周，由中国科协主办，旨在激发青少年对科学的兴趣和热爱，培养创新精神和实践能力。1999 年，为了满足社会主义市场经济条件下公众对科学知识和技术信息的需求，将全国青少年科技创新活动周扩大为全国群众性科学技术活动周（段永利，2023）。到 2008 年，中央宣传部加入科技活动周组委会，自此，科技活动周由 19 个部门和单位共同牵头主办。2010 年，中央宣传部与科技部共同出台《关于进一步加强全国科技活动周工作的意见》，提出了“以提高公众对我国自主创新成果认知度为核心目标”的工作思路。2016 年，中共中央办公厅、国务院办公厅印发《关于进一步加强和改进新形势下群众性精神文明创建工作的意见》，将全国科技活动周纳入群众性精神文明创建工作的重要内容。2022 年，中共中央办公厅、国务院办公厅印发《关于新时代进一步加强科学技术普及工作的意见》，将全国科技活动周作为提升全民科学素质的重要平台（段永利，2023）。

全国科技活动周的主要内容包括展览、科技论坛、科技竞赛、科技讲座和科技体验活动等。展览内容涵盖人工智能、生物技术、智能制造、环境保护等领域的科技成果，让公众了解科技的发展现状和未来趋势。科技论坛邀请知名科技专家、学者和企业家，就科技创新、科技政策、科技与产业融合等话题进行深入探讨和交流。科技竞赛组织青少年科技竞赛，激发青少年对科技的兴趣，培养科技创新人才。科技讲座邀请科技领域的专家和学者，介绍最新的科技成果和科技应用。科技体验活动让公众亲身参与科技创新过程，体验科技的魅力。

全国科技活动周已经连续举办 23 届，参与公众累计超 20 亿人次，成为全国公众参与度最高、范围覆盖面最广、社会影响力最大的群众性品牌科普活动，成为推动科技创新和科学普及的重要平台（段永利，2023）。

2）全国科普日

全国科普日是中国科协发起的一项大型科普活动，旨在全国范围内掀起宣传贯彻落实《科普法》的热潮，提高全民科学素质，推动科技自立自强。全国科普日于 2003 年正式启动，自 2005 年起，为便于广大群众、学生更好地参与科普活动，活动日期由原来的 6 月改为每年 9 月第三个公休日集中开展，2007 年开始，活动时间由两天改为持续一周。近年来越来越多的科技工作者、科普志愿者和科普工作者在全国科普日期间参与开展群众性、社会性的科普活动。全国科普日活动得到中央的高度重视和关心，自 2004 年以来，中共中央书记处领导同志多次莅临全国科普日北京活动现场，与首都各界群众一起参与科普日活动。

全国科普日的活动形式丰富多样，包括学会科普联合行动、企业科普联合行动、科技馆联合行动、科普基地联合行动等。这些活动鼓励全国学会、企业、科技馆和科普教育基地等各方积极参与，通过组织示范性科普活动以及开展科普讲座、展览和体验活动等方式，向公众普及科学知识，传播科学思想，倡导科学方法，弘扬科学精神。全国科普日活动紧扣国家科技和经济社会发展的热点，每年都设置特定主题，以当前热点话题为切入点，结合公众身边事件，突出生活通俗实用，使公众更容易亲近，更容易参与。例如，2023 年的主题为“提升全民科学素质 助力科技自立自强”，2022 年的主题为“喜迎二十大，科普向未来”，2021 年的主题为“百年再出发，迈向高水平科技自立自强”，2020 年的主题为“决胜全面小康 践行科技为民”。这些主题旨在引导公众关注科技发展的重点领域，促进科学素质的提升，推动科技创新和社会进步。

3）中国科学院公众科学日

为了更好地宣传中国科学院的科普工作，进一步增强公众对科学原理的理解，近距离了解科学研究的过程，中国科学院于 2004 年推出公众科学日活动，通过面向公众开放实验室，组织科学家开展科普宣讲活动，引导青少年参与科学实践（中国科学院科普领导小组办公室，2005）。

近年来，中国科学院推动更多的实验室加入公众科学日开放活动中，科普活动的内容与形式逐渐丰富，已成为区域重要的公众科普活动。2024 年 5 月中国科学院推出主题为“砥砺二十载 科学新征程”的公众科学日活动，分布在全国的百余个院所和三所院属高校面向社会公众开放，并同步展开“云游中国科学院”线上直播，全方位拓宽公众科学日的参与渠道。在活动启动仪式上，陈润生院士与青少年通过对话开启对科学的求索；在翟明国院士的科普报告中，可以看到最熟悉和最陌生的地球；科学家与人工智能虚拟人同台交流，共同探讨人工智能的未来。北京正负电子对撞机、被称为“人造小太阳”的全超导托卡马克核聚变实验装置（Experimental Advanced Superconducting Tokamak，EAST）、上海光源等国家重大科技基础设施，强场激光物理、煤炭高效低碳利用等国家级重点实验室，常熟农田生态系统、策勒荒漠草地生态系统等国家野外科学观测研究站，面向公众开放参观，揭开其神秘的面纱。第二次青藏高原综合科学考察、第三次新疆综合科学考察成果集中亮相，西藏多地中小学生走进多个高原相关科普基地和野外台站实地学习。

2024 年中国科学院公众科学日期间，不同领域方向的专业科研机构为公众提供了各种美味的“科普佳肴”。中国科学院天津工业生物技术研究所设计出二氧化碳“变身游”四条路线，展示生物制造的力量；在中国科学院空天信息创新研究院，公众可以登上新舟 60 遥感飞机，参观极目一号Ⅲ型浮空艇，近距离接触无感式健康监护设备、植入式脑机接口等汇聚创新生产要素的实体成果；中国科学院空间应用工程与技术中心特别启动“天地共播一粒种——青少年和航天员一起养斑马鱼”活动，还推出“当万户走进天宫”筑梦星空展厅沉浸式导览剧；中国科学院金属研究所举办首届沉浸式大型实景科学探秘“剧本杀”《师昌绪归国记》，参与者既能深入了解师昌绪先生科学报国的感人故事，还可以在游戏中认识材料领域的前沿成果。

历经 20 多年发展，中国科学院公众科学日科普活动的内容和形式日益多元，深度与广度并进，已发展成为公众参与度高、范围覆盖面广、社会影响力大的全国重要品牌科普活动，成为公众了解科技进展、与科学家交流的重要渠道，以及传播科学知识的重要平台。

4）中国航天日

为纪念中国航天事业成就，发扬中国航天精神，国务院于 2016 年 3 月批复同意将每年 4 月 24 日设立为中国航天日。1970 年 4 月 24 日，中国第一颗人造地球卫星东方红一号发射成功，拉开了中国人探索宇宙奥秘、和平利用太空、造福人类的序幕。以此为标志设立中国航天日，旨在宣传中国和平利用外层空间的一贯宗旨，大力弘扬航天精神，科普航天知识，激发全民族探索创新热情，唱响“探索浩瀚宇宙、发展航天事业、建设航天强国”的主旋律，凝聚实现中国梦、航天梦的强大力量。每年的中国航天日，国家航天局联合相关部委、地方政府共同举办主场活动，并动员全国各地的航天科技研究院所、企业，以及科技类博物馆组织航天主题的科普活动。

2023 年第八个中国航天日的主题为“格物致知 叩问苍穹”，主场活动在安徽省合肥市举办，由工业和信息化部、国家航天局、安徽省人民政府共同主办，合肥市人民政府、中国科学技术大学、深空探测实验室承办（申超波，2023）。活动除组织启动仪式、发布航天日主题宣传片、颁发相关奖项和荣誉证书外，还发布我国首次火星探测相关成果，举办了以“走向世界的中国航天”为主题的航天系列展览。作为活动承办单位之一的中国科学技术大学组织了多场特色活动，通过线下活动与线上推广相结合、声誉打造与成果落地相结合、国际交流与传统文化相结合的总体思路，精心打造学校科技活动周，突出航天主题，安排国内外知名院士专家的科普报告，举办阅壤——月壤科研成果主题艺术展等一批精品校园文化活动。围绕中国航天日，全国范围内的各类机构陆续推出航天开放日、科普讲堂、知识竞赛、交流与研讨等 400 多项活动。

在港澳台地区，科学节也是面向公众进行科普的重要活动形式。2014 年创办的香港科学节是由香港科学馆联合本地多所大专院校、科教团体、博物馆及特区政府部门联合举办的，通过富有特色的科学活动，增加市民对科学和科技的关注与兴趣。澳门科技周是澳门一年一度的大型公益性科普活动，自 2005 年开始举办，由澳门科技发展基金主办，联合相关政府机构和社会团体共同组织，致力于加强澳门与内地的深化合作，推动本地科研成果转化及产学研协同。2013 年启动的台湾地区科学玩意节，通过一系列创意项目，展示科学是好玩的，展现科学与技术对提高人类生活品质的特殊意义，吸引了众多在校学生和市民参与体验。

5）竞赛类大型科普活动

有一部分竞赛类科普活动由各级组织宣传、推广、举办，建立了从区级、市级到国家级的一贯性赛制，最终参加者甚至能参与世界性的比赛，从举办规模来看，其也可属于大型科普活动。竞赛类大型科普活动有别于传统的学习活动过程，通过评比、交流和展示引导参赛者在创新实践过程中得到启发。竞赛活动中给予优秀者各种表彰和激励，有助于激发参赛者敢于创新的积极性，并愿意将学到的知识与技能尽可能应用于社会实践中。例如，在我国，由中国科协、国家自然科学基金委员会、共青团中央、全国妇联共同举办的一项全国性的青少年科技竞赛活动，通过各级组织的宣传、推广，以及各级赛事的组织实施，具有非常大的社会影响力，在激发广大青少年的科学兴趣和想象力，培养科学思维、创新精神和实践能力方面发挥了重要作用。该竞赛活动在促进各地青少年科技创新活动的广泛开展和科技教育水平的不断提升，以及发现和培养一批具有科研潜质、创新精神和爱国情怀的青少年科技创新后备人才方面发挥了一定的作用。最终优秀国赛选手还有机会参与具有一定国际影响力的国际科学与工程大奖赛（International Science and Engineering Fair，ISEF），这项竞赛活动通过赞助企业、全球科学社团和政府等组织机构的支持，为参赛获奖选手提供奖学金、暑期见习机会、野外科学考察机会以及科学研究器材与设备等实物等奖励，还为参赛者的未来教育和职业发展提供支持，有助于为参赛者提供科学体验、科学交流机会并激励个人成长。

科普活动是促进公众理解科学的重要载体。实践证明，举办大中型科普活动是开展科普工作的有效形式之一，在提高公民科学素质、营造良好的科学文化氛围、促进公众理解科学等方面发挥着积极作用。近年来，在全国科技活动周、全国科普日两个全国性大型综合型科普活动的带动下，以专题形式开展的大型科普活动拓展了科普服务的内容，大中型综合性科普活动在我国得到了蓬勃发展，为提升公众科学素质发挥了重要的作用。

第二节　案　　例

一、案例一：2023 年全国科技活动周活动

全国科技活动周秉持“政府牵头、各界行动、全民参与”的大科普理念，旨在加强国家科普能力建设，深入实施全民科学素质行动，大力弘扬科学家精神，树立热爱科学、崇尚科学的社会风尚。历届活动主题紧扣国家科技和经济社会发展的热点，以科技为主导，围绕科技创新、科技趋势开展相应的活动，更好地体现了科技带来身边日新月异的变化，推动科普全面融入经济、政治、文化、社会、生态文明建设。如下为 2023 年全国科技活动周活动概述。

（一）全国科技活动周活动通知发布

2023 年 4 月 19 日由科技部、中央宣传部、中国科协共同发布《关于举办 2023 年全国科技活动周的通知》[内容详见：《科技部 中央宣传部 中国科协关于举办 2023 年全国科技活动周的通知》（https://www.most.gov.cn/xxgk/xinxifenlei/fdzdgknr/qtwj/qtwj2023/202304/t20230419_185628.html）]，重点内容如下。

活动背景：2023 年是全面贯彻党的二十大精神的开局之年，是实施“十四五”规划承上启下的关键一年。全国科技活动周将重点聚焦于落实习近平总书记关于科技创新的重要论述，加强国家科普能力建设，深入实施全民科学素质行动，大力弘扬科学家精神，树立热爱科学、崇尚科学的社会风尚。

活动主题：热爱科学 崇尚科学。

活动时间：2023 年 5 月 20～31 日。

活动主要内容：一是突出学习宣传贯彻党的二十大精神。各地方各部门要广泛宣传习近平总书记高瞻远瞩、统揽全局的战略思想，以及对科技创新的战略擘画，重点宣传党的二十大关于“加快实现高水平科技自立自强”的战略部署。二是深入宣传中共中央办公厅、国务院办公厅《关于新时代进一步加强科学技术普及工作的意见》精神。三是大力弘扬科学家精神。各地方各部门要把弘扬科学家精神融入各类科技活动，推动在全社会形成尊重知识、崇尚创新、尊重人才的浓厚氛围。各地方科技管理部门、科协要共同开展“全国科技工作者日”活动，用好科学家精神教育基地、学风传承工作室、全国科普教育基地等阵地，不断强化

面向基层一线科技工作者的联系和服务举措。四是广泛开展面向公众的特色科技活动。各地方科技管理部门要强化统筹、预先部署，支持和动员相关部门因地制宜开展特色科普活动。要广泛开展面向基层的特色活动，组织广大科技工作者和科普工作者，深入田间地头、厂矿企业、社区农村、中小学校开展形式多样的科普服务活动。

活动重点项目：①举办主场启动式。5 月 20 日在北京城市绿心森林公园举办全国科技活动周主场启动式。②举办主场展览活动。主场展览设在北京城市绿心森林公园活力汇室内外空间，重点展示人工智能、生物技术、“双碳”科技等国家重大科技创新成就，展示全国科普工作联席会议成员单位特色科技成果，展示北京市优秀科创成果。③举办活动闭幕式。5 月 31 日在上海市举办闭幕式，由科技部、上海市人民政府共同主办。④开展配套系列活动。科技部将组织科学之夜、科技列车行、全国科普讲解大赛、全国科普微视频大赛、全国科学实验展演汇演、全国优秀科普作品推荐、科普援藏、全国优秀科普展品巡展暨流动科技馆进基层、科普进校园、“全国中小学生创・造活动”、“一带一路”科普活动等重大科普示范活动。

（二）2023 年全国科技活动周北京主场活动

2023 年全国科技活动周北京主场活动分为室内、室外两部分，以展示科技创新成就与科普创新成果为主。共展出近 300 个展项，面积超过 12 000 平方米（室内主题展区 2000 平方米，户外互动展区超过 1 万平方米），观众可采取线上免费预约的方式入场。

科技创新展览部分以“北京新征程”为主线，从“自立自强”“踔厉奋发”“勇毅前行”三个维度，以“征途”的道路形式呈现。聚焦关键共性技术、前沿引领技术、现代工程技术、颠覆性技术等方面的重大突破，突出展现北京对“卡脖子”技术攻关的精准力，重点展示了人工智能、高性能计算芯片、量子、医药健康、商业航天、智能装备、机器人、新材料、元宇宙以及新能源及储能 10 个领域的科技创新成果 86 项。同时，还围绕抽象物理、消防安全、低碳生活、检验检测等领域展示联合参展单位的 39 项科技创新成果。

科普创新成果展示部门围绕“遇见 2023 和谐共生”的主题，通过“遇见科学”“遇见生活”“遇见阅读”“扩展活动”等板块设置，为参观者提供互动性强、体验性好、趣味性浓的科普体验。分会场共有 101 个展项，包括“遇见科学”板块 91 个展项，“遇见生活”板块 10 个展项。同时，在“遇见阅读”板块还有 12 家出版社提供的 700 套精品科普图书可供大家阅读。

在科技周主场活动期间，除展览展示之外，还有大赛、科普讲座、实景演练、交流会、专题论坛、技能培训、项目路演等多种形式的特色科普活动，包括“智前沿，主未来”科技成果转化路演大会、2023 年北京市科普讲解大赛决赛、试验技术专业技术计算工具使用演示交流会、绿色建筑技术专题论坛、科普工作能力提升培训、老科学家演讲团、环境产业智能产品交流会、科学剧“嘻游记”、2023 年北京市科学实验展演大赛决赛、医学概念验证与成果转化研讨会暨概念验证项目路演等，分会场设有儿童健康科普剧串烧，120 急救科普大课堂、科学之夜、化学表演秀、玩转汽车科普秀、二十四节气等，面向家庭提供寓教于乐的实用科普知识学习（图 7-1）。

图 7-1　2023 年全国科技活动周北京主场活动专题网站活动截图

二、案例二：2023 年全国科普日活动

2023 年全国科普日主题为“提升全民科学素质，助力科技自立自强”。如下为 2023 年全国科普日活动概述。

（一）全国科普日活动通知发布

2023 年 8 月 4 日由中国科协、中央宣传部、中央网信办、教育部、科技部、国家原子能机构、自然资源部等 21 部门共同发布《关于举办 2023 年全国科普日活动的通知》[内容详见：《中国科协等 21 部门关于举办 2023 年全国科普日活动的通知》(https://www.cast.org.cn/xw/tzgg/KXPJ/art/2023/art_32dd0546ecf34aab9b2f0cc98fe06182.html)]，重点内容如下。

活动背景：2023 年是学习贯彻党的二十大精神的开局之年，是“十四五”承上启下的关键一年。2023 年全国科普日活动坚持以习近平新时代中国特色社会主义思想为指导，全面贯彻落实党的二十大精神，结合学习贯彻习近平新时代中国特色社会主义思想主题教育，深入宣传习近平总书记对科技创新和科学普及的战略擘画。突出价值引领，引导社会风尚，展示科技成就，服务创新发展，立足公众所需，提升科学素质。加强国家科普能力建设，构建社会化工作大格局，为推进中国式现代化作出贡献。

活动主题：提升全民科学素质，助力科技自立自强。

活动时间：2023 年 9 月 17～23 日。

活动主要内容：一是加强政治引领，激发奋进力量。围绕学习贯彻落实党的二十大精神，用科普讲好中国式现代化故事。围绕党的二十大提出的深入实施科教兴国战略、人才强国战略、创新驱动发展战略的总体要求，多方位宣传展示新时代以来在科技创新和科学普及方面所取得的重大成果和生动实践。大力弘扬科学精神和科学家精神，团结引领广大科技工作者，凝聚踔厉奋发广泛力量。二是聚焦创新发展，服务自立自强。围绕“四个面向”所取得的关键核心技术突破，推进科技资源科普化，推动具备条件的科技基础设施和科技创新基地开放，集中展示大数据、人工智能、元宇宙、量子科技等前沿科技，展现载人航天、探月探火、深海深地探测、超级计算机等重大成果，激发高质量发展内生动力，推动高水平科技自立自强，服务高质量发展。三是坚持科技赋能，助力“国之大者”。聚焦乡村振兴，实施科技助力乡村振兴行动、科普服务高素质农民培育行动，促进优质科技科普资源深入农村、服务农民，促进共同富裕。围绕美丽中国建设，

普及生态文明知识，倡导绿色、低碳、节约的生态理念，助力碳达峰碳中和，推动绿色发展，促进人与自然和谐共生。推动科普助力“双减”，做好科学教育加法，培育具备科学家潜质、愿意献身科学研究事业的青少年群体。四是践行科普为民，共创美好生活。围绕卫生健康、数字素养、知识产权、食品安全、国防知识、防灾避险、安全生产等公众普遍关注的热点问题，聚焦重点人群，深入新时代文明实践中心（所、站）、党群服务中心、社区综合服务设施等基层阵地，融入文化、艺术、教育、旅游、体育等各领域，通过喜闻乐见的形式、丰富多样的内容、常有常新的活动，丰富人民精神世界，让人民生活更加幸福美好。

活动主要项目：①全国科普日主场活动。集成优质资源、汇聚多方创意，打造具有示范性、引领性、创新性、群众性的全国科普日主场活动。②部委系统活动。联合主办单位动员本系统各地各级单位围绕科技创新、科学教育、数字素养、生态文明、卫生健康、应急科普、农业科技、核科普、水利科普、科普创作等行业领域，开展系列科普活动，增强公众科学意识，倡导科学理念，营造热爱科学、崇尚创新的社会氛围。③各省区域活动。各省结合实际、突出优势、各展其能，打造亮点纷呈、各具特色的全国科普日省级主场活动，并围绕活动主题，聚焦科普助力“双减”、科技助力乡村振兴、科学家精神弘扬、银龄科普等重点领域，推动科普进机关、进企事业单位、进城乡社区、进校园、进家庭、进军营，为广大公众提供优质多元、触手可及的科普体验。④系列联合行动。在全国科普日活动期间，学会、企业等各类科普主体充分发挥自身优势，积极整合资源、开放场地、创新形式，开展科普研学、专家报告、科技咨询、科普创作、技能培训等各类科普活动。⑤科普专项行动。聚焦重点热点领域，打造示范性、创新性专项特色活动。主要有青少年科普专项行动、科学家讲科普专项行动、农技协科普专项行动、“云上科普日”专项行动、特别参与单位科普行动等各项专项科普活动。

（二）2023 年全国科普日北京主场活动

2023 年全国科普日北京主场活动由中国科协、北京市人民政府会同 20 个国家部委共同主办，活动于 9 月 16 日在北京首钢园开启，来自全国 104 个单位的 360 个展项及活动在现场亮相。

活动以“提升全民科学素质，助力科技自立自强”为主题，包含领航掌舵铸辉煌、自信自立强国梦、科学技术惠民生、科学普及嘉年华、科学教育做加法 5 个部分，共设置智造强国、探月工程、民生科技等 20 多个专区。展品包括火星着陆平台实物、嫦娥五号返回器实物、月壤实物、C919 客机模型、“星火认知大模型”等。

活动期间以“数字素养·教育未来”为主题，举办了北京国际科学传播交流周开幕式及主旨论坛、中外科技馆馆长对话会、北京国际城市科学节联盟年会、北京国际科技教师大会，以及青少年科学教育发展论坛、华北科技馆发展论坛、北京自然科学界和北京社会科学界联席会议高峰论坛等活动（图 7-2）。

图 7-2　2023 年全国科普日主场活动网站截图

全国科技活动周、全国科普日活动是由政府部门和社会团体联合发起的大型科普活动，动员参与单位、机构多，活动覆盖面广泛，是当前我国规模最大、宣传与展示活动最丰富的科普活动。两项活动既有科技创新宣传的共性点，也有突出科技前沿技术创新与贴近生活热点等科普宣传的不同点。通过从活动目的与主题、活动组织动员、活动内容与形式、活动的广泛参与性以及活动的可持续性等方面深入细致的策划与周密的组织实施，确保两个大型科普活动产生广泛的社会影响力，实现了活动的预期目标。

第三节　大中型科普活动的设计要素与开展流程

一、设计要素

（一）活动的目的与主题

明确活动的目的与主题是策划大中型科普活动的第一步。活动的目的是主办单位基于工作任务提出的目标和结果，活动的主题是基于活动目的提炼出的表述，通过具体的主题设定来反映和体现科普活动的核心目标。活动目的对活动主题具有引导和规划作用。在策划活动时，首先需要明确活动的目的，然后根据目的设定相应的主题；同时，活动主题是活动目的的实现途径，围绕该主题设计活动内容、形式和策略，达成预设的活动目的。例如，如果活动目的是提高公众对环保问题的认识和关注度，那么活动主题可以设定为“绿色地球，环保我先行”等，以环保为核心展开相关活动。

活动名称也会根据活动目的的调整而发生相应变化。全国科技活动周前身是1989年开始的全国青少年科技创新活动周，这一阶段的目的是激发青少年对科学的兴趣和热爱，培养创新精神和实践能力。随着经济社会的发展，全国青少年科技创新活动周调整为全国群众性科学技术活动周，目的更新为通过普及科学知识，加强科技与社会交流，扩大科学技术的社会影响力，提高全民科学素质，促进科技与经济社会的融合发展，推动科技进步，为建设创新型国家和世界科技强国提供有力支撑。20多年来围绕这一活动目的，全国科技活动周已发展成为一个成熟的大型综合性科普活动。每年全国科技活动周会结合当年国家建设、社会热点与科技发展趋势对活动主题进行微调，并优化升级活动内容。例如，2021年的主题是“百年回望：中国共产党领导科技发展”，突出宣传党对科技的全面领导和方向指引，大力弘扬科学家精神，举办青少年科技创新活动，开展科技为民服务活动。2022年的主题是“走进科技　你我同行”，重点是突出宣传《中华人民共和国科学技术进步法》《科普法》，聚焦国家重大战略，重点宣传科技创新成果，以及坚持以人民为中心的理念，广泛开展科技为民服务系列活动。2023年的主题是“热爱科学 崇尚科学”，突出学习宣传贯彻党的二十大精神，深入宣传《关于新时代进一步加强科学技术普及工作的意见》，大力弘扬科学家精神，广泛开展面向公众的特色科技活动。2024年的主题是“弘扬科学家精神 激发全社会创新活力”，深入宣传党的二十大关于科技创新的重大决策部署，在全社会大力弘扬科学家精神，广泛开展各具特色的群众性科技活动等。

（二）活动的组织动员

为提高活动质量和社会影响力，大中型科普活动须整合动员各方面的力量与社会资源，做好组织动员是关键基础工作。组织动员是一个复杂而又关键的过程，通过有效地组织和动员，能够使参与者积极有效地投入活动中，有助于实现活动的预期目的。

首先，结合活动目的与主题，明确活动的相关参与单位。建立活动的组织架构，成立活动领导小组，设立相应的部门或工作组，负责活动的整体规划和决策，明确各个成员的职责和权限，建立有效的沟通渠道和决策机制，确保信息的畅通和决策的迅速。其次，要根据不同参与者的特点，研究制定不同的活动策略和方法，并通过设计培训和激励机制，提高组织者的能力和参与的积极性。

例如，全国科普日活动的组织架构根据不同时期的需求不断调整和完善，以动员更多的单位和机构参与活动。2003年启动时，全国科普日以宣传《科普法》颁布实施为目的，由中国科协发起并主办，在科协内部组织动员全国学会和地方科协开展科普活动。随着国家对全国科普日的重视程度加深，在组织动员方面进一步发展，联合更多单位共同参与主办全国科普日活动。2018年由中国科协、中央宣传部、教育部、科技部、工业和信息化部、中国科学院联合主办，2019年由中国科协、中央宣传部、教育部、科技部、农业农村部、国家卫生健康委员会联合主办，2020年由中国科协和中央宣传部、教育部、科技部、水利部、农业农村部、国家卫生健康委员会、应急管理部联合举办，2021年由中国科协、中央宣传部、教育部、科技部、国家原子能机构、自然资源部、生态环境部、水利部等13部门联合举办。随着参与主办的单位越来越多，全国科普日动员的资源越来越丰富，社会影响力也逐步提升。

大中型科普活动的组织动员是影响活动成效的关键因素，既需要活动发起单位积极协调，也需要各方参与单位共同努力和配合，协同更多的人力、物力、资金支持，确保活动取得预期的效果。

（三）活动的内容与形式

大中型综合性科普活动在确定活动目标与主题后，需要开展活动内容与形式的同步策划，优质的科普内容和多元适合的表现方式是科普活动取得良好效果的必要条件之一。

科普活动的内容要围绕主题进行拓展和丰富。比如，以航天为主题的活动，科普内容既有航天技术发展历史，也有空间站建设、月球探测、火星探测等重大航天活动，以及航天科技的前沿技术，等等。不同的活动内容，可以通过不同的活动形式实现。例如，策划航天主题的展览，利用虚实结合、实物展示、多媒体交互、动手实践等方式，以及网络虚拟漫游、网络直播等线上传播的方式，让公众通过视觉、听觉、触觉等多种感官来感受航天科技的魅力。尤其是展览可以围绕神舟飞船返回舱、天和核心舱模型、火箭模型、卫星模型等核心展项，展示我国航天科技发展历程与取得的辉煌成就。此外，还可以推出一系列科普讲座，邀请航天员讲述太空探索的经历，邀请航天工程师讲授航天科技的前沿技术，激发青少年的航天热情，引发媒体的广泛关注，持续形成社会热点，形成公众了解航天、支持航天发展的良好社会氛围。

大中型科普活动通过科普讲座、科普展览、互动体验等多元化的活动形式，有助于向公众传播科学知识，提升公众对科技发展的认知和理解；有助于推动最新的科技研究成果和科技创新产品进行科技成果转化与应用；有助于促进科技与经济社会发展的紧密结合，使科普活动成为推动全社会关注科技、参与科技、享受科技的重要载体。

（四）活动的广泛参与性

公众参与程度是评价大中型科普活动效果的重要指标，因此，活动需要在宣传、社会动员方面进行充分策划，广泛邀请政府、企业、学校、社区等各方参与，拓展覆盖面，扩大活动的影响力。

保障活动的参与度，宣传是基础工作。在活动的宣传方面，面向不同目标群体，通过多种渠道进行推广，如媒体宣传、社区动员、学校合作等形式。除了电视、广播、报纸、网站等传统媒体外，广泛开拓新媒体渠道，动员邀请一些科普类自媒体专家参与推广，吸引公众关注。

增强活动的吸引力，活动内容与形式是关键因素。在活动的具体内容设计方面，根据不同的受众对象，突出活动的趣味性与互动性。通过设计有趣的科普游戏、问题互动、动手实践等方式，让公众在参与中体验科学的乐趣，激发他们的学习兴趣和参与热情。同时，要关注科普内容的专业性与准确性，避免误导公众及形成社会舆情。

（五）活动的经济性与可持续性

大中型科普活动因活动规模较大、动员组织机构较多、开展的活动内容丰富，需要人力、物力、资金的大规模投入。大中型科普活动通常是国家级或地区级持续开展的品牌活动项目，开展的周期一般比较长，在设计活动时，应考虑到经济性与可持续性。一方面，要依托活动参与单位已有资源与科技成果，尽量减少单独开发的投入。比如，邀请科研院所展示前沿科技成果，可以采用借用或租用的形式，展出已有的设备、装置实物资源；依托各地区青少年创新大赛的活动成果，展示青少年科技创新项目；依托各个博物馆、科技馆、科普教育基地已开发的科普资源，进行整合、优化，匹配大型科普活动的目标与主题。另一方面，对于活动单独开发的部分，鼓励使用可重复利用的材料，简化基本展陈布展的结构，降低一些大规模一次性的消耗投入。

二、开展流程

大中型科普活动涉及的单位多、协调资源多，通常需要有立项申报、策划筹备、场地部署、宣传推广、组织实施、总结评估等过程，一般流程如图 7-3 所示。

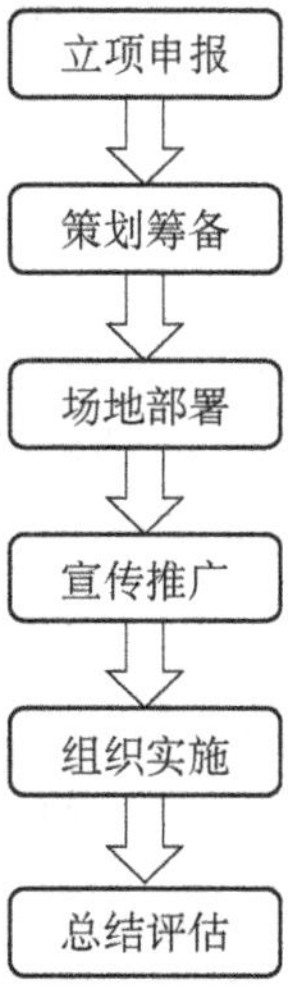

图 7-3　大中型科普活动的一般流程

（一）立项申报

大中型科普活动通常需要政府或者相关单位、团体牵头主办，一般都需要进行项目的立项报批手续。活动的立项申报是项目启动的前置环节，也是对活动总体进行系统梳理的过程。

首先，需要明确项目目的、预期成果和受益群体。其次，要开展一些前期的调研与目标受众需求分析，确保项目内容符合公众需求。最后，要撰写申报材料，在材料中要有初步的活动计划，包括科普活动的规模、开展的区域、预期的活动成效、活动的预算范围等内容，为上级单位决策提供充分的信息。

（二）策划筹备

大中型科普活动项目通过立项审批后，要启动策划筹备阶段的工作。首先，结合申报阶段的反馈意见，进一步细化科普活动方案，明确活动的目标，提炼活动的主题。例如，围绕提升公众科学素质的目标，提炼具有吸引力、公众可感知的主题。其次，启动活动筹备机构的组建工作，成立工作领导小组，并根据活动的规模，设置各专项工作组，明确职责与任务分工，比如内容策划、宣传推广、场地搭建、后勤保障等。

确定科普活动方案后，要及时推进内容策划与资源筹备。内容策划要结合组织动员情况，对各参与单位的整合资源进行汇总分析，然后开展活动内容与形式的策划，以及活动保障资源需求分析等工作，形成条理清晰、结构完整、板块完善的活动方案。根据活动的组织架构，多次逐级汇报，结合反馈的意见和建议，进行方案的调整、补充和完善。根据活动的规模、体量，预留足够的时间进行全面筹备。

内容方案通过审批后，要积极开展活动资源的筹备工作。逐项细化活动各个板块、内容的实施方案，做到目标清晰、任务明确、节点合理；统筹汇总各个板块的活动资源，包括展览资源、人力资源、物料资源、宣传与推广资源、后勤保障资源等。筹备阶段要根据时间计划，按节点逐级汇报，及时解决筹备中遇到的问题。

（三）场地部署

大中型综合性科普活动根据规模、内容与形式，对活动场地的要求有所不同。比如，全国科技周、全国科普日的主场活动通常有科技前沿或科普相关的展览内容，需要大型的专用场地。一般专题类科普活动也通常需要安排专用场地开展主场活动或启动仪式。场地布置与搭建会影响活动实施效果，因此在确定活动方案后，要及时推动场地的遴选，通常既要结合活动规模，也要考虑场地设施的完备性，并兼顾交通便利。根据活动筹备进展，及时启动场地布局设计，推动场地布展搭建工作。制订现场搭建的技术方案，确保符合安全管理规范要求，并及时按规定向相关审批机构进行报备与审核。在场地的布展施工过程中，要加强监管，确保搭建安全可靠、现场整洁有序。

（四）宣传推广

科普活动的宣传推广要结合项目的整体筹备进度，进行阶段性的推广宣传。前期通过新闻发布会、专题解读等形式，进行预热宣传。确定活动方案后，围绕活动内容与形式进行前期宣传，逐步形成社会热点，吸引公众关注。活动正式开始前，要结合活动规模、活动对象，及时开展广泛动员。活动启动后，在活动实施过程中，通过传统报纸、广播、电视台等媒体，发布活动信息，提高活动的曝光度、知名度和影响力；充分利用新媒体，围绕活动特色内容进行有针对性的推广，加大曝光力度，形成社会关注热点，吸引公众广泛关注和参与。

（五）组织实施

大中型科普活动涉及参与单位、人员较多，组织实施过程相对复杂，要结合活动方案，进行详细的组织实施计划。尤其是在一些关键环节，比如开幕式、专场活动、后勤保障服务等方面提前进行彩排演练，确保活动过程中安全、有序。

一般的大中型科普活动会安排开幕式活动，需要提前做好设计，及时组织彩排相关的活动流程，注意活动细节，确保现场活动秩序。尤其是对参与活动的嘉宾的接待工作，要提前对参观路线进行设计，安排互动交流，做好全流程的彩排演练。

活动实施过程中要重视安全运行，安排专门的团队负责活动展览现场的秩序维护、安全巡视、技术保障；科普讲座、科学实验等人群聚集量较大的活动，要提前准备安全预案，及时排除潜在的风险，包括设备风险、物料风险、操作风险等。在持续时间较长的科普活动中，要做到每日及时检视总结，排查活动现场情况，做到物料归属整齐，及时断水断电，确保现场安全有序。

（六）总结评估

大中型科普活动投入公共资源较多，具有较大的社会影响力，通常需要开展活动总结评估，进行绩效评价。通常在活动前，须提前安排专项团队制订活动的总结与评估方案，明确活动评估的数据指标与方法，对活动过程中需要开展的现场调查工作提前做好准备，活动结束后需要上报的指标数据要提前通知各参与活动的单位，并在结束后及时收集汇总各单位数据，包括开展的活动类型、场次、公众参与情况、投入经费与人员情况等信息，通过数据分析凝练活动的亮点、特色，提出存在的不足，为今后的活动设计提供经验借鉴。

近年来，围绕大型科普活动评估开展了一系列的研究，从策划与设计、宣传与推广、组织与实施、影响与效果等各方面初步建立了评估体系。根据不同的评估对象、目标提出了不同的评估方法，包括从公众角度评价，采用电话调查、问卷调查、访谈和观察记录等方式；从组织者与服务者角度进行自我评估，主要采用问卷调查法、访谈法和数据填报方法；从专家角度评价活动专业情况，通常采用现场参观并评分和场外集体访谈等方式；从宣传角度评价社会影响力，通常采用文献分析、媒体报道实时跟踪监测、问卷调查法、访谈法、统计法等方法（张志敏和郑念，2013）。

以上流程中的六个步骤，是大型科普活动策划、组织、实施的大体框架，根据不同活动的组织机构、动员规模、实施方式等，还需要进行针对性的细化和调整。此外，相较于综合型与专题型大型科普活动，竞赛类大型科普活动在设计要素与开展流程方面具有相似性，在活动受众对象与内容形式方面具有一定的特殊性，需要再结合竞赛的目标受众、活动目的进行有针对性的方案设计与流程优化。

第四节　案例分析与总结

一、案例分析

全国科技活动周（2001 年起）、全国科普日（2003 年起）是目前国内规模最大的大型科普活动，是提升公民科学素质的重要手段，也是推动《全民科学素质行动计划纲要（2006—2010—2020 年）》工作的重要抓手。

在活动主题方面，全国科技活动周与全国科普日在主题设计方面都紧扣国家科技和经济社会发展的热点。全国科技活动周突出对科技前沿技术创新、科技发展趋势的展示，体现科技对人类社会发展的影响；全国科普日活动更贴近生活，围绕国家的重大战略、热点话题，结合公众身边事件，内容策划更为通俗和实用，更容易让公众亲近和参与。

在活动内容与形式方面，科普讲座和报告、专家咨询、展览、科普游园会、发放宣传资料等是全国科技活动周和全国科普日广泛采取的活动形式。全国科技活动周在科技创新论坛、科研院所对外开放方面举办的活动较多。全国科普日则通常利用科技馆、科学中心、科普教育基地等科普基础设施举办展览，以及开展科普讲座、科学实验表演、宣传资料发放、多媒体演示等活动；在农村地区，经常开展科普大集、科普大篷车、科技培训等科技下乡活动。在活动内容与形式方面，全国科普日和全国科技活动周存在一些交叉与重合。

在活动的组织机制方面，全国科技活动周是科技部作为发起主办单位，负责总体统筹活动方案策划，并组织实施重点活动，动员政府科技方面相关高校、科研院所、基层科技单位等开展各类宣传活动，组织科技论坛等活动，其他参与主办单位则动员本系统内资源配合组织活动。全国科普日由中国科协作为发起主办单位，负责活动的总体策划，指导并组织实施主场活动，动员全国各级科协组织与全国学会参与科普日活动，其他主办单位在宣传推广、资源方面对活动给予支持。从国际传统来看，大中型科普活动一般由科技社团、高校、基金会等机构作为主办单位，我国在此方面日益与国际接轨（科普日与科技周比较研究课题组，2015）。

在活动的覆盖面、参与的社会组织、社会影响力方面，全国科技活动周与全国科普日略有区别，但随着整合力度的加大，两个活动的牵头主办单位——科技部与中国科协也在主题差异化、资源协同方面进行深入配合，突出全国科技活动周与全国科普日的不同特色。

全国科技活动周与全国科普日已成为植根基层、公众喜爱的大型主题科普活动，其持续开展在全社会起到了良好的示范引导作用，活动主题鲜明、内容丰富，满足了不同层次、不同人群的科普需求，激发了社会各方面支持科普、参与科普的积极性和主动性，增强了科普社会责任感，起到了“围绕中心，服务大局”的作用。在提升公众科技意识、提高公民科学素质、促进基层科学文化建设方面，发挥了良好的动员、示范和引导作用。

二、总结与展望

大中型科普活动是当前面向全社会常态化开展科普工作的重要形式，满足了公众对不同层次科学技术掌握的需求，在促进公众理解、参与、支持科学技术研究，以及提升公民科学素养方面发挥了重要作用。

国内外发展现状表明，大中型科普活动逐步形成品牌化、阵地化、组织体系化的发展特色。通过活动品牌的培育，推动品牌资源的联动共享和创新发展，不断提升活动质量。以科技馆、博物馆为代表的科普场所成为大中型科普活动的主阵地，在开展科普资源建设和科普服务方面，发挥着桥梁和纽带作用，助力大中型科普活动常态化开展。在组织体系方面，大中型科普活动已逐渐形成了比较完善的组织协作模式，形成了跨部门、跨机构、跨层次的协作机制与横向联合、纵向联合、网状交互的协作模式，促进科普资源的精准对接，提升大中型科普活动的科普效果。

提升大中型科普活动的传播效果，需要在设计策划、组织实施、宣传推广、活动创新、总结评估等方面强化工作（孙小莉等，2021）。一是要重视强化前期专业策划的作用，在经费预算方面给予保障，要充分发挥专家的优势和专业策划机构的作用，更广泛地了解和研究活动受众的需求，制订合理的预期目标和有效的工作计划。二是要紧抓价值和需求导向，发挥科普价值的引领作用。要基于受众的需求调研基础，推动科普内容、形式和手段的创新发展，强化科普活动的互动体验性，让公众在自主体验中实现科普活动的教育价值，提高科普服务供给效能。三是要促进科普资源整合和有效利用。整合社会科普资源，对资源的重复利用和二次开发进行全面统筹，制定活动中和活动后期有利于科普资源作用发挥的具体要求与应对措施，把大中型科普活动打造成为资源共建共享与交流的平台，以促进科普资源的有效利用，并对公众产生持久的影响。四是要重视活动的全程宣传和推广。加强活动前期、中期、后期的宣传和推广。借助专业团队进行宣传运营管理，突出信息化平台和手段在科普宣传方面的重要作用。五是要突出活动评估的作用，检验活动是否达到了既定的目标，为活动的改进和创新发展提供依据。将评估工作作为活动实施的重要组成部分，融入活动的各个环节，从中发现问题、总结经验，为服务的改进和创新发展提供依据，提升活动效果；建立公众需求调研和意见反馈的平台、机制和体系，通过评估和公众意见反馈机制，激发全民关注科学的热情。

未来，大中型科普活动的发展趋势将会受到科技快速发展和信息化时代的深刻影响。一是数字技术应用更加广泛。使用虚拟现实、增强现实、人工智能等技术来制作科普内容将被更广泛地应用于科普活动中，提高科普的互动性和体验性，同时通过大数据分析来优化科普内容和服务，使其更加贴合公众需求。二是科普活动更加突出个性化内容。未来的科普活动将更注重内容的个性化和定制化，组织者需要根据不同年龄、性别、教育背景和兴趣偏好的公众群体设计差异化的科普内容，从而吸引更广泛的参与者，实现科普教育的精准推送。三是科普活动将成为持续化学习的载体。在终身学习成为常态的今天，科普活动也在向持续化的学习平台转型。未来，大中型科普活动将更加注重为公众提供持续的学习机会，如设置在线科普课程、科普论坛等，不仅限于一次性的活动，而是形成一个持续学习和交流的环境。四是注重国际化合作。随着全球科技交流与合作的加深，国际范围内的科普合作也将变得更加频繁。通过国际科普项目的合作，可以交流不同国家的科普经验和做法，共同应对全球性的科学问题，提高科普活动的效果和影响力。总体而言，大中型科普活动在未来的发展中将更加依赖技术的支持，强调多元主体的参与，注重内容的个性化定制和持续化学习，这些趋势不仅会提高科普活动的效率和覆盖面，而且将大大提升公众的科学素质和科技意识。

理解・反思・探究

1. 全国科技活动周于2001年批准设立，全国科普日于2003年正式启动，两个项目都是全国大型科普活动，结合本章内容思考两者之间的区别与联系。

2. 结合本年度全国科技活动周或全国科普日活动的主题要求，以本单位为依托，参考大中型科普活动的开展流程，初步策划一项依托本单位开展的综合型科普活动。

拓展阅读导航

可登录https://www.ncsti.gov.cn/kjdt/ztbd/2023kjz/了解2023年北京科技周主场活动的具体内容。

本章参考文献

段永利. 2023. 全国科技活动周：扎根科普沃土23年. 科技创新与品牌，(6)：59-62.

柯遵科. 2010. 英国科学促进会的创建. 自然辩证法通讯，(3)：33-40.

科普日与科技周比较研究课题组. 2015. 全国科普日和科技活动周比较研究. 科普研究，(6)：72-79.

兰翠玲，刘峰松. 2001. 美国的“公众科学节”促进公众对科学的理解. 世界科学，(6)：40-42.

李宏，陈晓怡，刘澌，等. 2019. 世界各国的科学家节日. 科技导报，(10)：103-104.

罗丽娜，姜萍. 2018. 美国科学节举办的经验及对中国的启示. 科普研究，(2)：62-69.

任福君，等. 2020. 科普活动概论（修订本）. 北京：中国科学技术出版社.

申超波. 2023. 重磅！第八个“中国航天日”来了. 国防科技工业，(4)：24-25.

孙小莉，张永锋，何素兴. 2021. 我国大型科普活动发展现状及趋势研讨. 科普研究，(6)：89-96.

徐桑奕. 2023. 俱乐部还是学术界：19 世纪英国皇家学会改革探析. 自然辩证法研究，(10)：115-121.

姚昆仑. 1996. 英国科学促进会和英国科技节. 科协论坛，(3)：50.

张建红. 2019. 宗教、科学社团和航海：17—18 世纪英国的皇家学会和科学航海. 自然辩证法研究，(8)：74-80.

张志敏，郑念. 2013. 大型科普活动效果评估框架研究. 科技管理研究，(24)：48-52.

中国科学院科普领导小组办公室. 2005. 科技创新为民 全面构建和谐社会——记 2005 年中国科学院公众科学日. 中国科学院院刊，(5)：435.

第八章

我国未来科普活动的发展趋势与设计实施

要点提示

未来世界科技革命快速变革，全球性问题凸显，需要在新高度和新视野下理解新型科普活动的架构与方式，因此在已有科普活动的基础上进行深入思考和大胆实践，形成未来科普活动的新模式与新方法，是科普研究的重要领域和未来我国科学教育与科技领域的重点工作。本章首先阐述了未来科普活动变革的必要性，并从活动目标、主题方向、主要特征等方面对未来科普活动的开展进行了分析。再通过对三个案例的分析与总结，阐明未来科普活动开展的基本内涵与遵循。

学习目标

1. 了解未来科普活动改革的发展趋势。
2. 掌握未来科普活动的主要特征。
3. 掌握未来科普活动的设计要素。

导入

“两翼理论”深刻阐释了科普的基础作用及其对创新型国家建设的社会意义，这一重要指示精神是新发展阶段科普和科学素质建设高质量发展的根本遵循。

未来科技世界呼唤更高、更新的科普活动，以适应未来公众特别是青少年的发展需求，促使其理解和思考科技世界，引导其参与其中。

第一节　未来科普活动概述

一、内涵界定

未来科普活动是指在未来社会中，为了普及科学知识、传播科学思想、弘扬科学精神、提升公众科学素养而开展的一系列活动。这些活动旨在适应未来社会的发展需求，利用最新的科技手段和创新方法，将科学知识以更加生动、有趣、易于理解的方式呈现给公众。未来科普活动在已有科普活动的基础上，用新理念、新渠道、新技术对未来科技发展的科普表达和传播方式进行深入思考与大胆实践，形成科普活动的新模式与新方法。由于科技发展日新月异，这类科普活动必然不断迭代，常常是以新颖的方式吸引公众参与，是科普研究的重要领域之一。

未来科普活动的主要方向将集中于以下几个方面。

（1）科学精神与科学素养的培养。未来的科普活动将更加注重培养公众的科学精神和提高公众的科学素养，包括科学思维、科学方法、科学态度、科学伦理等。通过活动，激发公众对科学的兴趣和好奇心，培养他们提出问题、分析问题、解决问题的能力。

（2）跨学科融合与创新。随着科学技术的快速发展，未来的科普活动将更多体现跨学科的特点，将不同领域的科学知识进行融合和创新。通过跨界合作，推出更多具有新颖性和趣味性的科普内容与形式，满足不同受众的需求。

（3）数字化与智能化技术的应用。利用数字化与智能化技术，如虚拟现实、增强现实、人工智能等，打造沉浸式、互动式的科普体验。这些技术可以使科普内容更加生动、直观，有助于提高公众的参与度和体验感。

（4）公众参与和共创。未来的科普活动将更加注重公众的参与和共创，鼓励公众积极参与科普内容的创作、传播和评估。通过社交媒体、在线平台等渠道，搭建公众与科学家、科普工作者之间的桥梁，形成良好的互动和反馈机制。

（5）社会热点与民生问题的结合。将科普活动和当前社会热点与民生问题相结合，如气候变化、环境保护、健康生活等，提高科普的针对性和实效性。通过科普活动，引导公众关注并理解这些问题背后的科学原理，培养他们的责任感和行动能力。

（6）国际化视野与合作。未来的科普活动将具有更广阔的国际化视野，加强与国际科普组织和机构的合作与交流。通过国际科普项目、学术会议等活动，推动科学知识的跨国界传播和共享，促进全球科普事业的发展。

二、未来科普活动变革的必要性

（一）科技革命改变人类生活

在已经过去的20世纪，知识不断更新，科学技术突飞猛进，世界发生了深刻的变化。进入21世纪，新的科学发现和技术发明，特别是高科技的不断涌现及其产业化，将会对世界的发展和人类文明的进步，产生更加巨大而深刻的影响，由生产方式变革引起的生活方式和思想观念的变化也将是巨大的。

面向未来，现代化进程强大的客观需求和知识技术体系的内在矛盾，正孕育着以绿色、智能、泛在为特征的新一轮科学革命和技术革命，科学探索从微观到宇观在各个尺度上向纵深拓展；信息技术、生物技术、新材料技术、新能源技术广泛渗透，颠覆性技术不断涌现。可以说，新一轮科学革命可能和技术革命并行发生，新一轮科技革命正在孕育，第四次工业革命则是此轮科技革命在产业变革上的体现（李晓燕，2007）。

（二）科技革命驱动教育变革

科普是利用传媒向全民传授自然和社会科学知识、推广科学技术的社会教育形式，从其依靠的途径、呈现的方式到其内容的选择，都必然受到科技革命的影响与推动。

当今，世界政治、经济、文化和教育等都处于快速发展变化之中。百年未有之大变局的时代已经来临，新一轮科技革命和产业变革正在成为推动经济与社会发展的重要力量，特别是数字技术推动的社会加速转型正在重塑我们的生活和学习方式。人类社会正在从工业时代进入数字时代，工业时代的教育理念和教育体系无法适应数字时代的发展要求。如何基于新技术变革教育实践来促进人的发展已成为我们必须直面的时代问题和挑战（洪志生等，2019）。

在新一代科技革命正在发生的今天，生物技术、神经技术、纳米技术、新能源、信息及移动技术等呈现指数增长，以人工智能为代表的智能技术呈现协同发展的态势。这些技术的发展正在提升教育环境的智慧化水平，变革当前学与教的模式，重塑未来教育新形态。技术作为一种先进的生产力在社会生产领域发挥着重要作用，5G、人工智能等引发了人类历史上的第四次工业革命，并成为数字经济高质量发展的重要推动力。从早期的音视频、多媒体技术到现代计算机、信息技术，再到现在的5G网络、大数据、区块链、教育机器人、虚拟现实、人工智能等，技术在教育发展中发挥着越来越重要的作用，成为推动教育改革发展的重要动力（黄荣怀等，2021；黄晓磊，2023）。

科技革命之所以必然驱动教育变革，其实可以分为宏观和微观两个层面来论述。从宏观层面看，一方面，数字技术代表先进生产力，推动人类社会进入数字时代，形成以数字经济为核心的新经济基础，进而影响作为上层建筑组成部分的教育随之改变；另一方面，数字技术作为一种新媒介，开创性地将物理空间的人与物完全数据化并联结为一体，建立了任意两者间相互联系和作用的可能。而在人类历史上，最终占据主导地位的新媒介都会引发社会变革，建构新的社会关系和社会结构，开创新的社会生活和社会行为方式，重塑新的教育形态。从微观层面看，教育是一种传播实践，数字技术是一种新媒介。作为新媒介的数字技术，改变作为传播的教育，是发展的必然。这种改变一般分为两个阶段：第一阶段，新技术直接作用于教育教学的具体传播过程，局部提升教育传播的效率和效果；第二阶段，新技术优化整个教育教学流程，形成教与学的新范式，全面改变教育传播的效率和效果。总之，新时代的技术进步和生产力发展对教育数字化转型提出了要求，也提供了可能（李永智，2022）。

（三）科普活动亟待推陈出新

当前，科技和创新已成为推动经济发展与社会变革的核心力量。在综合国力评估框架中，科技实力要素被纳入其中，直接成为一国综合国力的重要体现。当今国际竞争已经逐渐演变成一场以科技创新和技术发展为先导的综合国力的竞争与较量。我国正在向现代化强国方向迈进，必须高度重视科技创新和科学传播工作。科学教育与传播对促进科技向生产力转化和科技价值实现至关重要，公民的基本科学素养是影响个体、组织和国家创新能力与水平的积极因素，是促进科技进步和扩散的重要基石。为此，推动科普活动不断发展势在必行。

科普除了普及基本的科学知识与基本的科学概念之外，其主要内容还包括实用技术的推广，科学方法、科学思想与科学精神的传播。科普的主要功能是通过提高公众的科学素质，使公众通过了解基本的科学知识，具有运用科学态度和方法判断及处理各种事务的能力，从而具备求真唯实的科学世界观。如果说科技创新相当于建设科技强国的“尖兵”和“突击队”，那么科普的作用就相当于夯实全民的科学基础，而科学素质作为公民素质的重要组成部分，同样能够反映一个国家和地区的软实力，同样是决定自主创新能力和经济社会发展水平的关键因素。

在面向青少年的科普工作中，科普活动通常也与学校的科学课程联系到一起。在组织目的上，科普活动和科学课程都是为了培养科学兴趣，提高学生的科学素养；在作用体现上，科普活动和科学课程都是提高科学素养的重要途径；在范畴归类上，科普活动和科学课程有很大的重叠部分。

新技术的冲击，使科普的方式产生革命性影响，扩大了科学传播的影响范围，增强了科普力度，开启了科普的新范式，但是在蓬勃发展的同时也受限于一些制约因素。目前，处于新时代的中国科普活动发展之困主要集中在以下几点：一是传统科普在内容上过多宣扬科学的合理性，强调理性思维的至高无上性，结果培养了公众对科学顺从和辩护的社会心理；二是忽视对科学与民生之关系的通俗解读；三是忽视从“技术公正”入手来推动公众对科学的理解。人们往往是经由对“技术”的认知和认可而达致对“科学”的认知和认可的，但“技术”不同于“科学”，其中最显著的不同在于，“技术”的社会化运用往往会对人们的生存处境和利益福祉产生不对称、非均衡的影响，亦即存在所谓的“技术公正”问题。事实上，在现实生活中，之所以会有人不信任科学，甚至转而相信伪科学，主要是因为“技术”应用对其生存状态的不利影响扭曲了其对“科学”的认知和认可。因此，要想正确引导人们相信科学和尊重科学，就必须重视“技术公正”问题。换言之，解决好“技术公正”问题，是有效提升公众科学精神的重要前提（李天龙等，2018）。

处于新时代的中国，正在急切呼唤科普活动进行新的变革，要瞄准未来的科技本身发展的趋势和对社会发展的影响，主动探索科普活动的形式，探索其新赛道，评估其实施效果（石国进，2020）。

第二节　未来科普活动发展趋势展望

一、未来科普活动的目标

从宏观角度来讲，科普活动的目标是提升公众的科学素养，增强国家的科技创新能力，这一点无论是当前还是未来、中国还是其他国家都是一致的。从微观角度来看，科普活动的目标包括习得科学知识、树立积极向上的科学态度和价值观（李竹和林长春，2017），以及掌握科学精神和科学思维。回顾过去40年我国为促进科普事业付出的努力可以看到，一个有利于科技创新的大环境正在形成，但也面临一些不足和挑战。例如，在普及科学知识方面成果显著，而对于弘扬科学精神和科学思维的重视较少；科普与科技创新发展并不平衡（Ren，2019）；虽然公众的科学素质水平显著提升，但不同地区、年龄、性别、教育背景的数据仍存在较大差异（高宏斌等，2023）；等等。未来，科普活动的目标在满足普及科学知识、培养科学思维、崇尚科学精神、树立科学价值观等需求的前提下，可能存在以下侧重点。

（一）科学知识构建

当今社会环境中已呈现信息爆炸趋势，人们很难确定信息的真实性和可信度，特别是在人工智能逐渐普及的当下，伪科学视频和假照片尤为严重，这极大地削弱了民众对科学和科学家的信任。另外，文化、价值观等因素常常比科学知识更能影响公民对客观事实的评估，如尽管科学研究已经揭示了吸烟、饮酒等行为对健康的潜在风险，但由于人们的文化传统、社会归属感、实践经验等因素，一些人可能有意无意地忽略了这些风险。因此，未来的科普活动不应仅将科学知识传达给公众，更重要的是通过交流互动，让公众在知识的建构过程中发挥主动作用（Freire，1983）。

（二）与科技创新协同发展

当前我国的科普活动与国外相比，不足之处主要是科学家参与缺失、科普活动和资源原创度低等（王晶金和张亚婧，2020）。同时，受限于工作压力和事业规划，我国科学家投身科普事业的动力不足。另外，科普工作是多维度的，既要求较高的学术水平，包括对科学知识的掌握、科学思维的理解，也要求较高的科学传播技能，而我国科研人员的科学传播技能往往不足。

科技创新为科普活动提供了丰富的原创来源，将科技成果进行科普转化在很多国家都已取得明显成效。如国际顶级学术期刊《自然》（*Nature*）的非学术论文栏目专门刊登由各领域知名学者撰写的科普文章。美国国家航空航天局的喷气式飞机推进器实验室，拥有很多先进的科研设备，汇集了许多顶尖的科学家，同时也是美国开展科普活动的重要载体，成功地把自身的优势科技资源转化为科普资源（孙向前等，2023）。英国除了重视科技人力资源科普化，还建立了一套科技资源科普化保障机制，如要求各类国家级科技计划项目必须具备科学教育内容和目标（张懿等，2022）。

（三）全民学习和终身学习

全民学习是全面提升公民科学素养的必由路径。终身学习在维持个人竞争力、推动个人和社会发展，以及培养积极的公民意识方面发挥着重要作用。当今世界科学知识和技术正处于飞速发展与变化中，人们必须及时更新自己的科学知识，才能更好地理解科学发展的最新成果，提高科学素养和认知水平。终身学习既包括正式环境的课程学习，也包括各种非正式学习，科普活动则是非正式学习的重要组成部分。以终身学习为目标的科普活动有助于扩大科学知识的普及范围，提升公众的科学素质水平，减小不同地区、年龄、性别、教育背景群体在科学素质上的差异。

二、未来科普活动的主题方向

主题是科普活动开展中内容和环节设置的基本依据，也是德育渗透的基本遵循，科普活动在实践中往往是根据某一既定主题设计几个关联度较高的活动环节，围绕主题创设情境、编排核心问题和各环节活动，进而促进公众对科学知识、科学方法、科学精神等认知的提升。为贯彻落实《全民科学素质行动规划纲要（2021—2035年）》，进一步提升公民科学素质，突出科普活动的教育性、推广性与示范性特点尤为重要，因此未来科普活动的主题应主要围绕践行社会主义核心价值观，大力弘扬科学精神，培育理性思维，养成文明、健康、绿色、环保的科学生活方式，提高劳动、生产、创新创造的技能展开。

（一）弘扬科学家精神，践行社会主义核心价值观

弘扬包含科学家精神在内的科学精神、态度责任与价值观是未来科普活动的重要主题方向。大力弘扬科学家精神，不仅能鼓舞和激励广大科技工作者不畏艰难、勇攀高峰，在各自专业领域深耕钻研，产生更重大的科研成果，为科技强国贡献力量，更有利于在全社会范围内形成崇尚科学、关注科技、理性生活的社会风气，在青少年中形成热爱祖国、严谨求实、乐于创新的良好学风。

（二）面向国际科学发展前沿，关注国家重大科技发展

面向国际科学发展前沿、关系我国国计民生的重大科技成果是未来科普活动的重要主题方向。

科学技术的发展日新月异，以人工智能、区块链技术、量子计算、生物科技、脑机接口技术、新能源技术、超级计算机、5G技术、智能制造、虚拟现实技术、机器人技术、智慧农业等为代表的国际科学发展前沿正吸引着科学工作者不断探索，也受到广大人民群众的关注。同时，我国科技发展突飞猛进，水平日益提高，取得了丰硕成果，也面临巨大挑战。以超级计算机、高铁技术、电子商务、移动支付、新能源汽车、人工智能、太空探索、基因科技、量子通信等为代表的重要科技成就激发了广大人民群众高涨的民族自豪感，对科学技术充满了崇尚与好奇。另外，包括芯片、操作系统、触觉传感器、真空蒸镀机、医学影像设备元器件等在内的制约我国工业发展的“卡脖子”技术也吸引着公众的高度关注。

为服务国家创新驱动发展战略实施，围绕“加强自主创新、建设创新型国家”的国家战略开展以国家重大科技发展为基本内容，且能够体现创新创造主题的科普活动，有利于帮助公众更完整地了解科学技术的发展现状，理解科学技术对于人类探索物质世界和生产生活的意义，从而全面提升科学素养。

（三）顺应人工智能发展，改变传统科普需求与模式

人工智能是继互联网之后的新一代通用目的技术，其发展迅猛，对经济社会发展和国际竞争格局产生深刻影响，已成为新时代的主导技术。作为未来社会发展的重要变量，人工智能对未来人才需求的影响，将是最为直观和深远的。

智能技术的应用既可替代部分人类劳动，也会提供新型产品和服务，并创造新型职业岗位，如外卖送餐员、网约车司机和代驾等新职业。在可预见的技术进步中，人工智能虽不可能全面替代人类劳动，会受制于工作任务属性和自身的技术特征，但仍能使社会人才需求结构发生相应改变。例如，未来社会对科研创新型人才和高技能应用型人才的需求量会增加，但对中技能应用型人才的需求规模则会明显缩减，同时会阶段性扩大社会对低技能和非技能型人才的需求。

首先，人工智能的发展将更凸显对未来人才思考力和道德力的需求。人工智能是通过机器进行深度学习来工作的，这种学习过程就是大量地识别和记忆已有的知识，因而未来人才必须超越记忆知识的阶段，成为具有创造性思维的人，而创造性思维是知识、好奇心和想象力的共同结果。此外，人工智能在为人类社会发展带来便捷的同时，也可能产生一些负面影响，这需要加强道德培训，将科技人才的伦理道德植入人工智能技术中，使其更好地服务于人类社会的进步。

其次，人工智能的发展将改变未来人才的技能结构。在一个具备人工智能技术的社会中，全体公民都应该能够阅读、理解数据，与数据进行沟通，并参与到与人工智能相关的政策制定的讨论中来，计算机科学已成为一门“新基础技能”。这对公民科学素养的整体水平提出了更高要求（黄荣怀等，2021；黄晓磊，2023）。

（四）响应人民健康需求，养成良好、理性的生活方式

随着科学素养的不断提升，人民群众对于理念健康、文明环保的生活方式有了更全面的认知和更高的追求，面向人民生命健康的科普活动是未来科普活动的主题方向。

同时，相关的安全类、生态环保类、健康类、科学生产经营能力类科普活动，不仅有助于公众用更理性、科学的思维方式进行生活中的科学判断、评价与选择，还服务于国家可持续发展、乡村振兴等战略实施。

三、未来科普活动的主要特征

（一）信息化的科普活动形式

智能时代的信息技术革命为科普工作带来了新的机遇。数字化的科普内容、

新媒体的广泛应用和智能技术的融合，都极大地丰富了科普活动的内容和形式，提高了科普的互动性和参与度。同时，智能技术也使得科普内容更加个性化和精准，能够更好地满足不同群体的需求。因此，未来科普活动将朝着信息化、全球化的方向发展，运用各种形式的信息科技，将技术的应用融入科普之中，更好地提高各类人群的科学素养水平。

借助信息化技术，特别是发挥“互联网+”优势，可衍生出多样化的线上科普活动形式。线上项目既能充分发扬其速度快、传播广的特点，又能打破科普活动的时空限制，为更多人群提供体验式的科普学习参与机会，进一步拓展科普活动的受众面。

（二）数字化的科普资源建设

在信息技术迅猛发展的今天，加强科普资源的数字化建设变得尤为重要。这不仅包括利用多媒体、虚拟现实、增强现实等新技术手段丰富科普内容，还包括通过互联网平台扩大科普的覆盖面和影响力。数字化科普资源可以跨越时间和空间的限制，提供更为丰富和生动的科普体验，从而提高公众的互动性和参与度。例如，数字化博物馆、在线科学教育平台、互动式科普游戏等，都是数字化科普资源的典型代表。这些资源可以让公众在任何时间、任何地点获取科学知识，参与科学探究，激发对科学的兴趣和好奇心。

（三）实践化的内容设计方向

在科普活动的未来发展中，实践将成为重要的发展方向。与科技教育趋势相一致，基于科学思维和探究的项目式活动、科技产品设计与制作、人工智能应用等，都将成为科普活动多元化的学习情境，需要借助各类科技手段来创建。未来科普活动将尽可能地为受众提供涵盖 STEM、社会科学议题、联合国的可持续发展的 17 个目标和基于项目的学习等内容的实践机会。为此，学校和政府也需要投入更多的资源，采取一系列措施，培养公众特别是青少年在科学技术创新方面的实践能力，让他们能够更好地理解和把握科技发展的动向。例如，航天类主题活动的开展可以通过航天科学知识竞赛，参观航天飞行控制中心、航天器发射场、航天员科研训练中心，以及与航技专家交流等形式进行。这些活动主要围绕航天科学知识的运用与实践展开，如航天模型制作发射活动、航天科学实验搭载方案设计活动，即让青少年设计能够搭载在航天器上的实验装置并由航天器带入太空进行科学实验；另外，还可以开展陆地业余电台与卫星的无线电通信活动、航天器所携带的种子的对比种植实验活动等。

第三节　未来科普活动的设计要素

一、信息化要素

信息化要素是未来科普活动设计中要关注和展现的重要因素。随着快速发展的信息技术融入科技、生产生活及教育的方方面面，在活动设计的过程中，设计者必将运用各种形式的信息科技，将技术的应用融入科普之中，更好地提高各类人群的科学素养水平。例如，虚拟实验和在线技术将成为科普活动的重要组成部分与组织形式，公众通过信息化技术进行 AI 学习、实际操作等，有助于更加深刻地理解科学技术，如整合互联网的优势是提供不同类型的资源供不同需求的群体进行科普学习和开展科普活动。

二、实践性要素

实践性是未来科普活动及教育工作的主要趋势，这与当前科技的飞速发展及公众科学素养提升的需求密切相关。科普活动更多体现实践性要素，主要是指更强的参与性、更高的互动性、更优的体验感等。例如，公众会更倾向于参加增加了虚拟现实与增强现实技术的互动体验和展览、公众亲手操作的科学实验秀等。实践性要素的增加，能充分提升公众学习体验的兴趣，加深理解程度，提升学习兴趣，并在一定程度上培养创新意识与能力。

三、多样化要素

形式、内容等的丰富可选性是未来科普活动的必然要求。参与组织科普活动的部门和机构将会极大丰富，多个部门积极共同参与，主要由政府机构组织实施逐渐转变为全社会关注、多主体运行。随着科普主题与内容的丰富化、形式与方法的多样化，更多的科普组织实施主体将进入科普活动中，如大专院校、科研院所、媒体机构、科技企业、非政府组织、民营机构、公众等。

企业可以通过产品和服务传播科学知识，媒体可以通过新闻报道和专题节目普及科学知识，非政府组织可以开展各具特色的科普活动，公众则可以通过社交媒体等平台分享科学信息。多元化的科普主体可以形成多方协作的科普网络，实现资源共享、优势互补，进而提升科普工作的效率和效果。“政府–学校–企事业单位–机构–社区–家庭”六位一体的科普主体模式逐渐形成，将促进全社会对科普的关注，打造内容和形式多样化的科普活动，满足公众的不同需求。

四、品牌化要素

随着公众对科普活动的需求增加，更多的科普主题、内容和形式等被挖掘和应用于实践，并在实际活动中不断改进和完善，科普活动的常态化发展得到进一步强化，科普活动的常态化机制逐步建立。

在科普活动常态化的基础上，未来科普活动品牌具备形成的可能性。形式新颖、群众基础广，对公众科学素养的提升扎实有效的科普活动将脱颖而出，成为科普活动品牌。同时，主管和主办单位也可以通过品牌资源的培育、品牌资源的联动共享和创新发展，在不断提升质量、促进发展的过程中，树立品牌、经营品牌。

五、个性化要素

在新时代发展需求的导向下，科普活动要发挥科普价值的引领作用，获取广泛的受益面和影响力，必须深化科普服务供给侧结构性改革，突出价值和需求导向。科普活动将越来越以公众需求为导向，针对公众的个性化需求，在科普内容、形式、传播渠道等方面进行创新性转变，推进精准化的科普服务。

一方面，基于不同受众的需求调研基础，推动科普内容、形式和手段的创新发展，提高科普服务供给效能；另一方面，通过以用户为中心的活动设计思维来策划活动，深入开展现实需求和潜在需求调研，基于活动评估基础，找准公众科普体验的痛点，优化科普活动设计，不断细化科普内容、细分科普对象，采取有效的科学策略，在开放性、公共性、均衡性、便捷性等层面，有针对性地开展多样化的科普活动，满足全社会高质量的科普需求。

六、良性化要素

科普活动的运行需要政府、社会、市场的共同参与，为科普工作提供必要的支持和保障，形成良性循环。政府应出台相关政策，鼓励和引导社会各界参与科普工作；社会应营造尊重科学、崇尚创新的文化氛围，提高公众对科普的认可度；市场则可以通过提供资金、技术、人才等资源，推动科普工作的可持续发展。只有在政府、社会、市场等多方面的共同参与和支持下，才能营造一个良好的科普环境。

同时，多主体的参与在一定程度上体现出科普活动适度的经营性，体现出科技文化的双重特性，并为科普活动的良性运行提供了较稳定的支撑机制。

第四节　未来科普活动创新实践案例

一、案例分析

（一）天宫课堂

“天宫课堂”是为发挥中国空间站的综合效益推出的首个太空科普教育品牌。“天宫课堂”结合载人飞行任务，由中国航天员担任“太空教师”，采取天地协同互动的方式开展，逐渐成为中国太空科普的国家品牌。

中国空间站作为国家太空实验室，也是重要的太空科普教育基地，蕴含着独特的、丰富的教育资源，对激发社会大众特别是青少年弘扬科学精神、热爱航天事业具有特殊优势。

2021 年 12 月 9 日 15 时 40 分，“天宫课堂”第一课开始，神舟十三号乘组航天员翟志刚、王亚平、叶光富在中国空间站进行了太空授课。中央广播电视总台进行全程现场直播。2022 年 3 月 23 日 15 时 40 分、2022 年 10 月 12 日 15 时 40 分，分别进行了“天宫课堂”第二课和第三课。2023 年 5 月 18 日，中国载人航天工程办公室推出《天宫课堂》线上课程系列，第一节课为大家介绍“载荷出舱任务”。神舟十五号航天员乘组即将完成 6 个月的“太空出差”，其间配合完成了多次空间站货物的出舱任务。18 日，就由航天员与地面专家共同出镜，为大家详细解读载荷出舱的流程及所蕴含的专业知识。5 月 27 日，神舟十五号航天员乘组带来第二节课，为大家介绍“高”端运动——微重力抗阻装置。随梦天实验舱上行的微重力抗阻锻炼装置，主要用于航天员们上肢、下肢和腰背肌肉的力量锻炼。2023 年 9 月 21 日，“天宫课堂”第四课在中国空间站正式开讲，神舟十六号航天员景海鹏、朱杨柱、桂海潮进行授课。3 名航天员在轨展示介绍中国空间站梦天实验舱工作生活场景，演示球形火焰实验、奇妙“乒乓球”实验、动量守恒实验以及又见陀螺实验，并与地面课堂进行互动交流。

（二）阳光动力科普中国行

“阳光动力科普中国行”活动是结合全球最大、最先进的太阳能飞机——瑞士“阳光动力 2 号”开展首次昼夜连续环球飞行，于 3～4 月飞越中国，并经停重庆和南京这一热点事件，由中国科协、瑞士大使馆、瑞士阳光动力共同主办的科普活动。

该活动的主题为“与阳光同行，与创新齐飞”，充分利用互联网平台和移动互联新技术，面向广大公众开展新能源、新材料、航空飞行及其协同创新的科普宣传，激发我国公众特别是青少年的科学探索兴趣和创新热情，推动新能源、新材料在航空飞行器中的应用研究与实践，弘扬科学创新和探索精神。

活动形式及其内容主要包括以下三个方面。

一是青少年拥抱阳光动力活动。在“阳光动力 2 号”经停南京期间组织青少年参加，邀请“阳光动力 2 号”飞行员和技术专家，以及我国相关领域的科学传播专家，为青少年讲述太阳能飞机背后的科学创新和探索故事，讲解新能源、新材料、航空飞行及其协同创新的科学知识，让学生在趣味中学习太阳能航空飞行科普知识，感受新能源以及航空飞行的神奇与魅力。同时，组织未来新能源飞行器创意绘画优秀作品展示活动，优秀作品将在活动现场和官网上展示。“阳光动力 2 号”经停重庆时间较短，稍作维护后将飞往南京，所以无法开展太多地面活动。重庆市科学技术协会预先组织了全市青少年儿童启动“未来新能源飞行器创意绘画优秀作品征集和展示活动”，收到了来自当地 30 余所中小学的数千幅作品，这些优秀作品在重庆举办了为期两周的巡回画展。

二是太阳能飞行器主题沙龙。“阳光动力 2 号”在南京经停期间，面向光伏能源界、材料研发和航空界的爱好者、专业人士和社会公众，举办太阳能飞行器主题沙龙。邀请“阳光动力 2 号”飞行员及技术团队，共同探讨新能源新材料航空器解决方案、航空器设计与制造技术、飞行员生命环境保障系统及极限条件下的飞行驾驶等，激发光伏能源界与航空界的对话交流和协同创新。与新华网联合，鼓励公众通过网络和移动端参与。

三是“阳光动力科普中国行”科普纪实专题片和网络科普传播。专题片以“阳光动力 2 号”太阳能飞机环球飞行壮举为切入点，深入挖掘其背后所蕴藏的科学精神、人文要素及科技前沿成果，由中央电视台科教频道、中央电视台新闻频道、中国可再生能源学会、中国航空学会及新华网联合创作录制，于 4 月“阳光动力 2 号”飞离南京前通过央视和新华网等电视、网络媒体面向全国公众特别是青少年进行传播和播放。在网络科普方面，在新华网“科普中国——科技前沿大师谈”栏目、“科普中国”微信平台设立“阳光动力科普中国行”专题页面，科学解读“阳光动力 2 号”，汇集新能源、新材料、航空飞行等科普资源，面向广大公众进行传播，同时为网民参与青少年拥抱阳光动力活动、太阳能飞行器主题沙龙等提供平台。

（三）科普中国——绿色核能主题科普活动

为广泛普及核科学技术知识，宣传绿色核能发展理念，提升全民科学素质，中国科协、国家能源局、国防科工局、国家核安全局于2017年在全国组织开展了“科普中国——绿色核能主题科普活动”。各主办和承办单位全年围绕“倡导绿色核能，建设美丽中国”主题开展了内容充实、形式多样的核科普活动，取得了预期成果和良好的社会影响。活动主要包括以下内容。

全国科普日期间，由中国核电发展中心、中国核学会等单位承办的“科普中国——绿色核能”主题科普展在中国科学技术馆举办，37 000余人参观了主题科普展览，听取了科普讲座。展览主题鲜明、影响广泛，取得了良好的科普宣传效果，并成为全国科普日的一大亮点。多省份开展了“绿色核能发展——遇事问科学”绿色核能主题展览。

中国核学会举办了主题为“教育与人力资源发展、公众沟通”的高峰论坛和“核安全 核和谐”论坛，举办了中法核电公众沟通讲座《核电对现代社会的影响与安全保障》，举办了“‘核’我一起，生活更精彩”主题科普报告会等。举行了中国核工业科技馆科普展，展览面积有7000余平方米，设有中国核工业、探索核奥秘、核燃料循环、开发核能源、核在我身边、核在国防中、核与辐射安全7个展厅；布展面积8300平方米，年接待能力可达50万人次；目前全国最大的核电科技馆秦山核电科技馆开馆；中国核工业集团有限公司（中核集团）举办了第三届“核你在一起”科普开放周活动。

由中国核学会和中国核能电力股份有限公司主办了第五届“魅力之光”杯全国中学生核电科普知识竞赛，获奖学生参加了在上海、宁波和三门核电举行的核电科普夏令营活动；环境保护部核与辐射安全中心和清华大学联合主办了“核安全文化校园行活动”；国家核电山东海阳核电项目组织了“核电小学的核电站之旅”活动；国核示范电站在荣成市区各中学开展了“核电开学季”系列活动；华能石岛湾核电科普校园行活动走进石岛实验小学，开展了第二届“我眼中的核电”征文颁奖活动等，该活动组织核物理专家编写的竞赛题目进入公民科学素养大赛题库，设计了以绿色核能为内容的题库并进行科普联展活动现场答题推广；举办了“核我探秘——我们身边的核科学技术”科普宣传活动，活动现场向观众发放科普宣传册、播放科普宣传片等宣传品；中核集团举办了高校学生课外“核+X”创意大赛活动；海南省举办了“第二届海南省青少年核安全知识演讲比赛”。

同时，国家原子能机构核应急响应技术支持中心联合中国出版集团公司、人民出版社共同开展“新形势下如何进一步加强涉核科普教育”重大问题研究，形成调研报告，对进一步加强普及国民核科普教育提出对策建议；生态环境部核与辐射安全中心编写了“核与辐射安全知识科普系列丛书”，共9本；中国核学会向各省（自治区、直辖市）科协及相关单位提供了绿色核能主题科普活动的宣传资料。

新华网制作了“科普中国——绿色核能主题科普活动”专题页面，对活动进行了全方位报道；中央电视台科教频道拍摄了6集特别节目《核电来了》。

二、案例分析与总结

这些活动从多个方面体现出未来科普活动的主要特征。

（一）主题定锚

在科普活动的设计中，活动主题一般有两种来由：其一，为上级主管部门直接确定或根据活动整体的教育主题确定；其二，在设计科普活动时没有明确的主题要求，要通盘考虑活动主题的教育性、时代性，综观开展此类科普活动的专家背景、相关材料配备情况及受众基本情况等问题。例如，昆明市某小学就以联合国生物多样性大会在云南昆明召开为契机，开展了以“共建地球生命共同体”为主题的科普活动；北京市某小学结合学校金鹏科技团地球与环境分团的专业优势，开展了“与太空对话”的主题科技周活动；也有学校通过全校学生调研，开展了以“人工智能”为主题的科普活动等。

（二）价值引领

价值引领的重要意义在于通过挖掘各类科普课程中的思政元素，充分发挥科普活动的价值引领作用。科普活动的价值引领往往与科学史或前沿科技动态相结合，这就要求科技辅导员一方面要通过学习和查阅资料等方式熟知各领域或研究方向的关键事件和杰出科学家、科技工作者的事迹；另一方面要主动关注国内外科技发展动态，具有预先建立科技发展素材库的意识。以“天宫课堂”为例，其既尊重史实，保证科学技术史实的客观性，立足国际视野，列举了康斯坦丁·齐奥尔科夫斯基、尤里·加加林、尼尔·阿姆斯特朗的经典名言或关键事件，又紧紧把握科学技术史和党史、新中国史、改革开放史、社会主义发展史的历史交汇，立足空间技术的发展历史挖掘“科技自立自强”的爱国主义教育思政元素。尤其是在介绍我国载人航天“三步走”的发展战略时引用了中国载人航天工程首任总设计师王永志的一句话：“如同运动员在起跑线上晚了一步，我们唯一能做的就是以比别人更大的步伐、更快的速度来追赶。”这在无形中激发、深入培育了广大群众的科学报国之志，也为在小结中对情感态度价值观的强化埋下了伏笔。

（三）活动内核凸显

在科普教育走向高质量发展的今天，看热闹、博眼球式的科普活动已很难再得到科技教育界的认可，以课程为核心的科普活动融合项目式教学、课程思政等多方面的经验做法，正在不断的实践中成为科普活动的主流。

例如，“阳光动力科普中国行”活动部分体现出活动的科技内核，瑞士“阳光动力 2 号”是一架完全依靠太阳能驱动，飞行期间不消耗任何发动机燃料，也不排放任何污染物质的载人环保飞行器。由于需要减轻重量，所以飞机上没有加热和加压设备，飞行员需要穿戴局部保暖的衣服，包括可以局部加热的袜子和手套，防止因冻伤而失去对飞机的控制。

不仅如此，这架飞机上还集合了众多现代科技的联合测试系统，如对飞机电气系统性能做测试的机电性能仿真测试系统，符合人体工程学的全新气动舒适系统，超轻复合材料能源链，人机界面和太阳能电池，让飞行员在驾驶舱内适应预期的极端温度的定制热空服、绝缘座椅和坐垫等。其本身飞行机制与原理即包含清洁能源、绿色环保、航空航天、新型材料等多项未来科技。

能源问题是未来世界的重大问题，绿色核能则是其中最具潜力与发展意义且被大多数国家认为最优秀的未来资源，“科普中国——绿色核能主题科普活动”以此为主题，可在多个方面体现出未来特征与时代特色。

（四）个性化主体

“天宫课堂”科普活动的主体是青少年学生，作为科学课程的重要补充和延伸，秉持科普主体个性化需求的原则，该活动体现了以青少年学生为主体的原则。

表现之一为青少年应成为科普活动中提问、思考和体验的主动参与者。活动设置了较多的互动发言、举手投票和实验体验，以及被邀请担任教师的小助手环节。空间科学设施介绍与展示环节使青少年身临其境，了解国家太空实验室对空间站特殊环境的利用；天地互动环节邀请三位航天员对提问进行了细致的解答。

表现之二为青少年是认识的主体，科普活动的认知过程要尊重和符合受众的认知规律。例如，在介绍天和核心舱的结构验证件全长为16.6米时，教师说道：如果把它竖起来的话，有6层楼那么高。这遵从了中低年龄段学生认知发展的形象思维特点。用抡起装有水的杯子模拟绕地球旋转的空间站，观察现象并得出地球引力提供了空间站圆周运动的向心力的结论，培养了青少年的类比推理能力。航天员王亚平演示的失重环境下水油分层消失的现象巧妙运用了新异刺激、对比刺激会被优先选择的知觉选择性特点。

“阳光动力科普中国行”活动充分挖掘和利用未来科技内容进行相关科普，先后邀请“阳光动力2号”飞行员和技术专家，以及我国相关领域的科学传播专家，讲解新能源、新材料、航空飞行及其协同创新的科学知识，探讨新能源新材料航空器解决方案、航空器设计与制造技术、飞行员生命环境保障系统及极限条件下的飞行驾驶等，激发光伏能源界与航空界的对话交流和协同创新。在活动主题与内容上充分体现出未来感、科技感，将飞行器能够体现出的未来科技展现得淋漓尽致。

同时，活动充分利用了信息数字化、传播媒体化资源，以及新媒体和智能技术的融合，用以提高科普活动的互动性和参与度。

活动充分利用互联网平台和移动互联新技术，面向广大公众开展新能源、新材料、航空飞行及其协同创新的科普宣传。发挥“互联网+”优势，衍生出多样化的线上科普活动形式，如在网络上进行“未来新能源飞行器创意绘画优秀作品”的网络展示，与新华网联合，鼓励公众通过网络和移动端参与等，打破了科普活动的时空限制，为更多人群提供体验式的科普学习参与机会，拓展了科普活动受众面。活动不仅利用传统媒体渠道，制作科普纪实电视专题片，通过电视台、网络等进行广泛传播，还利用网络进行科普传播，在新华网“科普中国——科技前沿大师谈”栏目、“科普中国”微信平台设立“阳光动力科普中国行”专题页面，同时为网民参与青少年拥抱阳光动力活动、太阳能飞行器主题沙龙等提供平台，满足了不同主体的需求。

（五）资源保障

资源是科普活动的保障，在条件允许的前提下，科普活动应充分利用本地（或社区）的可用科技资源，学会因地制宜、因时制宜，整合和利用好各类资源。实验器材、展品和资金、资料等是显性的资源，在使用这类资源时需要注意资源的分配和组织、使用的秩序。

充分利用瑞士“阳光动力2号”飞经中国这一地域性科普事件，利用人力资源和物力资源完成活动，同时经由活动形成了多种显性和隐性的科普资源。例如，活动充分利用了飞行器的飞行员和专家、相关领域的专家和学者、学校与家长，以及普通公众等人力资源，利用了开展科普活动的场地、材料等物力资源，还充分使用了电视、广播、互联网等数字媒体资源。活动又产生大量生成性科普资源（如相关的科幻画、图片、视频、实物展品等）。多种形式的资源穿插，既发挥其某一方面的优势，又协同共赢，体现出活动资源的多方面保障。

“天宫课堂”第一部分在介绍我国载人航天“三步走”时就选用了较为丰富的资源呈现形式，如文字、图片、工作日志、时间轴、实物展品等，讲述文本凝练、准确，多种形式的资源穿插、有侧重地呈现，有效地实现了科学活动对学生视觉和听觉感受的充分调动（张懿等，2022）。

第五节　教育技术整合的未来科普场馆展览

展览作为科普活动的重要组成部分，通过系统化的展示和互动体验，旨在提升公众对科学知识的理解和兴趣。这种形式不仅提供了直观的学习机会，还促进了科学教育的广泛传播。未来科普场馆展览可以通过整合先进的教育技术来提升展览的互动性和教育效果。这种整合可以包括虚拟现实、增强现实、互动媒体等技术，以更生动和沉浸的方式向观众传递科学知识。自然博物馆、科学中心、动（植）物园和水族馆等场馆的科普教育活动内容一直专注于科学、技术、工程和数学，它们未来将利用技术创新重构科普活动探究的教育生态。

一、自然博物馆与信息传递展品

在新技术的辅助下，信息传递展品可以为学习者的知识建构和激励发现提供多重机会。例如，数字标签提供了比传统的静态标签更多的信息，允许参观者访问他们想要获得的尽可能多或尽可能少的信息；再如，移动解释系统利用参观者在博物馆的实际位置来传递附近文物的信息。其他系统（如支持移动实景旅行的应用程序）则鼓励参观者主动探索展品信息，以满足个性化需求。

同时，未来一些博物馆还可能使用游戏化的方法来代替游戏驱动的动机，以激发参观者对文物的内在兴趣。这些游戏通常采取移动寻宝的形式，借用学校团体经常使用的经典纸质工作任务表。这种类型的游戏可以帮助学习者构建一个更丰富的心智模型，即通过内在激励让参观者寻找看似不同对象之间的相似之处，就像学习者出于好奇进行对象比较一样。

二、科学中心的现象学探究展品

20 世纪初，一些科技馆开始制作一些允许参观者操纵诸如电这样的科学现象的展品，即现象学探究展品。这一趋势在 20 世纪广泛发展。从展示真实的科学制品到展示真实的科学现象，并允许参观者参与到类似科学探究的真实实践中，学习者从被动的信息接收者变成了主动的知识建构者。这种新的动手实践教学法认为，学习是通过操作他们周围的世界来建构自己的理解的，学习者的探究是由不同事件激发的。参观者的任务不是找到某件事情为什么发生的正确答案，而是发现可探索现象的边界，即哪些是罕见的，哪些是不可能的。

模拟是支持现象学探究最明显的技术，并且可以解决由于规模或实践问题而无法显示的现象。例如，使用数字现象学展品令参观者的行为和现象学效果之间的联系清晰可见时，参观者就可以监控彼此的活动，这样有困难的参观者可以效仿成功参观者的行动（一种被动的支持形式），而成功参观者可以诊断同伴的问题并提出建议（一种主动的支持形式）。

另一种策略是使用增强现实，这是将数字可视化叠加到真实物体和情境中的一系列技术。通过使用电子流路径等数字表征来增强传统现象学展品的展示效果，参观者可以在不牺牲真实性的情况下理解抽象的现象。另一种回避真实性问题的方法是将参观者嵌入模拟现象中，让他们以第一人称的方式来控制它。例如，Meteor 这样的单用户展品，就是让参观者对现象进行角色扮演，扮演流星穿过地面时通过重力物体的轨迹。在像“互联世界”这样的大型团体展中，参观者的任务是分配水资源和管理森林，以实现可持续的生态系统。参观者会通过集体行动产生突发现象（涉及如干旱、食物、人口爆炸等问题）。

最后，在社会文化背景中进行角色扮演和决策也是主要策略之一。将学习者融入科学的社会文化背景中的最简单方法之一，就是要求他们作出与人类后果相关的决定。例如，在与基因相关的病症顾问项目中，让一名参观者扮演基因咨询师的角色，为“患者”提供建议，这种互动方式向参观者展示了科学知识应用于现实世界的问题。在“恶性肿瘤”项目中，由参观者分别扮演不同的肿瘤专家，他们合作治疗模拟“患者”，亲身体验专业人员所面临的困境。此外，其他展品也探讨了更高政策层面上的角色扮演和决策。

三、动物园、水族馆和情感景观展示

动物园和水族馆帮助参观者在人类活动、栖息地和动物之间建立联系（即让他们参与系统思维）是影响参观者保护态度与行为的一个已知策略。另外，动物园和水族馆唤起态度与行为变化的一种更常见的方式是利用保护心理学和情感理论培养参观者对动物的同理心。

首先，可以通过技术增强的链接构建系统思维。保护物种的需求意味着，即使是沉浸式的展品也会切断所展示的动物与它们大多数系统（与栖息地、捕食者或猎物、人类活动等）之间的联系，所以一些动物园、水族馆等场馆已经转向技术来支持系统思维。例如，有一款应用要求参观者扮演一个逃跑的动物园动物，参观者走的路径对他们产生了积极影响或消极影响。又如，水族馆的桌面游戏采用了建构性和反思性策略，让参观者扮演渔民，并反思他们的决策如何影响动物种群。

其次，情感景观易于通过换位唤起同理心。技术可以通过将参观者与动物更密切地联系在一起来支持同理心。例如，移动设备可以提供动物心跳的音频剪辑，或者显示动物如何看待周围世界的视频。传感技术还可以在动物和参观者之间搭建起桥梁，支持增强现实技术，如当参观者将手机摄像头对准动物时，相关设备就会自动播放动物的名字和信息。当然，也可以通过角色扮演策略让参观者进行换位，来设计一些互动体验。例如，参观者可以进入一个模拟的生态环境，扮演特定的动物角色（如捕食者或猎物），感受气候变化对生态系统的影响。比如，随着气候变化，食物变得稀缺，参观者需要付出更多努力才能捕猎成功，从而理解动物面临的生存压力。

总之，利用生态系统的观点，将技术整合到以上三种科普展品原型的未来方向，可能包括通过增加网络新功能的可见性来增强现有的科普生态系统服务（即现有的学习实践）；不断发展现有的科普生态系统服务，以更有力地利用网络中现有的功能可见性；或增加全新的科普生态系统服务，以容纳新的科普学习活动。从生态系统的角度审视这类科学中心的现象学探究展品，可以帮助设计者识别需要建立的新型生态系统服务和功能可见性网络，或者标记现有的生态系统元素，以进行适应和演化。信息传递展品、现象学展品和情感景观展品都是在不同的情境下演变出来的。如果教育技术设计者认识到这些展品内部所揭示的物理、社会、历史和文化可见性网络的全面性，就可以在如何完善生态系统服务以更好地支持 STEM 学习和更广泛内容的科普教育方面作出战略性决策和支持。

第六节　总结与展望

在科技、教育、文化等诸多领域纷纷感叹“未来已来”的今天，对科普活动进行深入思考和大胆实践，利用新理念、新渠道、新技术，构建未来科普活动的新模式与新方法，是满足公民科学素养提升等需求的必然路径。

科普活动的时代特征主要体现在主题方向的时代性与渠道方式的科技性两个方面，选择恰当的主题，则是引领科普工作方向、丰富科普活动内涵的重要一步。在社会主义核心价值观的引领下，弘扬科学精神、传播科学方法、展现科技前沿、借重人工智能、响应人类需求等，都是适应未来生活、体现科普要素的选题方向。以此为基础，加上科普活动的大胆创新、数字化资源的建设与广泛应用、科普教育教学的实践化设计实施、常态化举行、个性化构建，以及更多的主体加入科普工作中来，未来科普活动必然蓬勃发展。

从科技与传统文化融合的科普发展趋势来看，在科普活动中渗透传统文化元素，以及利用科普更好地发扬传统文化是大势所趋。同时，将科普与研学相联系，突出科普活动的实践性和实践活动在科普中的重要作用；适度推动科普事业和产业融合，为科普产业持续稳定发展提供支撑；提升科普主题的吸引力，融入科技前沿内容，将普及性与高端性相结合以启迪青少年智慧，提升创新能力；大力发展人工智能背景下的数字科普，挖掘其更广阔的用途和更深入的作用等，这些均是未来科普活动思考与发展的方向。

理解·反思·探究

未来科普活动发展前景广阔且深具挑战性，请选择1～2种你感兴趣的未来科普活动形式或内容，设计实施方案。

拓展阅读导航

1. 任福君，等. 科普活动概论（修订本）. 北京：中国科学技术出版社，2020.
2. 景佳. 科普活动的策划与组织实施. 武汉：华中科技大学出版社，2011.

（本章由郑敏、孙华共同执笔）

本章参考文献

高宏斌，任磊，李秀菊，等. 2023. 我国公民科学素质的现状与发展对策——基于第十二次中国公民科学素质抽样调查的实证研究. 科普研究，18（3）：5-14，22，109.

洪志生，秦佩恒，周城雄. 2019. 第四次工业革命背景下科技强国建设人才需求分析. 中国科学院院刊，34（5）：522-531.

黄荣怀，王运武，焦艳丽. 2021. 面向智能时代的教育变革——关于科技与教育双向赋能的命题. 中国电化教育，（7）：22-29.

黄晓磊. 2023. 技术变革教育的逻辑、限度与路向. 南京社会科学，（12）：104-111.

李天龙，张露露，张行勇. 2018. 新媒体时代科学传播的困境与策略研究. 现代传播（中国传媒大学学报），40（10）：80-84.

李晓燕. 2007. 科技的力量——人类历史上的三次科技革命. 中学政史地（九年级），（12）：16-20.

李永智. 2022. 教育数字化转型的构想与实践探索. 人民教育，（7）：13-21.

李竹，林长春. 2017. 中外青少年科普教育活动的比较与思考. 教育评论，（8）：147-150.

石国进. 2020. 论当代中国的科普困境及其出路. 长江论坛，（5）：72-76.

孙向前，吴晓莉，雷静，等. 2023. 推动科技资源科普化建设的实践与思考. 产业科技创新，5（1）：20-22.

王晶金，张亚婧. 2020. 美国国家实验室科普路径及启示——基于喷气式飞机推进器实验室的典型案例. 科学管理研究，38（2）：151-156.

张懿，白亚莉，郑敏. 2022. 太空授课对学校科技活动设计与实施的启示. 中国科技教育，（4）：20-23.

Freire P. 1983. Extensão ou Comunicação? 7th ed. Rio de Janeiro：Paz e Terra.

Ren F. 2019. A brief review of the four-decade evolution of science popularization in China. Cultures of Science，2（3）：183-192.

第九章

总结与展望

要点提示

本章将回到最初所在，在读者了解各类科普活动之后再次探讨一些边界问题，如科普活动的策划实施、效果评价、适应新质生产力发展、与学校教育的关系等，并对未来提出一些展望。

学习目标

1. 意识到科普活动边界的复杂性和辩证性。

2. 了解在社会发展驱动下，我们应对科普活动的哪些方面给予更多思考，以适应社会发展，更好地发挥科普活动效能，以服务国家战略发展。

3. 能以前瞻性视角策划和实施科普活动。

导入

在深入探讨科普活动的演变与未来趋势时，我们不禁回想起那些科普事业先驱者的努力与探索。科普活动作为传播科学精神、启迪公众智慧的桥梁，其边界在不断拓展与重塑中展现出无限生机。在未来世界，不断加快的技术变革、不断深化的跨界融合等都对传统科普模式产生颠覆性影响。科普活动应当在多大程度上遵循历史规律，在多大程度上拥抱未来变化，都是我们值得深思的问题。

第一节　思考与总结

在本书的开端，我们便“考古”了科普活动，并对“科普活动”这一概念进行了界定。现在，来到本书的结尾，我们依然想要回到原点，再一次探讨边界的问题。这些关于边界的探讨体现在以下几个方面：科普活动的策划实施是否有标准？这些标准限制到什么程度？而又能发散到什么程度？科普活动如何科学评价其效果？如何构建其理论体系？未来的科普活动如何激发、启迪兴趣？如何促进人的全面发展？科普活动是要包罗万象还是聚焦一隅？科普活动是否需要进行结构化？与有限期的学校教育相比，这种无限期的终身学习具体要如何呈现？相信这些问题没有正确答案，我们也只能呈现自己视角的思考与理解。我们认为不管科普活动的类型如何，其本质都是培养人的好奇心，传播科学文化和科学精神。

一、收敛与开放

2023 年 3 月和 11 月，国家标准《数字科普资源质量要求》（GB/T 42421—2023）和《线下科普活动基本要求》（GB/T 43395—2023）相继发布实施，分别对线上和线下的科普活动进行了规范：前者给出了数字科普资源、数字科普文本、数字科普图像、数字科普音频、数字科普视频、科普应用程序的总体要求、技术质量要求和内容质量要求；后者给出了线下科普活动的策划与实施事项与流程，以及活动保障要求。未来可能还会有越来越多与科普活动相关的标准发布，标准化意味着一个领域的日趋成熟。本书系统梳理了科普活动的概念与发展历程，为了更好地总结与阐述科普活动策划的一般规律和技巧，我们也试图对科普活动进行分类讨论，将科普活动分为展示类、宣讲类、体验类、探究类和大中型五类，并结合案例对各类科普活动进行探讨与分析。然而，策划一项科普活动，是一项文化创意活动，尽管它有必须遵循的标准与规范，有值得参考与借鉴的规律，但更应有无限的创新，"变化"才是永恒的主题，这种变化体现在对自然环境变化的适应、人类知识的更新、技术的发展、工具的革新、人类认知的变化等方面。

二、主题式与跨学科

联合国《面向可持续发展的教育》文件提出了实现可持续发展目标所需要的关键能力，包括系统思维能力、预测能力、理解和识别规范与价值观的能力、实施创新行动的战略能力、协作能力、批判性思维能力和综合解决问题的能力。让受众获得这些能力，也是策划与开展科普活动的目标，然而在这些可持续发展能力中，没有任何一项能力是通过单一的学科知识可以习得的，均需要跨学科的学习与实践才能获得。

提及跨学科学习，20 世纪 60 年代末，美国就开始探索 STS 运动（张端等，2020）。以 1982 年美国科学教育协会（National Science Teaching Association）发表报告《科学—技术—社会：80 年代的科学教育》为标志，这场兴起于 20 世纪 60 年代末的环境运动和对科学技术的批判，萌发于大学校园的 STS 运动正式进入学校教育（Berkheimer et al.，1983）。之后跨学科教育理念不断发展，经历了 STEM 教育、由 STEM 加 A 变成 STEAM 教育的多个阶段。后来，更多的学者对于 STEAM 教育提出了新的想法。自 2011 年起，就开始有学者提出将 R 融入 STEAM 教育，认为写作（writing）是科学教育的重要组成部分（Furman，

2023）。而我们认为，“R”可被视为更宽泛意义的“科学读写”，也就是深度参与和研究（research），只有通过深度参与和研究，以此为方法与桥梁，才能将跨学科知识转化为可持续的关键能力。

科普活动的策划必然是有主题的，但围绕某一特定主题的内容策划并不能过于限定，而是需要进行适当的扩展与发散。这种扩展体现在触及不同学科知识，不仅包含科学类学科，也包括人文、哲学等学科；采用新兴的技术手段；为受众提供多样的参与方式以及思考理解问题的渠道。总之，以培养受众可持续发展的关键能力为目标，以跨学科教育的思维为指引，是策划与开展科普活动的一个重要导向。

三、学校教育与终身学习

科普活动主要由科普场馆、青少年中心、社区、培训机构、社会团体等校外教育机构为主体策划开展。与学校教育相比，校外学习是非结构化的、散点式分布的，也是无期限的，这也让受众有了更多基于自我意志的选择，他们可以在人生的任何阶段、任何地点选择学习。但同时，科普活动也不可能脱离学校教育而单独存在，因为学校教育在很大程度上决定了人们的认知水平和认知范围，尤其是针对青少年的科普活动，更要以学校教育为基点进行拓展和延伸。

2013 年 8 月，美国《下一代科学课程标准》（*Next Generation Science Standards*，*NGSS*）出版，该标准给出了不同年级学生的表现预期，相应的学科核心概念、科学与工程学实践及跨学科概念，同一学科不同学段的核心概念，以及该标准与其他学科教育标准的联系（熊国勇，2016）。*NGSS* 的出台不仅标志着美国新一轮科学教育改革正式拉开帷幕，还在世界科学教育领域掀起了关注热潮，引领了国际科学教育研究方向，美国很多博物馆也根据 *NGSS* 开发了课程。英国于 1989 年就发布了《国家科学教育课程标准》（Science in the National Curriculum 1989）（STEM learning，1989），并不断修订，现行的为 2015 年修订的《英国国家课程：科学学习计划》，内容涵盖小学到中学阶段（KS1～KS4）的所有科学课程。该计划阐述了科学课程的目的、具体目标、学校科学课程安排，以及不同学段的科学课程学习计划（Department for Education，2015）。英国也会要求博物馆根据国家课程标准制定教育活动手册。我国教育部制定的最新版《义务教育科学课程标准（2022 年版）》，强调科学课程要培养学生的核心素养，包括科学观念、科学思维、探究实践和态度责任，包含不同学段的课程目标、课程内容、学业质量和课程实施。这也是策划和开展针对青少年科普活动的重要指南，当然其他学科的课程标准也可作为策划活动的参考。

四、公益性与营利性

目前科普活动的实施主体主要是公益性科普机构（如科技馆、自然历史博物馆等科普场馆，青少年科技活动中心和青少年宫等）、科研机构（如中国科学院、各高等院校）、科技企业、科技媒体、科普类企业（如各个研学机构、科技类培训机构等）、中小学校等。这些机构由于性质或为公益或为营利，组织开展的科普活动是公益或营利的，相互之间存在交叉性。科普活动的公益性与营利性不能一概而论，需要辩证看待。科普活动的公益性首先体现在其社会价值和社会责任上，通过普及科学知识、传播科学精神，提高公众的科学素养，促进社会的科学进步和文明发展，这是科普活动最本质、最核心的体现。科普活动的营利性主要体现在其可持续发展上，通过经济营收，科普活动可以获得更多的资金支持，进而实现活动的长期、稳定发展；同时，营利性的科普活动也可以吸引更多的社会资源投入，通过引入市场机制，鼓励企业、社会组织等参与科普活动，形成多元化的科普产品和服务供给体系，满足公众多样化的科普需求。

因此，科普活动的公益性与营利性是相互补充、相互促进的。一方面，通过举办具有公益性质的科普活动，弥补市场机制在科普资源配置中的不足，为公众提供基本的、普遍的科普服务，提高公众对科学的兴趣和认同度，吸引更多的消费者购买科普产品、参与科普活动，为营利性提供支撑。另一方面，通过引入市场机制、创新商业模式等手段，可以为科普活动提供更多的资金支持，推动其更好地发挥公益性作用，也可以满足公众多样化的科普需求，提供更丰富、更个性化的科普产品和服务。我们应该在坚持公益性的基础上，积极探索营利性的实现方式，推动科普活动的全面发展，同时注重公益性与营利性的平衡发展，确保科普活动在追求经济效益的同时不失去其本质属性和社会价值。

五、科技与文化融合

科技无疑是科普活动的核心，但如果只有科技，科普活动就会失去趣味性和生命力。科普活动必须将科技的内核与文化的元素相融合，才能具有丰富性与吸引力。传统文化是中华文明成果的根本创造力，是民族历史上道德传承与各种文化思想精神观念的总体，是一种重要的文化遗产，我们要在守正中发扬和创新传统文化，看到传统文化中的科学元素，从而更好地传播传统文化。

首先，要从传统文化中发掘科学元素。要构建多层次平台，集中资源优势，实现科普机构、文化机构、科研机构、企业等协同发展，促进文化与科技的深度融合，扩大传统文化的影响力。例如，上海科技馆和故宫博物院联合打造的“清宫兽谱”展，就是利用3D建模技术，从现代动物学的视角来重新诠释清宫《兽谱》，体现了传统文化与现代科学的融合。

其次，要从科学的角度诠释传统文化。一是要进行自然科学与人文科学的跨界融合，以融合形式解读自然现象，从文化的角度认识物种价值，提升传统文化的科普传播效果。二是要从多学科、多角度策划互动展品和文创产品，展现传统文化的新颖性和时代感。三是要通过新兴技术创新，将手机应用游戏、二维码导览、增强现实、三维打印、沉浸式多媒体等线上线下技术手段相融合，提升多感知互动体验，让每个人在体验中接近、了解并爱上传统文化，自觉成为传统文化的传播者。

最后，要以创新方式传播传统文化。用个性化、拓展化、主题化的项目，让参观者能够像科学家一样思考，像工程师一样严谨，像艺术家一样想象，以更加沉浸式的方式感受传统文化的价值。赋能传统文化新内涵，让公众在参与中深度理解传统文化的价值，让中国传统文化通过现代化的表达方式在东西方文化交流碰撞中绽放蓬勃的生命力。

第二节　未来展望

未来科普活动的方向应该是科技前沿成果、新教育理念和人才培养一体化。具体而言，仍然可以从自然环境、知识更新、受众族群、受众认知、技术发展等维度考虑，在基本准则的基础上进行创新。针对一场具体的活动而言，这几个维度又是相互关联的。例如，在自然环境方面，须关注可持续发展，科普活动的策划可以遵照“新自然”理念（王小明等，2022），让受众一起参与想象自然和演绎自然，在活动中呈现出自然生态系统之余，再创造一种充分体现以人为中心、多物种共存，具有不同生态位、完整、可循环的新自然生态系统，促进人类社会的可持续发展。在受众族群方面，当前我国处于老龄化社会的关键期，人口老龄化程度进一步加剧，因此要关注老年群体，策划适合老年人参与的活动，帮助他们适应现代科技生活，增进身心健康。除此之外，还需关注弱势群体，如农村地区、贫困家庭、残障人士等，值得注意的是，老年群体中也不乏患病、贫困人群，他们靠自身力量改变现状的希望更加渺茫。在策划科普活动时应先反思自身特权，充分了解特殊人群的物理和社会处境，提高这些群体的生活质量，促进社会公平正义。

一、新质生产力引领

新质生产力作为技术革命的产物，代表着先进生产力的新阶段。它通过创新生产要素配置和产业转型升级，开启了社会生产的新时代。这一力量以全面优化劳动者、劳动资料和劳动对象为核心，以科技创新为驱动，摒弃了传统的增长模式，满足了高质量发展的需求，成为数字时代最具融合性和内涵的生产力形态（周文和许凌云，2023）。新质生产力将推动包括科普活动在内的整个科普产业与教育、文化、旅游等领域的跨界融合，形成新的商业模式。同时，借助大数据等技术，个性化服务的发展实现了精准的用户需求把握和智能服务（王小明等，2024）。

新质生产力给科普内容创新与质量提升、科普传播渠道与方式、科普产业人才与团队建设、技术融合与创新、前沿成果转化的及时性等方面都带来了挑战（赵东平等，2020）。面对新质生产力所带来的挑战与机遇，我们应当优化科普活动的布局；基于新质生产力的视角，重新定义和规划科普活动的分类与优先顺序（李剑平，2024）。加强数字基础设施建设，提升科普场馆的服务能力。重点关注前沿引领型、融合创新型和大型化等多元化科普活动，提升科普工作的整体效能。利用人工智能、大数据等先进技术赋能科普产业高质量发展，以数字化与智能化推动科普内容的个性化定制，同时提升传播的速度、广度和温度。

二、数智化赋能

数智化技术的迅猛发展将颠覆人们对科普活动的传统认知，将以一种全新的方式链接活动策划者、实施者与受众，为科普活动的资源获取、个性化内容定制、实施场景、传播渠道等提供新机遇。例如，在资源获取方面，元宇宙平台可以实现全球范围内的科普资源共享和协作，不同地区的科普机构可以在元宇宙中共同构建科普场景。在个性化内容定制方面，利用数字人技术，根据受众的年龄和认知水平智能调整内容与难度，实现个性化定制，并与受众实时互动；同时人工智能技术可以根据用户的行为和偏好进行个性化推荐，实现智能推送和智能匹配，提高科普的针对性。在实施场景方面，虚拟现实、人工智能等新技术为科普内容提供了更生动、沉浸式的体验。例如，通过虚拟现实技术，公众可以模拟进入太空、深海等环境，身临其境地感受科学的魅力。

数智化技术通过引入新的技术手段和理念，不仅提高了科普活动的传播效率和互动性，还丰富了科普活动的表现形式，优化了资源配置，可以创造出更多新颖、有趣的科普活动形式和内容，吸引更多受众关注和参与。总之，数智化技术的应用使科普活动的组织实施突破了传统的时空限制和行业、专业壁垒，具有创意的无限可能性，赋能科普活动高质量创新发展。

三、基于网络数据的效果评价变革思维

网络平台在科普活动中的普遍应用，使得科普活动效果评价更加及时、透明、客观，评价结果也更具横向可比性。相比线下活动，在网络平台开展的活动更加考验活动的吸引力与观众黏性。因为网络平台的科普活动虽没有空间限制，没有观众人数限制，但观众是自由的，他们可以在任何时候进入或离开活动，也可以在任何时候发表自己的意见。技术的发展给科普活动的评估带来了便捷，活动的数据一目了然，而且可以与任意其他活动进行对比；但同时也给科普活动带来了巨大的压力，观众的数据和反馈会及时如实地呈现在策划者面前。

这种技术对科普活动评价产生的影响，不仅让策划者有更多反思的空间，也倒逼科普活动在策划和实施的过程中改变思维。首先，一场科普活动的整个过程必须具有持续吸引力，从而保证相对稳定的观众人数；其次，活动的举行时间、地点，不再需要考虑场地的限制，而是要考虑公众使用网络的习惯；最后，活动的方案也不再是一种固定的模式，而应当具有灵活性，以应对观众人数的波动，以及观众的实时反馈和互动。

总之，基于网络数据的效果评价对科普活动具有深远的影响。它不仅改变了传统的评价方式，为科普活动效果的实时量化评估提供了可能，还推动了科普活动的创新与发展，提升了活动的社会影响力。因此，在未来的科普活动中，应更加重视网络数据的收集和分析工作，以充分发挥其在科普活动中的重要作用。

四、数据开放促进信息资源共享

网络大数据的开放，极大地实现了信息共享，不同的活动策划主体之间不再存在信息差。首先，利用网络数据，活动策划者可以了解当前社会热点、公众关注的话题，从而设计出更具吸引力和针对性的科普活动方案。其次，策划者不再需要亲临活动现场而实现经验和创意积累，网络上的现有活动、历史数据、用户行为数据，都将成为活动策划者的重要参考。最后，随着技术的进一步发展，活动的实施也可实现全过程、全方位的智能化管理，活动所需的人财物都可突破时

空限制，通过智能技术的精准配置，使活动的开展更加顺利。在活动评估阶段，也可实现活动数据的共享，同时实现活动数据的比较。

这种数据的公平共享，也更加考验科普活动策划的创新性，同类科普活动或不同类科普活动，在网络平台面对同样的全网公众时，将面临更加激烈、更加直接、更加残酷的竞争。竞争必将带来优胜劣汰，因此，在未来社会，科普活动必须持续关注社会热点和公众，并持续创新，这才是长久生存之道。

理解·反思·探究

1. 读完本书以后，你是否也会产生一些思考？谈谈自己的想法，说一说产生这些想法的原因。

2. 你认为科普活动的哪些要素应当固守不变？哪些要素应当随着社会的发展而不断变化？为什么？

3. 你认为未来世界对科普活动影响最大的因素有哪些？你认为作为科普活动策划者或者实施者，应该做哪些准备以应对未来世界的变化？

拓展阅读导航

1. 卡洛·罗韦利. 时间的秩序. 杨光译. 长沙：湖南科学技术出版社，2019.

2. 尤瓦尔·赫拉利. 未来简史. 林俊宏译. 北京：中信出版社，2017.

3. 加斯东·巴什拉. 科学精神的形成. 钱培鑫译. 上海：东方出版中心，2022.

4. 吴军. 智能时代——大数据与智能革命重新定义未来. 北京：中信出版社，2020.

5. 约翰·布罗克曼. AI的25种可能. 王佳音译. 杭州：浙江人民出版社，2019.

（本章由宋娴、胡芳共同执笔）

本章参考文献

李剑平. 2024. 浙江启动“新质生产力”科普专项行动. https://s.cyol.com/articles/2024-02/29/content_6zx4jnhG.html [2024-11-13].

王小明，杨刚，荣艳，等. 2022. 走向“新自然”：“自然”概念的现代变迁与重构. 科学教育与博物馆，(6)：1-7.

王小明，张光斌，张斌盛. 2024. 新质生产力引领科普产业高质量发展之路. 科学教育与博物馆，(3)：1-8.

熊国勇. 2016. 美国《下一代科学标准》核心内容与特征分析. 基础教育，13(2)：97-103.

张端，和继军，李小娟. 2020. 美国 STEM 教育的嬗变. 自然辩证法通讯，42(11)：94-100.

赵东平，高宏斌，赵立新. 2020. 中国科普人才发展存在的问题与对策. 科技导报，38(5)：92-98.

周文，许凌云. 2023. 论新质生产力：内涵特征与重要着力点. 改革，(10)：1-13.

Berkheimer G D，Bybee R W，Donnellan K M，et al. 1983. An NSTA position statement：science-technology-society：science education for the 1980s. Iowa Science Teachers Journal，20(2)：16-20.

Department for Education. 2015. National curriculum in England：science programmes of study. https://www.gov.uk/government/publications/national-curriculum-in-england-science-programmes-of-study/national-curriculum-in-england-science-programmes-of-study[2024-11-22].

Furman L R. 2023. STEM needs to be updated to STREAM. https://www.huffpost.com/entry/stem-needs-updated-to-str_b_5461814[2024-11-22].

STEM learning. 1989. Science in the national curriculum 1989. https://www.stem.org.uk/elibrary/resource/27657[2024-11-22].

附录 《探索太空奥秘》讲解稿

各位同学大家好，这里是中国科学技术馆，我是科技辅导员黄践。今天呢，我将带着大家一同去游览我们中国科学技术馆和载人航天有关的展品，接下来就跟我一起去看一看吧。

大家看我们所处的位置就是位于中国科学技术馆主展厅 4 层的太空探索展厅。

首先问大家一个问题：如果想要将航天器发射入太空，需要什么工具呢？首先大家肯定想到的是火箭。大家来看，我旁边的这个展台啊，来，往上看，这边有一系列的火箭图片，我们来看一看，这里面有一些非常知名的火箭，比方说在我旁边的长征一号运载火箭，它是在 1970 年 4 月 24 日发射升空的，它搭载的是东方红一号卫星，每年的 4 月 24 日被命名为我们中国的航天日，也是因为长征一号火箭是在 4 月 24 日升空的。

那我们继续往上看，旁边还有一个大家非常熟悉的火箭：长征二号 F 火箭，这个火箭是专门用于载人发射的，长征二号 F 火箭也被誉为是神箭。好，我们继续往上看，上面还有大家熟知的最顶端的长征五号火箭和长征七号火箭。我们来看一看这些火箭当中有一台，跟其他的在结构上不太一样，是哪个呢？我们来找一找。我们会发现长征二号 F 火箭，它的上端好像多了一个小小的尖端，像一个避雷针一样，跟其他的不太一样。那这个避雷针一样的装置到底是用来做什么的呢？我们通过解剖这件展品来了解一下。

大家请看我们旁边的巨大的模型，就是我们长征二号 F 火箭的一个缩小比例模型了，非常高啊，它是一个 1∶10 的缩小版，就这样它的高度也有 5 米以上。我们可以看到现在同学们还在操作，同学们把火箭的整流罩给打开了，在整流罩之内我们可以看到一个竖直的、三段式的、神舟飞船的小的模型。注意看，在整流罩的上端亮灯的这个装置像避雷针一样，这个就是刚才我们所说的逃逸塔，就是大家所找到的它和其他火箭的不同了。逃逸塔呢，和下方的神舟飞船是连接在一起的，注意看，我再将整流罩打开，可以观察到逃逸塔和下方的神舟飞船连接在了一起。我们可以想象一下，在发射的过程当中，一旦出现了危险或者安全事故，逃逸塔上方亮灯的逃逸发动机，就会启动，带着神舟飞船飞离发生危险的区域，这样可以极大程度地保护航天员的生命安全。这样在逃逸塔的帮助之下，我们长征二号 F 火箭的可靠性达到了 0.97，安全性达到了 0.997，什么意思呢？可靠性 0.97 指的是每 100 次发射，只允许 3 次出现故障，安全性 0.997 指的是在 1000 次故障的情况之下，仅允许 3 次救援不成功。那大家可以想象一下，有了逃逸塔，咱们的长征二号 F 火箭，它的可靠性和安全性有多么高，就是因为如此高的可靠性和安全性，我们才能让它去搭载航天员。

看过最上方的整流罩以后，我们再来看它的整个舰体。我们说火箭有一级火箭，有二级火箭，这指的是火箭的主体有几层。你看现在我们同学的操作，把整个火箭都给打开了，可以看到正下方写着氧化剂燃烧剂的氢一级，再往上它还有一个发动机，就是我们的二级，氢二级也有氧化剂、燃烧剂，下面有一个发动机。我们说长征二号 F 火箭它其实是一个两级半的构型，刚才我们介绍了一级和二级，那半级是什么？半级实际上指的是助推器。在氢一级的旁边我们可以看到它是捆绑了 4 个助推器，一般我们把助推器比作为半级，所以呢，长征二号 F 火箭它是一个两级半的构型，刚才在火箭解剖的时候，我们可以看到发动机的样子，最突出的就是发动机下方喷管的延长段了。

可以看到下方有一些发动机喷管的延长段都露出来了，这个火箭真实的发动机或者它的喷管有多大，大家可以往左侧看。左侧是一个真实的火箭发动机，咱们往这来看。可以看到它非常复杂，而且很明显能看到下方喷管的延伸段，但这个火箭的发动机并不是放置在长征二号 F 上的，而是放在我们所熟知的长征五号和长征五号 B 火箭上的。我们来看这个发动机，它的名字叫作液发 77，液发指的是用液体来做燃料，它燃烧的是液氢液氧，显然可以看到左侧的氢泵和氢转换器大一点，右侧的氧泵稍微小一点，氧气和氢气燃烧生成水的过程当中，大家可以想象一下，是两个氢原子一个氧原子形成一个水分子，所以氢要比氧的体积多一些。我们可以看到喷管的旁边，延伸段它的体积也不太一样，在液发 77 的帮助之下，我们才能让长征五号成功地来进行发射。这种液体发动机有非常大的比冲。换句话说，每单位质量的燃烧剂能够提供比较大的推力，这种大比冲的发动机才能将我们现在的天和核心舱这样大型的实验舱段发射进轨道之内。

看过真实的火箭发动机以后，我们接下来来看一看长征二号 F 火箭的发射过程，大家往这边来看，旁边这件展品叫作“火箭发射”，它为我们模拟再现了长征二号F火箭的整体发射过程。刚才我们可以看到火箭的发射塔架已经打开了。它的打开顺序是从第四层开始，然后由下而上，三、二、一依次打开，露出整个火箭的身体。接下来看，旁边的这个加注燃料，现在的装置也分开了，火箭进入到最后的发射阶段了。好，大家期待7、6、5、4、3、2、1，好，点火！

我们发现现在长征二号F火箭已经成功地顺利升空了，大家也可以观察一下整个发射场地的背景，它是一个什么样的自然环境。会发现这个背景上面有一些胡杨林，有一些沙漠，这样的一个场景，大家猜猜这是在哪里？咱们中国的几大火箭发射场地是哪儿？这应该是位于甘肃的酒泉卫星发射中心，我们所有长征二号F火箭都是在甘肃发射升空的。这里也问各位同学一个问题，就是咱们现在的空间站，天和核心舱、梦天实验舱是在哪里发射的，大家可以想一想。了解的同学可能知道是在我们海南的文昌发射中心，跟甘肃酒泉是不一样的，为什么这种大型的实验舱段或者大型的核心舱要在海南发射？这是因为咱们海南的纬度更低一点，由于地球的自转，这里的偏向力量更大，能够帮助把我们的火箭给它甩出去，换句话说发射大质量的物体更容易节省燃料，所以咱们专门是在纬度较低的海南建设了新的火箭发射场，专门用于发射大型的火箭、大型的航天器。

好，大家来看，现在我们的火箭发射场地逐步关闭了，一会儿呢，同学们还可以在这进行操作，进行火箭的拼搭，谁先完成拼搭，谁就有下一个发射的优先权。我们了解完火箭以后，接下来我们看一个中国科学技术馆的镇馆之宝，请大家随我移步向前，来，我们往前走。

我们刚才简单介绍了一下长征二号F火箭，它是咱们国家唯一的载人用的火箭，它是能够帮助航天员运送神舟飞船进入太空当中，那咱们的航天员是乘坐什么返回的？实际上就是旁边我们要看到的神舟系列飞船的返回舱了。这里我们所看到的是“神舟一号返回舱”实物，注意是实物哦，这个确实是从400公里左右的近地轨道上下来的实物，是一个非常珍贵的航天文物，也是我们中国科学技术馆的镇馆之宝。

那首先我们可以来看一看返回舱它的外观，它像什么呢？有的同学可能会觉得它非常像一个大的铃铛。有的同学可能会觉得返回舱它非常像咱们寺庙里面敲的大钟。没错，正是在这样外观的帮助之下，我们的返回舱在进入大气层的过程当中，它的气动力中心才能保持比较稳定的状态，不至于发生上下的翻滚。

看过它的外观以后，我想同学们肯定会好奇航天员在里面到底是什么状态，我们可以往前来看一下。我们发现在返回舱前面可以看到一个小的屏幕，对吧？我们现在将屏幕对准返回舱，大家来看。通过AR技术的帮助，我们在这里是将返回舱做了一个透视，可以看到里面有三位航天员，他们是躺在里面的，然后用手去触碰，拿着一个直立的树干去触碰前面的按钮。航天员这样的一个姿态能够保证他们在进入大气层的过程当中和升空的过程当中，保证身体的安全。我们知道返回舱里面还有一些座椅，可以看到吗？这里是它的座椅。这些座椅实际上都是用 3D 打印技术为他们量身制作的，如果可以来到科技馆的话，你们也可以去我们的展厅里面去试一试，坐一坐，会发现有些人坐进去还可以，有些人坐进去不舒服，因为这样的座椅是专门为航天员量身定做的，大小跟航天员的身体是一致的。航天员采取这样一个像婴儿、像宝宝一样的姿势躺在里面，这样才能经受得住返回大气层或者升高空过程当中的一些失重或超重压力。

好，看过这个以后，我们再来看看返回舱的实体，我们发现这里有一些不同的凹槽，然后上面有一个大的圆孔，那到底哪个是航天员进出返回舱的通道呢？实际上最上方的圆形是出口，竖直向上的正面凹槽实际上是主降落伞的位置，旁边凹槽是备用降落伞的位置，备用降落伞当时并没有使用，所以并没有打开。神舟一号返回舱当年其实并没有搭载航天员，神舟一号到神舟四号都是无人飞行任务，一直到神舟五号，我们才将首飞航天员杨利伟送入了太空。接下来我们可以近距离来观察一下返回舱，在观察之前我想问问大家：返回舱在载入大气层的过程当中会经历什么？它有可能会经历一些翻滚，对吧？所以我们利用气动力的这样一个钟形的外形保证它飞行姿态稳定。它还会经历什么呢？什么困难、什么挑战？可能有些同学会说可能会经历高温，和空气不断的摩擦会产生高温。没错，实际上在返回舱的外围会产生数千摄氏度的一个高温。为了保证舱内的温度稳定，我们会给返回舱涂上一些散热的材料，大家可以近距离来看一下。好，镜头拉近，我们可以看到返回舱的表面像蜂窝一样有一个个小格子，这些小格子里面曾经都涂满了材料，被烧蚀时在蒸发、升华的过程当中，它们会带走大量的热量。以保证返回舱的舱内处于一个比较平衡的状态。我们显然可以看到返回舱现在经高温以后，这一面全都像烧煳了一样，就像烤过了一样。

我们接下来往前走，往这边走，转到另外一面，我们会发现它的样子显然发生了一些改变，这边的返回舱好像更新一点，旁边有一些烧蚀的痕迹，某些地方烧蚀比较严重，从这儿我们可以明显地看到对比。由此大家可以想象一下，咱们的神舟一号返回舱，在回来的过程当中，到底是左侧朝下还是右侧朝下呢？显然是左侧朝下，左侧跟空气摩擦得更加剧烈。由此我们也印证了咱们神舟一号返回舱在当时就已经做到了飞行姿态十分稳定，在空中并没有发生左右的翻转和上下的滚动翻滚。好，看过这个以后，我们继续来看为什么右侧如此地光鲜亮丽，当然也有一些重要的装置放在右侧，我们也是保护这些装置，所以在降落时尽量让另外一侧朝向地面，去承受下降时与空气摩擦产生的高温。

看过神舟一号返回舱以后，我们再来总结一下刚才的内容。刚才我们介绍了火箭，介绍了咱们神舟飞船的返回舱，实际上我们也说到了神舟一号到神舟四号是无人飞行任务，神舟五号我们才将杨利伟首飞航天员送入太空。到了神舟六号我们已经可以做到让多人多天在轨停留，掌握了一个中长期的在轨停留技术。由此我们国家就完成了载人航天工程的第一步。第一步其实很简单，如果用六个字来概括，就是“上得去回得来”，我们能将航天员送上去，也能将他们安全地接回来，用返回舱把他们送回来。

接下来我们将继续去了解载人航天工程的第二步，大家请随我移步向前。

各位同学大家请往前看，前方有一个大型的装置，这个装置的名称叫作神舟与天宫，它是1∶1的模型展品，站在这里我们可以看到它的全貌。首先可能大家会问了：刚才在火箭里面神舟飞船明明是竖着的，为什么到这里变成横着的了呢？我们来看，从这里分开，左侧的是神舟飞船，我们已经认识它了，右侧的是空间实验室，也是咱们的天宫二号。它们现在所处的状态，大家想象一下，为什么是横着的呢？猜一猜。因为它们现在是在轨运行的状态，换句话说，我们现在所看到的产品它已经成功进入太空了，在轨运行了。好，神舟七号我们做到的是出舱行走，然后从神舟八号开始，航天员们就不断地去练习在轨的交互对接，他们期望通过交互对接，从神舟飞船进入其他的航天器、进入空间实验室当中。所以接下来我们主要介绍的就是载人航天工程的第二步“出得去对得上”。

这“出得去”指的就是出舱行走了，出舱工作；“对得上”主要指的就是交互对接了。我们可以站在这个位置往前看，我们发现在神舟飞船的轨道舱和咱们天宫二号之间有一条竖缝，这里其实就是它们对接的位置，包括在它旁边还有一个十字形的靶标。如果看过当年手动交互对接非常扣人心弦的过程，一定还记得白色的十字靶标，当年的航天员就是操纵着神舟飞船对准白色的十字靶标，然后不断地去靠近、去完成对接的任务。我们现在说起来很简单，但实际上交互对接的过程是十分复杂的。

首先要给大家科普一个概念，就是航天器如果想要进入太空当中，是需要达到一定的速度的，这个速度要达到第一宇宙速度才能离开地球表面，大概是每秒7.9公里，每秒7.9公里是非常快的一个速度。这么快速度的两个物体，我们要把它们对接在一起，大家想一想：是不是非常困难？这个过程也被誉为是在太空中穿针引线，非常困难，如何做呢？我们可以来想象一下。这个前方的是空间实验室天宫二号，后方的是神舟飞船，我们可以把它们比作两辆车，然后后方这个车去追前面，然后轻轻地、轻微地来进行追尾，轻轻地把它对上，而且上下左右前后一定要对齐，这个过程非常难，需要靠后方的飞船不断地加速去追前方，然后每隔一段时间我们来找找距离，停泊一段时间后继续来进行推进。然后直到什么？直到足够近的时候，后方的飞船会伸出捕获索，抓住前面的天宫实验室把它拉过来和自己对接在一起。有了交互对接技术以后，咱们的航天员们才能在太空当中进入空间实验室这样的航天器中进行工作和生活，才能在太空中工作更久的时间。比方说，2016 年我们的天宫二号，当时的航天员已经能在天宫二号进行一个中长期的驻留，待多久？待 33 天左右，已经是一个比较久的时间了，而且我们已经完全掌握了自动的交互对接，包括手动的交互对接，为我们后续第三步工程去建设中国的空间站做出了技术的储备。

由此我们可以看到，在整个载人航天工程的第二步，我们发射神舟飞船，它就像运送航天员往返于太空的巴士，发上去以后在空中练习交互对接技术，然后与咱们的太空旅馆也就是天宫实验室来进行对接，同时去做一系列的空间科学实验，完成中长期的在轨驻留，由此咱们载人航天工程的第二步也圆满完成。

接下来我们就主要给大家来说说咱们载人航天工程的第三步，也是当前正在发生的事件，随我移步向前。

各位同学大家来看，我们现在所来到的就是中国科学技术馆的西大厅，大家看我身后的大家伙，咱们天和核心舱的结构验证件，注意看它的全长是 16.6 米，最大宽度 4.2 米，重 22 吨，把它立起来呢，大概有 6 层楼那么高，非常大。有些同学会说了，核心舱不是已经发射到太空当中去了吗？为什么会在中国科学技术馆出现？实际上我身后的这个是我们天和核心舱的同胞兄弟，它的名字叫作 1∶1 的结构验证件，又叫作工艺验证舱。什么意思呢？我们来想一想复杂的航天器，如果让大家来进行研究的话，你能一次性把它成功设计出来吗？显然这是很困难的，我们要做多次的修改、多次的验证。

咱们的天和核心舱一共是做了 5 件，我身后这个就是第一件，第一件叫作结构件，又叫作工艺验证舱，我们做它是为了去验证结构工艺、结构功能是否满足我们设计的要求。第二件叫作水下训练舱，航天员们可以在水下去模拟失重的环境，在水下去模拟太空当中失重，去训练舱外行走等一系列的功能。第三件就是出样，第四件叫作正样，第五件就是备份品。

了解我身后大型的装置以后，我们再来看它的表面，非常复杂，是不是？实际上它和我们在轨运行的核心舱完全是一模一样的，可以说是完全一致的。我们来看，从它的右侧到左侧，我们依次来介绍一下。右侧这个大型的球形一样的装置，叫作节点舱。好，继续往下看。旁边像纸筒一样的装置，这一块它叫作小柱段。我们再往后看，后方直径再大一点的就是大柱段了。从功能上来说，这个节点舱能让航天员出舱，也能让航天器停泊和对接。中间的小柱段和大柱段的前侧是我们整个航天员在里面的生活控制舱，在大柱段的最后方就是我们的资源舱了。

好，了解了这些以后，我们接下来就着重来了解一下每一个舱段或者每一个部分它到底有什么用，请大家随我来。我们先从这个方向上来看，在我们这个节点舱的前侧，可以看到它的左侧和右侧有两个圆形的结构，这两个结构是我们节点舱上的对接口和停泊口，整个节点舱，它的左侧、大家的右侧，前端和下端是对接口，左侧和右侧是停泊口，上方是出舱口，现在大家所看到的是对接口，可以看到对接口的左右周围布满了一些仪器装置，尤其是黑色的圆片，中间反光的、像反光一样的装置，包括这边有一些像万花筒一样的装置，这些装置它都有一个共有的名字，叫作角反射器。我们可以把它比作是汽车的尾灯，它具有指示对接、指引对接的作用。比方说我们可以把自己想象成一个神舟飞船，如果想和前方的对接口来进行对接怎么办呢？我会逐段逐渐地去靠近，然后发射相应的激光，通过这些角反射器反射的信号来确定自己和节点舱的相对位置，从而去完成对接这个步骤。正是因为有了节点舱，在前端的对接口和下方的对接口，我们才能在上面去对接神舟飞船，对接未来即将发射的梦天实验舱，包括我们已经发射的问天实验舱，都是通过这些对接口来进行对接的。

了解完对接口以后，我们再来看一看左侧和右侧的停泊口。我们来看左侧的这边是停泊口，显然停泊口上面就没有那么多复杂的装置了，因为对接口对接上的航天器会由上方的机械臂把它抓到停泊口，来进行长期的停留。左侧停泊口和右侧停泊口都是留给实验舱段的，这样实验舱段就能通过停泊口与节点舱相连，进一步扩展空间站。

好，看过停泊口以后，我们再来看看最上方的舱口，会发现上方的出舱口有一些金色的扶手，这是为了方便航天员出舱行走、出舱工作的。正是因为有了节点舱的存在，才使得我们整个核心舱的舱段成为我们空间站的一个核心部件或者主力部件，这是因为核心舱是整个中国空间站的核心枢纽，在它的左侧和右侧分别会对接问天实验舱，从而形成一个T字形的构型，这是咱们中国空间站的基本构型。在远期、在未来我们还可以在核心舱的尾部再去对接一个像它一样的核心舱，从而能变成干字构型，去发射更大面积的实验舱段。

那好，看过节点舱以后，接下来我们继续往下看。下方直径稍微细一点，像个细长的装置，这个舱段刚才我们说了它叫作小柱段，小柱段它是用来做什么的？首先让各位同学来猜一猜。我们来观察一下在小柱段的外围，可以看到一些圆形的玻璃窗，看到了吗？在这些位置有一些圆形的玻璃窗，我们想象一下，在第一次天宫课堂当中，王亚平老师就展示了她的休息空间，她走到了小柱段的内部，然后走到了自己休息的位置，还拍摄了一下由舷窗观察到的地球，大家还记得吗？如果想起来的话，我们也能猜出来，整个小柱段实际上是航天员休息的场所，在这个区域我们可以容纳三名航天员休息。同时我们来看一看小柱段的外围，除了有舷窗以外，还有一系列装置，比方说有两层折叠起来的，我们天和核心舱的太阳翼，在升空以后它是会展开的。这里我们展示的实际上是在火箭内收紧的状态，从整流罩里面出来，进入太空以后，它会不断地展开。

除了可以看到太阳翼以外，我们继续往上看。这里有个非常有意思的装置，大家可以看到在小柱段的上方有一个像锅盖一样的，或者是像一个大锅一样的装置是竖直向上的，相信同学们都知道这个装置就是天线了，它是接收信号的装置。那么我问大家一个问题，咱们的核心舱现在的展示状态是横着的，也就是在轨运行的状态。换句话说，现在模拟了它在太空当中进行运转，下方是地球表面，上方是什么呢？上方是更遥远的深空。问问大家：为什么咱们小柱段上方的天线要朝向星空，而不是朝向地球表面，不是朝向我们地球？它到底在和谁进行通信？可能有些同学会说有可能是和地外的生命，和外星人是吗？实际上我们来说一说它的飞行轨道。咱们核心舱的飞行轨道是在400公里的低轨，换句话说，在我们头上大概400公里，是一个比较低的轨道。但是与核心舱进行通信联通的卫星在哪儿？在比较高的轨道。所以我们核心舱的这些天线要朝向哪里？要朝向头顶上方，朝向星空，其实并不是为了和其他人通信，而是为了和高轨运行的通信卫星来进行连接。

看过上方与高轨卫星通信连接的大锅盖以后，我们继续往它的身上来看。注意看，在小柱段的身上，我们能找到一系列的汉字，如果镜头拉近可以看到上面很清晰地写着“节点舱”这几个字，同时在汉字周围还有一些箭头，这些箭头都指向了统一的一个方向，伴随着这些箭头在旁边还有一些金色的扶手，甚至我们继续往这边来看，在这里旁边的位置还可以看到一个大写的罗马数字“Ⅳ”，可以看到吗？这里新的问题又要来了：这些文字箭头、汉字和罗马数字，到底是给谁看的呢？那肯定是给我们运行核心舱的航天员们看的。我们的航天员对自己的工作场所，尤其是核心舱是非常熟悉的，为什么还需要这些指引给他指路呢？大家想一想这是为什么？我们一同来说一下，我们现在所处的实际上是核心舱的舱外，如果航天员在舱外工作，他要穿戴什么？当然就是咱们的舱外航天服，比较厚重，这些航天服都戴着一个大大的头盔，然后活动起来也比较受限。在太空中，这些重力是比较微弱的，这样的一个微重力的环境，导致我们不分上下左右，再加上穿上厚重的舱外航天服，航天员就很难分清楚一些方向，这是一个比较重要的原因。还有一个更加重要的原因是什么？我们可以想象一下，航天员在出舱行走的过程当中，在出舱工作的过程当中，身上有两条线要与核心舱连接，其中一条是安全线，绑一条安全线在自己的腰上，然后把另外一端卡扣扣在旁边金色的扶手上，这是因为在安全线的帮助之下，不至于飞离核心舱而回不去。另外身上还有一个白色的像脐带一样的、所谓的生命线，这条线是干什么的？因为我们的舱外航天服相当于是一个小型的航天器，一旦发生故障怎么办？这条生命线就可以从核心舱的内部直接给航天员提供相应的生命保障，所以这条生命线是一直连接在节点舱之内的。换句话说，航天员们出舱行走的时候，他是拖着两根线的，他们行走的过程当中，这些线也好，包括自己身体也好，就不能与核心舱外围的这些装置发生相互碰撞和摩擦，否则就非常危险。

因为我们刚才也讲到了，在升空之后机械臂会打开，会非常大，太阳翼会打开，也会非常大，同时在小柱段的身上还有机械臂的锚点，还有一些机械臂，所以要避让这些大型的装置，航天员们就必须严格按照这些箭头的指示来进行活动。如果不按照箭头的指示活动的话，有可能生命线会和机械臂、太阳翼发生缠绕，还会碰撞到一些其他的装置，造成自己舱外航天服损害，所以这些指示箭头，就是为我们航天员来指路的。只有在这些路标的指引之下，才能安全地回到出舱的节点舱上面。

好，看过这个小柱段以后，大家请随我继续一步向前，我们来看小柱段和大柱段交界的位置，我们会发现在这里有一些大型的球状装置，其实如果我们转一圈去看的话，就是1、2、3、4、5、6，总共有6个大型的球状装置。各位同学，你们知道大型的球状装置到底是用来做什么的吗？这里我们再来回顾一下，在第一次太空授课当中，咱们航天员叶光富老师他所做的一个动作，就是在太空中如何转身，大家还记得吗？比方说我是航天员，我飘浮在太空当中，我不借其他的力量的话，我是很难实现自己的转身的，该如何做？大家来回想一下，叶光富老师是旋转自己的胳膊，让自己的胳膊旋转起来，然后自己的身体会跟随着旋转起来，换句话说，他所利用的就是旋转自己身体的一部分，从而控制自己整体的旋转，这里面所蕴含的是角动量守恒的知识，这个可能要到大学才能学到，有点难，但是没关系，我们只要记住是旋转自己身体的一部分，在不受外力的情况之下，自己的身体会跟着旋转这样的一个过程就可以了。我们再来说说旁边这个球形装置，实际上就是帮助核心舱来进行太空转身的。我们知道核心舱在轨运行的过程当中，它的轨道时不时就需要进行调整，比方说就在前不久，它要去避让一些太空垃圾，甚至要发生紧急避让这样的一些动作。它是如何做的？实际上它就是通过控制这六个装置，这六个装置的名称叫作控制力矩陀螺，里面是一个质量非常大的钢制飞轮，在里面以每分钟数千转的高速进行旋转，就相当于它在旋转自己身体的一部分，对吧？然后控制自己的身体，整体来进行姿态的调整，在这些控制力矩陀螺的帮助之下，咱们的核心舱可以做到不用耗费昂贵的化学燃料，就能够进行姿态调整，甚至是俯仰状态的转换，大大地节省了运行成本。如果启动陀螺，可以用什么？可以用旁边太阳翼所供的电对吧？但是如果用化学燃料，化学原料哪里来的？必须是要用货运飞船给它送上来是吧？这个就不一样了，成本就不一样了。

看过中间这个区域以后，我们再来回想一下，在第一次天空课堂当中，王亚平老师展示了她自己锻炼的场所，就是跑步机的位置，大家还记得在哪吗？就是在她休息的小柱段和工作的大柱段之间，大概就在陀螺的位置周围。为什么要把跑步机设置在陀螺周围？当然是离陀螺近一点，它所造成的扰动就小一点，能更好帮助整个核心舱减少扰动，提高飞行姿态的控制精度。

介绍过这个以后我们继续往下看。接下来我们看到的是一个直径比较大的舱段了，这个舱段它叫作大柱段，实际上大柱段的前侧和小柱段都共同构成了生活控制舱，后侧是资源舱。大柱段的直径要大一些，它里面放置了非常多实验柜，在实验柜里面航天员就可以做一系列空间科学实验了。我们也可以回想一下，在第二次太空授课当中，叶老师就展示了一个非常有意思的实验柜，对吗？它叫作无容器实验，不知道各位同学还记不记得，他把这个无容器实验展示出来的时候，物体是悬浮在实验装置之内的，并没有一个容器盛着它，这样的话就避免了容器材料对于所研究材料的干扰。实际上这也是我们在太空当中做实验的一个非常重要的因素，因为在太空这样一个长期微重力的环境，可以帮助我们实现无容器的状态，当然在地面我们也可以做这样微重力的实验。比方说在北京市海淀区中国科学院的院所之内就有一个落塔，非常高，在自由落体的过程中，尤其是真空的自由落体的过程中，它可以提供近似于微重力的一个条件，但是这个过程太快了，做实验时间显然是不够的。但是在太空之内这样一个长期微重力的条件，就为我们实现无容器实验提供了一个环境、一个保障。在太空当中做的实验不仅和微重力有关，还和什么有关？还和空间的一些条件有关，尤其是在核心舱之外，可能有一些空间的辐射，包括宇宙辐射，都帮助我们在太空做实验，提供了地表所没有的条件。

看过了做实验的大柱段整体以后，接下来移步到大柱段尾端，也就是资源舱。我们来了解一下资源舱的功能。在这里我们可以看到资源舱的尾部首先是一个圆孔，这里我问问大家：舱段、舱口到底是对接口还是停泊口？大家想一想，通过刚才介绍，我们是不是已经学会了，来观察一下周围，我们发现周围有一些角反射器，这个位置都是典型的角反射器。这验证了什么？这验证了咱们这个口是什么？是对接口。资源舱对接口到底是对接谁的？是神舟飞船吗？还是说其他的实验舱段？其实是天舟货运飞船。航天员的衣食住行，所用到的货物、穿的衣服、吃的东西、废品都要由天舟二号货运飞船带上去，抛出来。天舟货运飞船对接的就是资源舱的舱口，它首先对接在这里，然后航天员可以来进行卸货，把相应的燃料也好，相应的补给也好，卸到旁边的储藏间之内。大家可以看到旁边这个球形的装置就是来搭载化学燃料的。天舟货运飞船在这边卸货以后，还做了非常多的工作。

我们这里边也重点来介绍一下天舟二号整体的飞行过程。它一共与咱们的核心舱对接了四次，完成了四个任务，我来描述过程，大家来猜一猜这四次对接它到底完成的是什么任务。首先第一次：天舟二号货运飞船进入太空以后，先追上核心舱，在核心舱的尾部进行了第一次对接。大家猜一猜这次对接为了什么。没错，刚才我们已经说过了，是为了卸货，对吧？把肚子里面的一些燃料，包括给航天员带的一些生活用品，卸在资源船的内部。天舟二号所对应的是神舟十二号飞行乘组，神舟十二号飞行乘组已完成任务返回了地球，这时候天舟二号就转移到了刚才我们节点舱最前侧的对接口和核心舱，进行了第二次对接，这次是为什么？大家可以猜一猜，神舟十二号飞行乘组走了以后，我们要迎来神舟十三号乘组，为神舟十三号乘组运载货物的是谁？是天舟三号。所以刚才的一次对接相当于是天舟二号给神舟三号让位，把后方的对接口让给天舟三号，这是第二次对接。第三次对接是天舟二号货运飞船它和前方的节点舱分离，然后由航天员控制着，用机械臂把它抓到旁边的停泊口进行停泊，然后再给它抓回来进行对接，这是第三次。它的目的是什么？是为了练习转位实验，我们将来才会操作机械臂去转位。最后我来说第四次，第四次交互对接是天舟二号货运飞船，它又脱离了节点舱的前段，然后由航天员在核心舱里面控制着货运飞船与自己来进行对接。这次对接是什么？它其实练习的是外来的航天器对于核心舱的访问。我们可以回想一下，刚刚在楼上我们介绍交互对接的过程中，我们说航天员们坐着咱们的神舟飞船，然后与空间实验室对接上以后，他才能进入空间实验室之内。但是刚才我们所介绍的天舟二号的第四次对接是航天员已经在核心舱之内了，然后操作外来的访问器去访问自己，这显然是不一样的，为的是练习将来有航天器访问时的一些操作过程，来为这些技术储备做一些准备。

好的，各位同学，刚才我们是简单了解了一下咱们的天和核心舱，实际上这是咱们中国空间站建设，也是咱们载人航天工程的第三步“造船为建站、建设空间站”，建站为做空间科学实验。从去年到今年，我们总共会有四艘货运飞船、四个飞行乘组以及问天、梦天两个实验舱段与我身后的核心舱来进行对接，到今年年底我们就即将完全建成中国空间站了。

以上就是我们今天展厅参观的内容，除了我们精彩的展品，中国科学技术馆还有众多和航天主题相关的有意思的教育活动，我们也非常期待各位同学能够来到中国科学技术馆，参与我们的科普教育活动。咱们下次再见。